现代光学工程精品译丛

光电成像系统性能

（第 6 版）

Electro-Optical Imaging System Performance（Sixth Edition）

［美］杰拉德·C. 霍尔斯特（Gerald C. Holst）　著

付小会　邵新征　译

闫　杰　校

国防工业出版社

·北京·

著作权合同登记　图字:01-2023-0337 号

图书在版编目(CIP)数据

光电成像系统性能:第 6 版/(美)杰拉德·C. 霍尔斯特(Gerald C. Holst)著;付小会,邵新征译.—北京:国防工业出版社,2023.6

书名原文:Electro-optical Imaging System Performance(Sixth Edition)

ISBN 978-7-118-12933-5

Ⅰ.①光… Ⅱ.①杰… ②付…③邵… Ⅲ. 光电效应—成象系统—系统性能 Ⅳ.①O435.2②O482.7

中国国家版本馆 CIP 数据核字(2023)第 097299 号

※

国防工业出版社出版发行

(北京市海淀区紫竹院南路 23 号　邮政编码 100048)

三河市腾飞印务有限公司印刷

新华书店经售

*

开本 710×1000　1/16　印张 21¼　字数 380 千字

2023 年 6 月第 1 版第 1 次印刷　印数 1—2000 册　定价 148.00 元

(本书如有印装错误,我社负责调换)

国防书店:(010)88540777　　书店传真:(010)88540776

发行业务:(010)88540717　　发行传真:(010)88540762

译者序

《光电成像系统性能》（第 6 版）由 SPIE 出版社和 JCD 出版社于 2017 年 4 月联合出版。从 1995 年首次出版以来，历经先后六版的不断完善和更新，成为光电成像技术领域的一部精品著作。全书分为六大部分，共 21 章，以凝视阵列为重点，全面阐述了光电成像系统涉及的各方面技术及其相互联系。

本书作者 Gerald C. Holst 博士从 1991 至今，一直担任国际光学和光子学会（SPIE）"红外成像系统：设计、分析、建模和测试"的专题会议主席，负责出版该专题会议论文集 30 卷，独立出版光电成像专著 6 部 15 本，与他人合作出版专著 2 本，学术功底深厚，是名副其实的光电成像系统专家。

本书由西安应用光学研究所付小会研究员（第 1 章～第 14 章）和邵新征高级工程师（第 15 章～第 21 章和附录）翻译，闫杰研究员对本书进行了详尽的技术审校。

本书获得装备科技译著出版基金项目资助。在基金申请过程中，承蒙中国工程院姜会林院士和樊邦奎院士的鼎力推荐；在翻译和出版过程中，北方光电集团董事长、西安应用光学研究所所长崔东旭提供了大力支持，国防工业出版社编辑给予了热情帮助，在此谨对以上同志表示衷心感谢。

希望通过该书的翻译和出版，能为国内从事光电成像系统设计、制造、测试和应用的技术人员提供一部理论和实践相结合的优秀著作，为进行红外成像系统技术的研发和应用提供切实的帮助，为我国国防科技建设和武器装备的快速发展起到积极的促进作用。

由于译者水平有限，书中难免有疏漏和不妥之处，敬请读者批评指正。

译　者

2023 年 1 月

在准备这个版本时，Microsoft Word 真的让我很受挫折。第 5 版是用 Office 2003 编写的。Office 2003 的公式与 Office 2013 的不兼容，因此 442 个公式必须重新输入。但麻烦不止于此，正文的字符和公式还不在同一行，所以还得把公式放在表格的中间一栏，把公式编号放在右边一栏。此外，还有编辑问题，文本、表格、插图和参考文献都得重新编排，力求使布局合理。

本书是关于系统的，有时候很难确定一个具体话题该属于哪一章，因为所有技术内容都相互交织。例如，积分时间影响着线性运动（第 6 章）、光电子数（第 11 章）和系统噪声（第 12 章）。随着版本的更新，章节顺序发生过多次变化。本书按六个部分编排：①基础；②成像系统链分析——MTF 方法；③信噪比；④目标和背景；⑤图像质量；⑥捕获距离。文中用词很重要："can"（能）和"will"（会）的含义很不一样。"suggest"（认为）意味着陈述的事可能是真的，但"is"（是）意味着事实和真理。

本书的重点是凝视阵列。读者可以在第 5 版（已停止印刷）中找到扫描阵列的公式。本书增加了最新的（2016 年 9 月出版的）参考文献。本人对个别新的参考文献持有疑义，时间将证明这些文章论述的问题正确与否。这是研究工作的特点：今天看起来正确的思想会被明天的研究推翻。读者可以看看以前的版本，也可能会说："那是不对的！"在我的研究中也难免有疏漏，疏漏意味着即便在今天都是不对的。

本书的第 1 版于 1995 年出版，多年来一直在不断更新，已经售出了 5700 多本。很难相信有 5700 多人对这个技术领域感兴趣。所以，我对我的朋友说："1000 年后，在考古挖掘中挖到这本书时，科学家们会惊呼'他在想什么?!'"那恰好是本书的主题！

第 6 版有什么新内容呢？

多年来，美国陆军的模型在不断演进，以便与硬件技术的变化、实验室数据和外场性能的发展保持同步。美国有 4 种主要模型：①NVThermIP 预测系统在 MWIR 和 LWIR 波段的性能；②IINVD 用于像增强器直视护目镜；③SSCamIP 对反光波段相机建模；④IICam 解决间接视图像增强传感器的问题，其中的像管与探测器阵列耦合在一起。这 4 种模型已经合并为 2013 年 5 月发布的 NVIPM（夜视综合性能模型）。

可见光、近红外、SWIR、MWIR 和 LWIR 波段的目标具有不同的光谱成分和术语，NVIPM 模型含有每个波段的模块。探测到的信号和随后显示的图像不包含任何传感器的光谱信息，探测器之后的信号对所有成像系统都是通用的。因为 NVIPM 包括可见光和 SWIR 系统，因此增加了关于 CCD、CMOS 和 SWIR 传感器的内容。

在 NVIPM 之前，每个变量变化时都要重新运行模型。现在，NVIPM 提供了大量折中研究能力，让用户能通过改变输入、输出和参量值的任意组合来比较系统性能。使用 NVIPM 时，变量以批处理模式运行，输出（如距离）被描绘成输入变量的函数图。它还包括一个梯度特征，能以降序表明哪些输入变量影响了输出。梯度特征对确定子系统公差非常有用。

最有价值的可能是第 21 章"折中分析"。可以将各种变量视为通过多维空间的切面。由于一次不可能考虑三个以上的维度，因此每个折中分析只代表通过该空间的一个平面，每个平面都提供了对整体优化的不同视角。例如：如果一个系统是探测器受限的，则光学系统对捕获距离的影响最小；如果是湍流受限的或运动受限的，则系统变化不会明显影响性能。

美国的模型在不断变化，欧洲也在根据德国的热距离模型（TRM）和荷兰的三角方向辨别（TOD）模型研发用于光电系统性能预测的欧洲计算机模型（ECOMOS）。每个模型（NVIPM、TRM、TOD）都得出一个不同的目标捕获距离，因此不知道哪个模型的结果是正确的，虽然各自的研究人员都认为他们知道。

编写一本技术书籍是一项艰巨的工作。在 6 个月到一年的时间里，我几乎一直"粘"在计算机上。我的妻子已经许多次地说过"我要你回来"。玛丽琳，我回来了！

感谢美国陆军航空与导弹系统研发工程中心的 Orges Furxhi、St. Johns Optical 和 Chris Dobbins，他们为我提供了宝贵的技术审校；感谢 Doug Marks，他总是随叫随到，热情地帮我绘制了许多插图，并完成了书稿的最终编辑。

Gerald C. Holst

2017 年 3 月

目 录

第1章

绪 论

光电成像系统分析是一个数学构建过程,它通过恰当的折中分析提供最佳设计。一个光电成像系统综合模型包括目标、背景、大气特性、光学系统、探测器、电子系统、显示器和人对所显示信息的判读(图1-1)。虽然对其中的每个部分都可进行单独的详细研究,但对光电成像系统而言,只有经过完整的端到端(从场景到观测者判读)分析,才能进行系统优化。

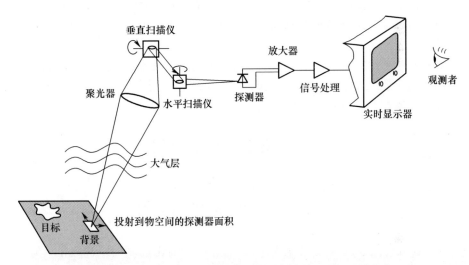

图1-1 适用于所有光电成像系统的通用传感器工作原理

注:扫描机构会因总体设计和像元数量而变化。凝视阵列(本书的重点)没有扫描仪。

寻找最佳设计的过程是一个迭代论证过程。设计过程中的每一步都会有需求冲突,都需要进行折中分析。许多性能参数的提高都是以牺牲另一些参数为代价。例如,提高分辨率会降低灵敏度。

要实现有效的建模,需要把各种技术和语言有序地结合在一起,这些技术和语言与辐射物理、光学、固态传感器、电子电路、人对显示图像的判读(人的因素)、计算机模型和系统采用的软件有关,其中的每个领域都是复杂的独立学科。系统分析者必须通晓这些领域的技术。

Hudson[1]说过:"系统工程是一门为系统设计提供有序方法的学科,尤其适用于那些复杂程度极高、个人难以掌握所有相关细节的系统。"随着系统的复杂度提高和技术的不断进步,越来越需要简明扼要地确定各子系统的性能要求,以确保满足系统整体要求。对系统设计人员来说,这是一个难度更高的挑战。

系统优化始于概念设计,然后是设计各子系统。由于硬件的限制(零部件选择的限制、空间限制、功耗限制等),每个子系统的实际性能都会与原设计略有出入。分析者必须修改系统参数以反映当前的设计结果。在系统组装过程中,实际元件的性能又会因生产过程产生的误差而有所不同。分析人员必须根据实际零件的性能对模型参数进行修改。只有到这时,分析人员才能保证预测的性能和测量值吻合。

根据 Shumaker 和 Wood 的说法,一个系统模型要回答下面四个基本问题[2]:

(1)针对一项特定任务,光电成像系统应该具备什么样的性能指标?

(2)什么样的设计参数能使系统满足给定的性能指标?

(3)什么样的实验室性能数据可以证明所做的设计能满足想要的指标?

(4)面对一个给定的光电成像系统设计,怎样才能将它最好地部署起来? 预期结果是什么?

很多影响设计的因素都难以在系统性能模型中考虑到,其中包括环境问题、隐身问题、对抗问题、尺寸、重量、功耗、成本、技术成熟度、用户需求、可维护性、可靠性以及其他技术支持问题等。

1.1   系统建模的作用

系统建模推动着系统设计、系统要求和质量保证指标(图1-2),它将各项指标与透彻理解的物理参数联系起来,能使设计者、制造者和用户对实现设计目标保持信心。

系统用硬件组装起来后,要用新的数值进一步细化预测的距离性能。建模还有助于选择质量控制指标。一旦针对某个特定设计构建的模型得到验证,其成果便可用于开发下一个设计。总体目标是交付一个能按设计思想工作的系统,还能提供"良好的"图像。影响图像质量的因素很多(图1-3)。

在提到类似图1-3列出的一系列变量时,Howe[3]曾说:"所列的变量虽然并不全面,但其数量说明了获取目标的复杂性。没有一个模型能考虑到所列的全部因素。正因如此,许多模型都是专为一些特定场景和系统类型设计的。这些模型经常会有一些简化的假设,而且通常只针对一小部分任务或情况进行验证。如果一个模型没有在一些场景下验证过,却用它预测那些场景下的性能,预测结果会很不准确的。"

模型必须能把设计参数、实验室可测量参数和工作性能联系起来。以下三个

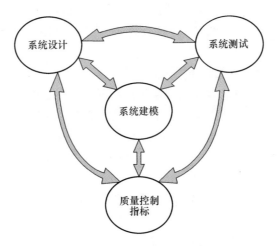

图1-2 系统建模是一个连续的迭代论证过程

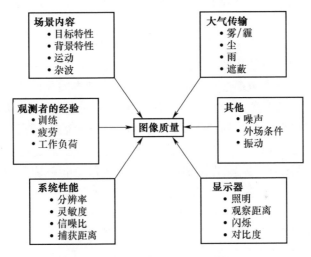

图1-3 影响图像质量的因素

注:本书的重点是目标获取距离,但与之相关的性能参数很多。

级别[2]的模型有助于满足这些要求:

(1)元件/现象学模型:这一级模型是针对系统调制传递函数(MTF_{sys})、大气透过率、目标特征和信噪比的单个模型。这些单个模型可把定量设计和环境参数与更高层级的总体参数联系起来。

(2)系统性能模型:这一级的模型以元件/现象学模型为基础。它们针对受控任务(如探测一个周期性条杆图)表征总体系统性能。它们预测标准测量数据,如最低可分辨温度和最小可分辨对比度。

（3）作战模型：这一级别的模型将系统模型与其他模型组合起来以表征总体作战任务。如果作战模型包括目标特征模型，则可用它们计算探测、识别和辨清距离。

上述每一种模型可分为以下三大类：

（1）"标准"模型：这是建模界最常用且随时可获得的模型。

（2）特殊应用模型：这是针对特殊应用或特定设计的模型。

（3）非线性模型：这类模型无法用数学解析式描述，其使用要视具体情况而定。

1.2 系统应用

1969年，Hudson[4]列出了热成像系统的100多个应用，他将这些应用分为军事、工业、医疗和科研四大类。每个类别细分为搜索、跟踪和测距、辐射测量、光谱辐射测量、热成像、反射通量以及合作源。他列出的应用十分全面，此后只增加了很少几项。

现在的应用分为军用和商用两大类。表1-1列出了每大类中的几项应用。军用和商用系统的基本设计相似，但每个系统都是为特定目的制造的，因此军用和商用系统用不同的性能参数描述，表1-2列出了一些基本差异。评估成像系统的是一个执行图像判读的观测者，而评估机器视觉图像用的是硬件和/或软件。机器视觉系统的一个重要部分是红外搜索和跟踪系统，这些系统用于探测点源目标，具体的系统设计取决于应用、大气透过率以及光学器件和探测器的选择。表1-2比较简短，关于光电系统所有阶段的详细信息见《红外和光电系统手册》(*The Infrared and Electro-Optical Systems Handbook*)[5]第八卷。

表1-1 热成像系统的典型应用

领域		应　用
军用		侦察、目标获取、火控、导航
商用	民用	司法公安、消防、边界巡逻
	环境	地球资源探测、污染控制、能源保护
	工业	维护、制造、无损检测
	医学	动脉收缩

光电成像系统设计的关键是总体应用。设计方案取决于任务和如何完成任务。以目标精确定位的要求和高速飞机导航的要求为例进行比较：军事上要求低噪声和高可靠性，商业上则要求低成本和易维护，并且通常愿意接受性能较低的系统。但是军用和商用的这些区别目前变得越来越模糊。我们希望一个成像系统具

备所有功能,随着新的图像处理算法的发展,这也许会成为可能。下一代系统也许会称为有内置相机的计算机。

表 1-2　典型设计要求

设计范围	军　用	商　用
振动稳定	要求很窄的视场	通常没有要求
图像处理算法	根据应用而异(如目标探测或自动目标识别)	菜单中的多种选项
分辨率	高分辨率(分辨远距离目标)	通常不是问题,因为可以通过移动到更近处来放大图像
图像处理时间	实时处理	可以不要求实时处理
目标特征(灵敏度要求)	通常是刚刚可觉察到(要求低 NEDT)	通常是高对比度目标(NEDT 不见得是主要设计因素)

1.3　术语

由于大气的光谱透过率不同,光电成像系统的设计通常划分为 7 个光谱区(图 1-4)。紫外区的波长范围为 0.1~0.4μm;可见光区的波长范围为 0.4~0.7μm,电视、大多数数码相机在这个波长范围工作;近红外区的波长范围为 0.7~1.1μm,微光电视(LLLTV)、像增强器、星光镜以及夜视镜等在这个波段工作。由于历史原因,紫外、可见光和近红外成像技术有它们各自的术语。在本书中,第一个红外成像波段是短波红外(SWIR)波段,覆盖 1.1~2.5μm 的范围;第二个红外成

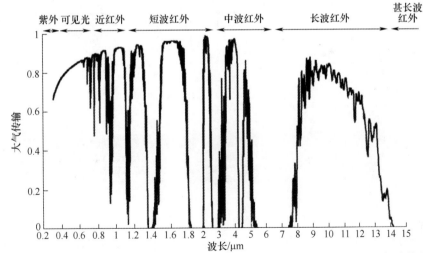

图 1-4　针对中纬度地区、23km 能见度的乡村气溶胶环境,用 MODTRAN 软件计算的 1km 路径上大气透过率与波长的关系。大气透过率随着温度、相对湿度和空中浮游颗粒而变化。注意横轴采用非线性标尺

像波段是中红外(MWIR)波段,覆盖 2.5~6.0μm 的范围;第三个波段是长波红外(LWIR)波段,覆盖 6~15μm 的范围;第四个波段是远红外(FIR)波段或甚长波红外(VLWIR)波段,这个波段适用于所有频率响应超过 15μm 的系统。

"红外"一词对不同技术有着不同的定义。例如,胶片是为产生可见光图像发明的。如果胶片对较长的波长敏感,则称为红外胶片。红外胶片对长达 0.85μm 左右的光波都敏感。如果可见光区成像系统的光谱响应超过 0.7μm,则称为红外装置。大多数此类系统都使用光敏探测器,它们的光谱响应可延伸到 1.1μm 左右(硅的截止波长)。这类装置有各种名称,其中包括热成像系统和夜视装置。

表 1-3 列出了与具体系统相关的波长。在较短距离内,大气的 CO_2 吸收带就能完全衰减 4.2μm 波长的所有目标信息。因此,中波红外系统的响应波长为 3.0~4.15μm 和 4.35~5.5μm。根据我们的经验,阳光是可见光(0.4~0.7μm),但太阳是一个黑体辐射源,发出从紫外到甚长波红外区的辐射。为了避免太阳闪烁引起的干扰,MWIR 系统的光谱响应起点可以在 3.2~4.35μm。太阳闪烁对长波红外的影响不大。光电系统的光谱响应可以用探测器的光谱响应定义,后者通常与一个大气传输波段匹配。

表 1-3　光谱术语

光谱带	通用的波长范围/μm
真空紫外	0.01~0.20
短波紫外(UV-C)	0.10~0.28
中波紫外(UV-B)	0.28~0.32
长波紫外(UV-A)	0.32~0.38
可见光	0.40~0.70
近红外(NIR)	0.7~1.1
IR-A	0.78~1.4
短波红外(SWIR)	1.1~2.5
IR-B	1.4~3.0
IR-C	3.0~1000
中波红外(MWIR)	2.5~6.0
第一热成像波段	3.0~5.5
蓝峰 MWIR 区	4.1~4.3
红峰 MWIR 区	4.3~4.6
长波红外(LWIR)	6.0~15.0
第二热成像波段	8.0~14.0
甚长波红外(VLWR)	>15.0
极红外	15~100
近毫米波	100~1000
毫米波	1000~10000

注:各个领域(国际照明委员会、天体物理学、大气科学和军事)有不同的标准。作者们采用的术语也不总是
　一致的。

精确的光谱响应取决于系统设计。我们说一个系统是 LWIR 系统,只是说其光谱响应在 LWIR 范围。例如,一个 LWIR 系统的光谱响应可能在 7.7~11μm 或者在 8~12μm。系统建模人员必须知道精确的光谱响应范围才能准确地进行系统建模。

多光谱是指一个系统对两个或多个波长区的辐射敏感,通常用几个不同的探测器实现,每个探测器都有自己的带通滤波器。多光谱系统也称为多波长系统。Moyer 和 Driggers 研究[6]了各种 MWIR 波段(3.65~4.15μm、4.45~4.95μm、3.75~4.85μm)和一种组合波段(3.65~4.15μm 和 4.45~4.95μm)。对各种车辆(卡车和坦克)及其背景(林地)而言,图像差异并不足以证明使用更多的双波段 MWIR 传感器是合理的。

由于大气透过率的差异,采用"双色"系统(MWIR 和 LWIR[7])可能是有益的。一个"最佳传感器"能提供出色的图像(高 MTF、低噪声、高热对比度),可针对各种背景温度的昼夜全天候工作进行优化。但是,大气成分会显著影响传感器的选择,哪一个波段更好取决于传感器的类型、设计和工作原理。InSb 和 HgCdTe 探测器都可用于 MWIR 系统。HgCdTe、量子阱和非制冷技术探测器是 LWIR 传感器。波段选择取决于系统 MTF、环境、系统噪声和所要求的辨认能力,这还不包括硬件设计问题、成本、元件的选取、可靠性等。

1.4 系统模型

光电系统的分析以假设系统适合进行空域和时域分析为基础,并进一步假设噪声以适当信噪比(SNR)的方式影响接收到的信息。分析的关键是要能足够准确地对视觉进行建模,才能进行有效的性能预测。

20 世纪 50 年代,Schade[8]预测摄影胶片和电视传感器的分辨率是光强的函数。他的方法一直是目前使用的大多数模型的构架;70 年代,Rosell 和 Willson 扩展[9]了 Schade 的工作,将热成像系统和微光电视也包括在内。直到最近,多数建模工作都集中在红外成像系统上。

观察到的信噪比为

$$\mathrm{SNR_P} = k \left[\frac{\mathrm{MTF_{sys}} \Delta I}{\text{系统噪声}} \right] \frac{1}{(\text{人眼空间滤波})(\text{人眼时间滤波})} \qquad (1\text{-}1)$$

式中:ΔI 为目标与其相邻背景之间的强度差;k 为由孔径直径、焦距和量子效率决定的比例常数;$\mathrm{MTF_{sys}} \Delta I /$(系统噪声)为探测器输出端的信噪比。

人眼滤除时空噪声的强大能力能提高观察到的信噪比。选择一个 $\mathrm{SNR_P}$ 阈值(在此阈值处,人眼刚刚能看到目标),然后将式(1-1)前后倒置,可以确定可探测强度差 ΔI 的最小值。对在可见光或近红外波段工作的系统而言,这个最小值称为最小可分辨对比度(MRC)。对在中波红外和长波红外波段工作的系统来说,这个最小值是最低可分辨温度(MRT)或最低可探测温度(MDT)。

美国有四种目标捕获模型:①NVThermIP(夜视热模型和图像处理)模型,预测在 MWIR 和 LWIR 波段工作的系统性能;②IINVD(图像增强夜视装置)模型,用于像增强器(II 或 I²)直视护目镜;③SSCamIP(固态相机和图像处理)模型,模拟对 0.4~2μm 波段敏感的反射带相机;④IICamIP(图像增强相机和图像处理)模型,模拟将像增强管耦合在探测器阵列中的像增强传感器。这四个模型已经合并在夜视集成性能模型(NVIPM)中。

可见光系统与红外系统的区别是目标特征和命名法。探测到的信号和随后显示的图像不包含传感器光谱信息,而且对所有成像系统是通用的。

通用建模公式适用于所有成像系统。公式有不同的形式,适应于和不同技术(扫描系统与凝视系统、可见光系统与热成像系统等)相关的术语。除非另有说明,观察者通常不知道光源的特征或传感器的光谱带通。由于观察者的经验主要在可见光(0.4~0.7μm)范围,只能说明显示器上的图像是否与可见光场景相似。

模型对进行比较分析十分有用,但无法预测绝对性能。模型虽然不能准确预测捕获距离,但是系统经过修改后,模型计算出了更长的捕获距离,则说明所做的修改是有益的。

一个模型由许多近似值组成,每个近似值都有限度。虽然许多模型都经过"验证",但验证的范围可能很有限。例如,NVL1975 模型是针对中等大小的车辆在中等距离验证的,因此,对类似大小的目标,这个模型的距离预测是出色的。如果用该模型探测或识别人、高速公路、桥梁、飞机或机库,那纯粹属于推断。数学模型和计算机模型没有界限。计算机可以为任何输入产生输出。计算机代码不会闪出一条消息说"可能存在错误——超出了验证范围"。分析员必须阅读模型的所有有关文件,了解模型的局限性,这样才不会将模型扩展到其有效范围之外。

1.5　本书结构

本书各章分为六个部分:①基础知识;②成像系统链分析:MTF 方法;③信噪比;④目标和背景;⑤图像质量量度;⑥目标捕获距离。图 1-5 是适用于所有成像系统的信息流程图。图中没有显示的第一部分是基础知识(第 1 章到第 4 章)。图中也没有显示第 7 章(二维 MTF)、第 18 章(其他量度)和第 21 章(折中分析)。每一部分的输出都可视作一个品质因数(FOM)。第 15 章(分辨率)是一个独立章节,其输出不用于任何性能模型,用于计算分辨率的数据是模型的输入。第二、三和四部分适用于所有成像系统,而且能用于目标捕获(第五和六部分)或其他性能量度。第三和第四部分的输出数据对图像处理算法很有用。

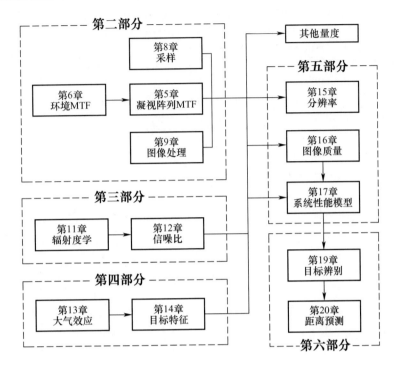

图 1-5　数据流程图

参 考 文 献

[1] R. D. Hudson Jr. , Infrared System Engineering, pp. 10-11, John Wiley and Sons, New York (1969).

[2] D. L. Shumaker and J. T. Wood, "Overview of current IR analysis capabilities and problem areas," in Infrared Systems and Components II, H. M. Liaw, ed. , SPIE Proceedings Vol. 890, pp. 74-80 (1988).

[3] J. D. Howe, "Electro-Optical imaging system performance prediction," in Electro-Optical Systems Design, A-nalysis, and Testing, M. C. Dudzik, ed. , pg. 60. This is Volume 4 of The Infrared and Electro-Optical Sys-tems Handbook, J. S. Accetta and D. L. Shumaker, eds. , co-published by Environmental Research Institute of Michigan, Ann Arbor, MI and SPIE Press, Bellingham, WA (1993).

[4] R. D. Hudson Jr. , Infrared System Engineering, Chapters 16 to 19, John Wiley, New York (1969).

[5] The Infrared and Electro-Optical Systems Handbook, J. S. Accetta and D. L. Shumaker, eds. , copublished by ERIM and SPIE Press, Bellingham, WA (1993).

[6] S. Moyer, R. G. Driggers, R. H. Vollmerhausen, M. A. Soel, G. Welch, and W. T. Rhodes, "Information difference between subbands of the mid-wave infrared spectrum,"Optical Engineering, vol. 42(8), pp. 2296-2303 (2003).

[7] V. A. Hodgkin and R. G. Driggers, "3rd generation thermal imager sensor performance," ADA481411, U. S. Army RDECOM CERDEC NVESD (2006).

[8] O. H. Schade, Sr. , "Image gradation, graininess, and sharpness in television and motion picture systems,"

published in four parts in J. SMPTE: "Part I: Image structure and transfer characteristics," Vol. 56(2), pp. 137-171 (1951); "Part II: The grain structure of motion pictures-an analysis of deviations and fluctuations of the sample number," Vol. 58(2), pp. 181-222 (1952); "Part III: The grain structure of television images," Vol. 61(2), pp. 97-164 (1953); "Part IV: Image analysis in photographic and television systems," Vol. 64 (11), pp. 593-617 (1955).

[9] F. A. Rosell and R. H. Willson, "Performance synthesis of electro-optical sensors," Air Force Avionics Laboratory Report AFAL-TR-72-229, Wright Patterson AFB, OH (1972).

第 2 章

成像系统设计

探测器是每个光电系统的核心部件,它将场景辐射转换成可测量的电信号。具体的系统设计取决于像元数量和要求的输出格式。电信号经过放大和信号处理产生电子图像,其中的电压差代表视场中不同物体产生的场景强度差。显示器将电子图像转换成可视图像(图 1-1)。

由于受不同历史条件下探测器和光学材料发展的限制,各光谱带(可见光、近红外、SWIR、MWIR 和 LWIR)系统的发展时间不一样。从具备探测器材料到构建成像系统总有一个时间差。近红外像增强器是第一个成像系统,它由一个模拟像管构成。早期的 LWIR 探测器阵列只有几个像元,需要使用一个扫描装置。很久以后,随着焦平面阵列(FPA)的出现,诞生了凝视系统。再后来,铟镓砷(InGaAs)阵列取代了像增强管。在 1970 年电荷耦合器件(CCD)发明之前,可见光图像是用胶片拍摄的,到 2000 年,数码相机取代了胶片。

起初,SWIR 成像仪用于探测光纤通信使用的激光信号($\lambda = 1.55\mu m$)。InGaAs 的光谱响应在 $0.5 \sim 1.7\mu m$,它开辟了 SWIR 波段,现在具有广泛应用,如光谱学、医学、牙科学和制药工业。InGaAs 的动态范围很大,可以在阳光直射和晴朗星光照明条件下产生图像。SWIR 的军事用途非常广泛[1]。

从稀疏探测器扫描阵列到凝视阵列,红外界经历了巨大变化,每次变化都是有各种探测器相伴。使用 CCD 或 CMOS 探测器的可见光系统成熟很快。近红外系统通过用固态凝视阵列取代像增强管,实现了巨大飞跃。每一天,探测器技术都在提高量子效率,降低噪声,缩小探测器尺寸。

电视自诞生以来,其宽高比就是 4:3,带宽支持 640×480 探测器阵列。电视行业为了获得更高分辨率的图像,创造了 1920×1080 的高清电视。因此,现在几乎所有显示器(电视和计算机)的宽高比都采用高清电视的宽高比 16:9。但是,NIR、SWIR、MWIR 和 LWIR 探测器制造商尚未采用高清电视格式。目前,阵列宽高比有 4:3、5:4 或 1:1,因而造成了显示格式问题。

本书主要介绍用 NVIPM 模型模拟凝视系统的工作。NVIPM 模型已经取代了 NVThermIP、IINVD、SSCamIP 和 IICamIP 等模型。随着红外探测器技术的成熟,扫描阵列也发生了变化。因此,有必要简述各种传感器和系统设计。

2.1 红外探测器

Rogalski[2]和 Dhar 等[3]曾在 2012 和 2013 年介绍过那时的红外探测器发展状态,最新进展可以参见 SPIE 会议论文集[4]和 IEEE 会议论文集。本节重点介绍以下三种探测器:

(1)致冷探测器:传统的 LWIR 光子探测器必须冷却(典型温度 77K)才能减少由热致电子产生的暗电流。通过机械致冷器或者灌注液氮能达到这样的温度。致冷器会增加系统体积、成本和功耗。许多 MWIR 探测器可以在 200K 工作,这个温度可以用一个多级热电致冷器(TEC)实现。

(2)高工作温度探测器:随着暗电流降低,高工作温度(HOT)探测器[3,5-6]只需要致冷到 100~150K。这个温度可以大大延长机械致冷器的寿命并降低功耗。在 200K,多级 TEC 几乎可以无限期地使用。

(3)非致冷探测器:一些探测器可以在室温条件下工作,所以称为非致冷器件。虽然称为非致冷器件,但它们可能有一个致冷器(通常是一个 TEC 致冷器)稳定探测器温度。非致冷器件的重量轻、体积小、价格低,由于功耗很低,用它们可以制成用电池工作的手提式设备。

2.1.1 探测器分类

探测器分为传统半导体探测器、新型半导体探测器和热探测器。探测器性能参数和系统性能参数都是针对传统半导体和热探测器开发的。后来出现了新型半导体,如肖特基势垒二极管(SBD)和量子阱探测器。传统半导体理论不再适用于这些探测器,因此为它们开发出了新的性能指标。

红外探测器的种类很多[7-11]。下面列举几种较常用的类型和它们的特征。

1. 传统半导体

1)光导型

光导型探测器需要一个恒定的偏置电压。吸收的光子改变体电阻率,电阻率又改变电流大小。电流变化用外部电路监测。电流流动使探测器发热。因此,很大的探测器阵列是难以致冷的。

2)光伏型

光伏探测器实际上是半导体内的一个 PN 结。吸收的光子会导致电压变化,电压变化用外部电路检测。光伏探测器不发热,因此可以制成很大的阵列。由于电流最小,将这种探测器耦合到低噪声放大器相对容易。

2. 新型探测器

1)肖特基势垒二极管

肖特基势垒二极管是产生电压的光电发射器件。这种探测器适合使用硅制造技术,因此制造单片器件相对容易,可以同时制造探测器和读出装置。这种探测器能制成很大的阵列(5000×5000)。

2)量子阱(带隙工程光探测器)

量子阱探测器的光谱响应能调整到任意波长,但它的光谱响应范围很窄,通常需要致冷到 60K 以下。

3. 非致冷探测器

1)辐射热计探测器

辐射热计探测器的电阻随着温度变化,其电流变化(因为电阻变化)用外部电路监测。微辐射热计是与半导体阵列匹配的辐射热计探测器。

2)热释电探测器

热释电探测器只能感应温度的变化。热变化会改变电极性,从而产生一个电压差。这些交流器件在高 ΔT 目标周围产生热晕。这些系统通常会在透镜系统和探测器之间安装一个斩波器(制造一个不断变化的场景)。斩波器与相机的帧速同步,使显示的图像呈现较好的均匀性。常用的探测器材料是钛酸锶钡(BST)。

2.1.2　特殊探测器

1. 铂化硅探测器

常用的肖特基势垒器件是铂化硅(PtSi)MWIR 探测器,它对 $1.0 \sim 5.5\mu m$ 的波长敏感。它需要一个滤波器来限制光谱响应(如建立一个 $3 \sim 5.5\mu m$ 的系统)。硅加工技术很成熟,能以很低的成本制造很大的阵列。这种器件通常冷却到 70K 以减少暗电流。由于量子效率低,当背景温度低于 273K 时,PtSi 探测器的性能较差,因此现在很少使用。

2. 锑化铟探测器

锑化铟(InSb)探测器是一种高量子效率的 MWIR 探测器,峰值响应在接近 $5\mu m$ 处。典型工作温度低于 100K,但通常要冷却到 77K。它替代了 PtSi 探测器。可以用一个冷滤波器将其光谱响应限制在 MWIR 范围。由于大气中的二氧化碳在 $4.25\mu m$ 有很强的吸收作用,要插入一个双峰值滤波片(也称为陷波滤波片),才能将该探测器的光谱响应修正到 $3 \sim 4.1\mu m$ 和 $4.3 \sim 5.5\mu m$(在 12.5 节“信噪比最优化”中讨论)。准确的起始波长和截止波长取决于场景。这种探测器也可以用于 SWIR 波段。

3. 碲镉汞探测器

碲镉汞也写作 Mer-cad 或 MCT,通常标识为 HgCdTe,它是一个混合物($Hg_{1-x}Cd_xTe$)。通过改变掺杂比例,可以将光谱响应调整到 SWIR、MWIR 或 LWIR 区。常用的是 LWIR 探测器,其峰值响应接近 $12\mu m$。要用一个滤波器才能将响应限制在 LWIR 范围。HgCdTe 探测器用在所有通用模块系统中。

4. SPRITE 探测器

SPRITE 探测器是一条拉长的 HgCdTe 丝,提供固有的时间延迟和积分(TDI),它是英国研制的,在 20 世纪 80 年代成为英国的通用模块探测器(标识为 TICM,热像仪通用模块),已经被凝视焦平面阵列代替。

5. 量子阱红外光探测器

量子阱红外光探测器(QWIP)采用成熟的 GaAs 生长技术。量子阱由 GaAs/AlGaAs 层产生,其响应可在 3~19μm 范围内订制,LWIR 型探测器的光谱范围通常在 8.3~10μm,其响应度和噪声对温度敏感,所以 QWIP 器件通常要致冷到 60K 以下。

6. 非致冷微测辐射热计探测器

吸收的光子会使材料发热,从而产生可测量的电阻变化。由于这是一个与热有关的过程,这类探测器也称为热探测器,其光谱响应取决于膜层和探测器结构。有各种各样的辐射热计探测器设计。最常用的探测器材料是二氧化钒(VO_2)和 α-硅(α-Si 或 a-Si)。它们由一组镀有 VO_2 或 α-Si 薄膜的桥臂组成。入射的红外辐射使桥臂发热,从而改变薄膜的电阻。非致冷探测器通常比光子探测器的灵敏度低得多(低信噪比)。为了克服灵敏度低的问题,通常把光谱响应提高到 7.5~14μm。这种宽光谱响应给光学设计造成困难。在低信噪比应用中,它们可能无法取代光子探测器。

7. 铅盐探测器

低噪声、快时间常数、TEC 致冷的硒化铅(PbSe)焦平面阵列的光谱响应范围为 1.5~7μm,这种低成本探测器的 NEDT 小于 30mK。

8. nBn 探测器

nBn 探测器[12-14]的作用类似于一个组合在一起的光电导体和光电二极管。它由两个 n 型半导体夹一个势垒层组成。由于暗电流较低,它可在 150K 或更高温度下工作。预计它将取代 InSb MWIR 探测器。但是由于高工作温度的碲镉汞探测器正在兴起,它可能无法取代碲镉汞 LWIR 探测器。

2.2　扫描器

光学系统在探测器上对场景辐射成像。扫描器用光学方法在系统视场内移动探测器的瞬时视场(IFOV),产生一个与局部场景强度成比例的模拟输出电压。扫描方案有很多种,每种方案各有优缺点。最常见的扫描器是转鼓、多边形、折射棱镜和摆镜。本书默认的扫描是在水平方向进行的。

如果垂直像元的数量少于所需要的显示行数,扫描器就会进行(机械)错行扫描。扫描线依次加起来就产生一幅在垂直方向有更多采样点的图像。高频颤动或微扫描(在 8.4 节"微扫描"中讨论)意味着一个系统的单个场组合起来就能在显示器上产生一个更高分辨率的电子图像。

在扫描系统工作时,有效扫描时间的像元输出会生成图像,无效扫描时间的像元输出被忽略。无效扫描时间为扫描器进入下一帧或下一扫描线的适当位置提供了必需的时间。

探测器特性可以决定扫描方向。图 2-1 是只有一个像元的单向(光栅)扫描系统。SPRITE 探测器要求进行单向扫描。图 2-2 是一个使用双向扫描(并行扫描)的线性阵列。美国的通用模块系统使用的是双向扫描器。

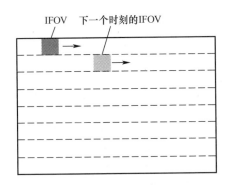

图 2-1　采用单向扫描的单像元
扫描方式(串行扫描)

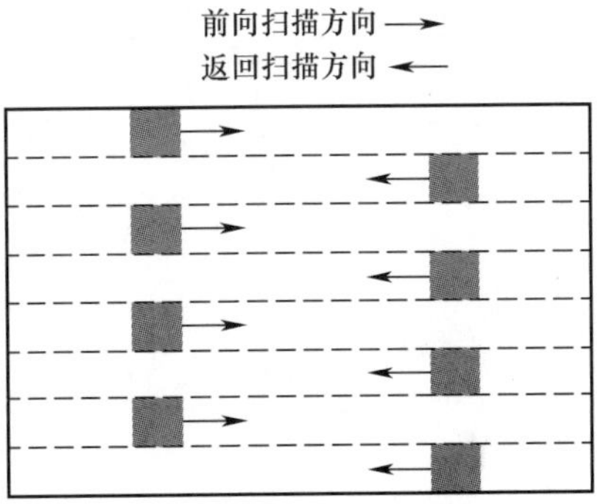

图 2-2　使用双向扫描(并行扫描)
和 2:1 往返扫描线阵探测器
注:一个移动反射镜产生机械往返扫描。

图 2-3 说明一序列像元的输出叠加在一起实现时间延迟和积分(TDI)。使用 TDI 的系统通常要求单向扫描。这里,积分元件的时间延迟必须与扫描速率相匹配(图 2-4)。当使用 TDI 时,扫描线性度很重要,以免发生几何失真和 MTF 退化(在 5.2.6 节"TDI 不匹配"中讨论)。SPRITE 探测器有固有的TDI,不需要图 2-4 所示的多级延迟电路。

有固定帧速的单像元系统具有最高NEDT。增加的像元越多(图 2-2),扫描速度

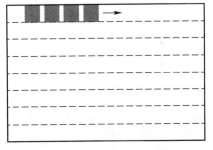

图 2-3　完全以串行扫描模式
工作的多元探测器

越慢,像元的驻留时间(扫描一个目标边缘的时间)越长,NEDT 越低。由于每个像元的响应度略有不同,多像元系统会受固定模式噪声影响,因而需要进行软件校正。不能完全补偿这一效应会使得扫描阵列中产生条纹和凝视阵列存在残余固定模式噪声。

使用 TDI 探测器时,噪声会随 TDI 像元数量的平方根而降低。使用 TDI 还有

一个优势:如果一个像元失灵,其余像元依然能产生输出。使用并行扫描系统时(图2-2),有缺陷的像元会产生两行(前向行和返回行)没有信息的输出,这会在场景中留下一个空白区。将TDI与并行扫描结合起来能减少丢失信息的机会,同时降低NEDT,但这给读出电路增加了复杂性。

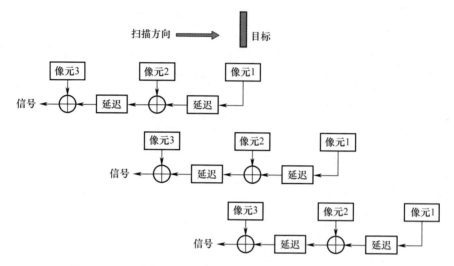

图 2-4 以纯串行扫描模式工作的三个像元需要 TDI 延迟元件

注:箭头指向与图 2-3 同样的扫描方向。上边一行的像元 1 感应目标。在时间周期 t 内,像元阵列移动到右边(中间一行),像元 2 感应目标。像元 1 的输出延迟 t 秒并加到像元 2 的输出上。在下一个时间 t 内,像元阵列移到右边(下边一行),像元 3 感应目标。像元 1 和 2 输出延迟的 t 秒加到像元 3 的输出上。每个像元的输出都必须延迟一个与扫描速度相当的时间量,以便像元的输出能够准确地相加(图 5-21)。

2.3   凝视阵列

凝视阵列没有扫描器,相邻像元的输出代表着场景变化。像元的输出是模拟信号,该信号可以在多个位置被数字化,如在像素上或在读出集成电路(ROIC)中。在所有情况下,下游信号都是数字信号,输入到平板显示器(FP)的信号为数字信号(图2-5)。

图 2-5   典型的凝视阵列配置

早期的可见光系统采用胶片成像。因为硅探测器阵列易于制造,所以从胶片转变到焦平面阵列很自然。图 2-2 适用于所有可见光和红外凝视阵列。硅探测器在弱光条件下不能提供可用的图像。微光成像最初是用像增强器实现的。

2.4　红外系统的发展

多年来,民用系统都是军用系统的派生产品。军用系统的设计一般以提供最大灵敏度为目标(很低的噪声),但许多民用任务通常有很强的信号(大温差),因此低噪声不是设计要考虑的主要问题。现在,成本、重量、便于使用和功耗是民用系统设计的主要考虑因素。下面按时间顺序阐述军用系统的发展。

2.4.1　通用模块系统

图 2-6 是早期通用模块系统的典型硬件,图 2-7 是数据流程。在通用模块系统中,探测器将红外空间信息转换为时变电压,电压驱动发光二极管(LED)生成可见光图像。通过用于可见光图像的扫描反射镜背面,使可见光图像与红外图像保持同步。由于扫描器、探测器、前置放大器、后置放大器和发光二极管都按同一规格制造,所以将它们称为通用模块,现在这个术语泛指双向扫描 LWIR 系统。这类系统目前仍然存在。

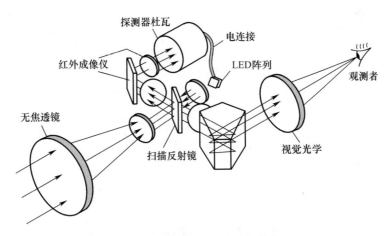

图 2-6　通用模块系统的典型硬件

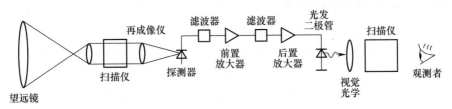

图 2-7　通用模块系统的典型数据流程

2.4.2　光电多路传输系统

通用模块系统只能让一个观测者查看图像,想让多个观测者查看,就要用视像管扫描 LED 的输出。视像管将平行扫描的红外信号转换成符合显示器要求的串行数据流。视像管本身具有扫描转换作用。为了补偿 MTF 的下降量,可以在视频链中加入增强放大器。光电多路传输(EOMUX)系统增加了视像管、增强放大器和显示器(图 2-8 和图 2-9)。

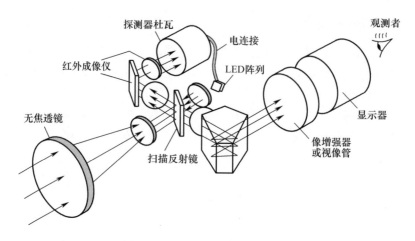

图 2-8　EOMUX 系统的典型硬件

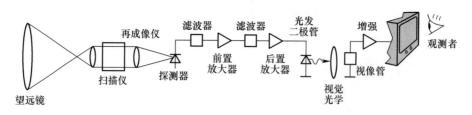

图 2-9　EOMUX 系统的典型数据流程

2.4.3　电子多路传输系统

光电多路传输系统使用 LED 和视像管产生符合显示器要求的数据流,这个功能可以用一个数字扫描转换器(DSC)执行,从而形成一个电子多路传输(EMUX)系统(图 2-10 和图 2-11)。现在的扫描系统都是 EMUX 系统。增益/电平归一化、图像处理和行间插值都以数字形式进行。从模拟信号转换成数字数据会引入独特的非线性效应。量化过程会引入一个额外的噪声因子,其值随着最低有效位(LSB)的相对幅值变化。

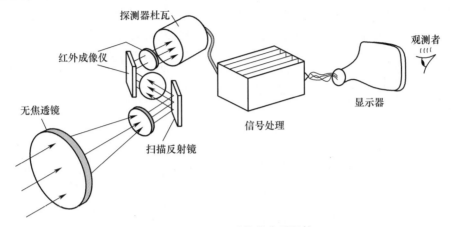

图 2-10　EMUX 系统的典型硬件

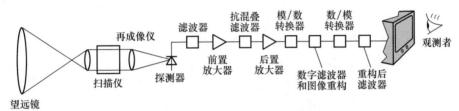

图 2-11　EMUX 系统的典型数据流程

对在垂直方向有一个以上像元的扫描阵列系统(图 2-2),在离散位置的每个像元的输出几乎同时被收集。也就是说,随着探测器在水平方向移动,场景被数字化采样成为列。在内存中按照符合显示器要求的格式,从水平方向读取垂直方向的数据。这种从垂直输入到水平输出的转换称为数字扫描转换,其硬件称为扫描转换器。注意,扫描转换或扫描转换器是一个通用术语,仅表示计时方式的变化。

数字扫描转换系统有两个不同的计时方式。探测器电子电路要及时匹配扫描参数,还要匹配有效扫描时间。数字数据存放在数字内存中,以与显示器线速率一致的速度读出。

扫描系统中的每个像元都有自己的放大器。放大器的输出经过多路传输后被数字化。多路传输的通道数量取决于具体设计。系统可能有并行工作的多个多路传输器和多个模数转换器(ADC)。信号被数字化是因为数字数据易于管理。显示器可以是也可以不是光电成像系统的组成部分。早期的显示器是阴极射线管(CRT)显示器。由于 CRT 的输入是模拟信号,需要一个数模转换器(DAC)(图 2-11)。

2.4.4　第二代系统

通用模块系统被称作第一代系统。20 世纪 80 年代后期,LWIR 扫描系统本应被凝视阵列取代,因此从那时起,凝视阵列被称为第二代系统。但是,探测器技术并没有像预想的那样快速发展,所以串行/并行扫描装置被称为第二代扫描系统,这些系统使用一个由480×4个错行排列的TDI探测器组成的阵列(图2-12)。

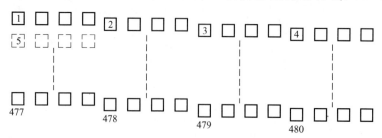

图2-12   由480×4个错行排列的TDI探测器组成的阵列
注:错行排列能提高垂直方向的采样频率。

20世纪90年代,美国陆军提出了水平技术集成(HTI)方案,其目的不是一次只改进一个系统,而是尽可能多地升级许多系统。探测器-致冷器的成本很高,而且每个系统的探测器-致冷器组件都不一样,使得备件非常昂贵。标准先进杜瓦组件(SADA)方法试图在所有系统中使用相同的探测器-致冷器。美国国防部确立了一系列SADA组件,其中包括高性能系统(SADA I)、中-高性能系统(SADA II)和紧凑级系统(SADA III)。

随着技术的进步,人们希望用"插入式"480×4探测器阵列(如SADA)取代原有探测器。其中的A套件是每种成像仪独有的安装支架,B套件包括光学系统、探测器和一些电子电路。将来的系统会使用凝视阵列。由于凝视阵列不需要扫描器,"插入式"探测器阵列取代了探测器、致冷器和扫描器。

2.4.5   凝视阵列系统

图2-13和图2-14是典型的凝视阵列,它没有扫描器,每个像元的输出都被多路传输器数字化。放大器和滤波器都放在多路传输器中,它们处理信号的方式与扫描系统不同。

每个像元/放大器组合都有不同的增益(响应度)和偏置,这些变化会造成固定模式噪声或空间噪声。如果响应度存在大的偏差,图像就会无法识别。因此,使用一个以上像元的系统可能需要进行增益/电平归一化或非均匀校正(NUC)才能获得可接受的图像。虽然大多数文献都在讨论凝视阵列的非均匀校正,但非均匀校正也适用于在垂直于扫描方向有一个以上像元的扫描系统(图2-2)。为获得良好的图像,对多个离散输入光强,每个像元的输出是归一化(使之相等)的。这些归一化光强也称为校准点、温度基准或简单点(在12.2.2节[①]"固定模式噪声"中讨论)。

① 译者注:原文为第2.1.7节,有误,已改正。

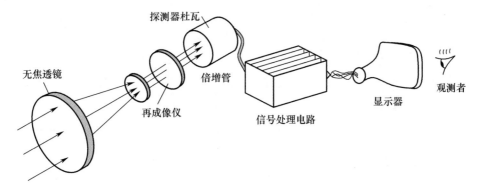

图 2-13　凝视阵列系统的典型硬件

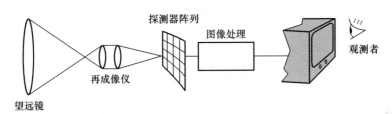

图 2-14　凝视阵列系统的典型数据流程

注:再成像仪是可选设备。

2.4.6　第三代系统

起初对第三代系统的定义不准确,认为它是由跨不同光谱带的二或三个高性能高分辨率成像仪组成的系统。现在的定义是由在同一焦面上的 MWIR 和 LWIR 两个探测器[15-16]组成的系统,LWIR 系统用于探测,MWIR 系统用于识别和辨清。由于透镜材料有限,因此使用反射光学件。

2.5　可见光系统探测器

由于电荷耦合器件(CCD)是第一种固态探测器,所以普遍把这类相机称为 CCD 相机,即便它们用的可能是电荷注入器件(CID)或互补金属氧化物半导体(CMOS)器件的探测器。现在将这些相机都称为数码相机。几乎所有可见光系统相机都产生彩色图像。硅探测器的光谱响应为 1.1μm。滤波器将光谱响应限制在 0.4~0.7μm。

发送到显示器的"彩色"信号必须由三个探测器产生,每个探测器对一个主色或补色敏感。主色为红、绿、蓝(R、G、B),补色为黄、青、品红(Ye、Cy、Mg),组合起来形成白色(W)。探测器覆有各种滤光膜,在探测器响应时,其输出会近似于主色或补色(图2-15)。

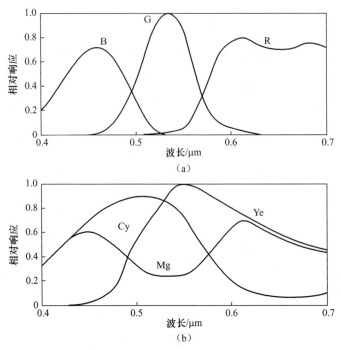

图2-15　三基色及其补色的光谱响应

用一组公式建立了主色与补色的关系。相机用这些公式提供一种或两种输出格式(称为矩阵法)。矩阵法能将 RGB 转换成其他色彩坐标:

$$\begin{cases} Ye = R + G = W - B \\ Mg = R + G = W - G \\ Cy = G + B = W - R \end{cases} \quad (2\text{-}1^{①})$$

1976年,伊士曼·柯达公司的布莱斯·拜耳获得了基本滤色阵列(CFA)的专利。CFA 是一个重复的 2×2 图形(图2-16),似乎最受欢迎。显示器要求每个像素位置有三种颜色(图2-17)。插值算法(也称为反马赛克算法[17])会重建丢失的色彩值。CFA 的排列并无特别之处,精确排列取决于制造商的理念和在减少色彩混叠方面的智慧。

参考图2-16,白光点源打到"蓝色"探测器上,图像会是蓝色的;打到"红色"探测器上,图像会是红色的。为了避免这种 CFA 颜色串扰问题,必须大幅增加弥散圆直径以覆盖多个像元。在透镜与 CFA 阵列之间插入低通滤光片(OLPF,也称为抗混叠滤波片),会增大弥散圆直径。通常用双折射晶体将光束分成寻常光和非常光两部

---

① 译者注:原文为 2-2,有误,已改正。

分。如图 2-18 所示,像元收集较大光束的光。本来已经错过像元的光线被折射到这个像元上,使像元看起来更大。光束之间的间隔是晶体折射率和厚度的函数。

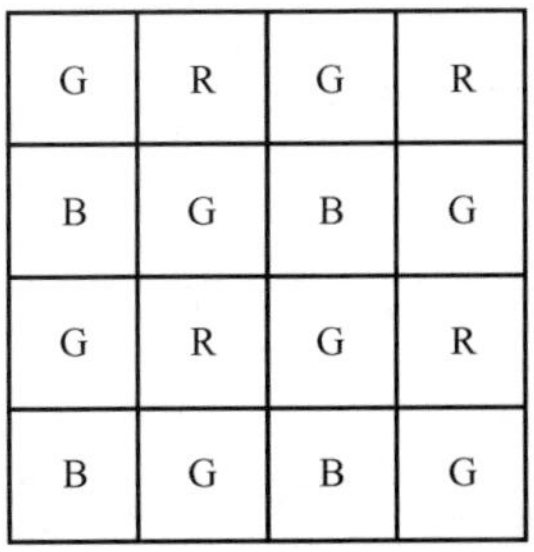

G	R	G	R
B	G	B	G
G	R	G	R
B	G	B	G

图 2-16　拜耳图形

注:绿色有时被标记为 G_{even} 和 G_{odd}、G_1 和 G_2 或者 G_R 和 G_B,这种标记对算法开发有用。

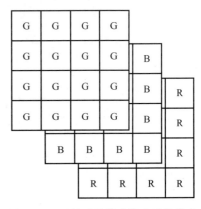

图 2-17　运行反马赛克算法后的输出

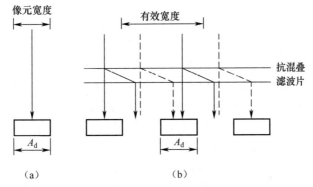

图 2-18　双折射滤波片扩大了像元的有效光学面积

(a)无滤光片;(b)有滤光片(落在像元之间的光线被折射到像元上)。

　　光学填充因子可能小于 100%。微透镜组件(也称为微透镜或透镜阵列)能提高有效填充因子。感光区在栅极结构下方,收集光的能力取决于栅极厚度。到达微透镜的光锥取决于相机镜头的 F 数。图 2-19 说明落在微透镜上的平行光线。

2.5.1　电荷耦合器件

　　1970 年,Boyle 和 Smith 发明了电荷耦合器件(CCD)。从那时起,出版了大量关于 CCD 物理理论、制造和工作原理的文献。CCD 阵列需要一个偏压和时钟信号,其输出是一序列模拟脉冲,代表一序列离散位置的场景强度。虽然光电探测过程是模拟的,但模数转换器(片上或片外)提供的是数字视频。

　　CCD 器件[18]的功能可以根据其架构(帧转移、行间转移等)或其应用来描述。

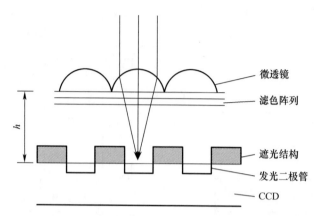

图 2-19　多晶硅覆膜和遮光结构(图中没有示出双折射晶体)

注:多晶硅覆膜和遮光结构就像一个光通道,能降低微透镜的效率。

某些架构仅适合于特定应用,例如,天文相机通常使用全帧阵列,而消费者视频系统使用行间转移器件。

2.5.2　互补金属氧化物半导体

20 世纪 90 年代,主动像素出现,这些器件用互补金属氧化物半导体(CMOS)技术制造,其优点是可以把一个或多个有源晶体管集成在一个像素中。现在可以把系统级电路元件集成到一个像素中进行片上图像处理。这些器件也称为有源像素传感器(APS)或者 APS 探测器,都是完全可寻址(可以读取选定的像素)器件。大多数数码相机都使用 CMOS 探测器。

CMOS 和 CCD 的工作原理区别很大[19],主要区别是 CCD 栅极需要 10~15V 电压,而 CMOS 探测器需要的电压不到 2V。在相同功能和分辨率条件下,CMOS 成像传感器的功耗通常不到 CCD 成像仪的 1/10。除非另有说明,否则可以合理地认为,现在的数码相机都采用 CMOS 阵列。

2.6　像增强器

像增强器是指一系列特殊成像管,在这类成像管内部能倍增光电子的数量。较常用的二代(Gen II)和三代(Gen II)像管使用微通道板(MCP)实现增强。光子撞击光电阴极会释放出电子,从而产生电子图像。电子聚焦到微通道板上后,会有大约 80% 的电子进入通道板。微通道板由数千个直径约 10μm 的平行通道(空心玻璃管)组成。进入通道的电子与涂层壁碰撞后产生二次电子。这些电子经高电位梯度加速后通过通道。通过反复碰撞会提供高达几千倍的电子增益。出射的电子撞击荧光屏,便产生增强的可见光图像(图 2-20)。

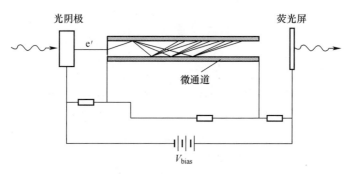

图 2-20　像增强器示意图

像增强器是模拟器件,观测者能在荧光屏上看到形成的图像。荧光屏选用绿色荧光粉。由于输出的是光,增强器是用来倍增光子数的。

2.7　增强型固态相机

将像增强器与 CCD 耦合后便称为 IICCD 或者 I^2CCD。增强型相机的光谱响应仅由像增强器光阴极的响应度决定。CCD 将增强图像转换成与标准视频格式一致的电子数据流。

CCD 可以用光纤束或中继透镜耦合到像增强器上。锥形光纤束(图 2-21)是最大的 ICCD 元件。CCD 的输入是单色的,输出也是单色的。由于像增强器输出的是绿色场景,为了保持兼容性,ICCD 输出的是对应的绿色。

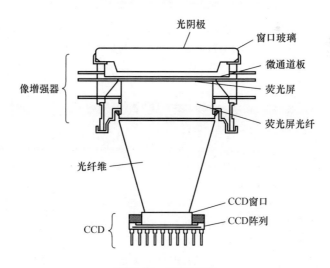

图 2-21　ICCD 元件

2.8　高清电视

　　美国标准视频 RS-170 的计时和带宽支持 640(H)×485(V)线(宽高比 4:3)的图像,因此红外探测器阵列为 640 像元×480 像元(或 320 像元×240 像元),显示器的 5 条线是空白的。单色视频格式执行显示 485 线的美国 RS-170 标准或显示 577 线的欧洲 CCIR 标准。通过多线复制或采用更复杂的算法可以实现插补。插补器会显著影响垂直分辨率,从而显著影响分辨垂直细节的能力。随着阵列尺寸增大,在标准 RS-170 显示器上再不能看到整个场景。大型红外阵列一般呈正方形(如 1000×1000)。短波红外 InGaAs 阵列的宽高比通常为 5:4。目前的电视和计算机显示器都有高清电视格式,宽高比为 16:9,支持 1920×1080 像元的显示。图 2-22 说明如何显示一个 1280 像元×1024 像元的短波红外阵列(宽高比 5:4)。可以对短波红外输出进行插补,使它变成 1080 线。但是,任何插补都会使系统 MTF 下降。其他探测器格式也存在同样问题。

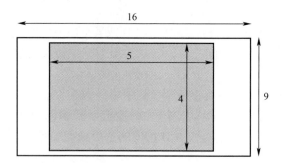

图 2-22　显示在 1920 像元×1080 像元显示器上的 1280 像元×1024 像元
相机的图像(有 56 行和 640 列是空白的)

参 考 文 献

[1] R. G. Driggers, V. Hodgkin, and R. Vollmerhausen, "What good is SWIR? Passive day comparison of VIS, NIR, and SWIR," SPIE Proceedings Vol. 8706, Infrared Imaging Systems: Design, Analysis, Modeling, and Testing XXIV, paper 87060L (2013).

[2] A. Rogalski, "History of infrared detectors," Opto-electronics Review, 20(3), pp 279-308 (2012).

[3] N. K. Dhar, R. Dat, and A. K. Sood, "Advances in infrared detector array technology," in Optoelectronics-Advanced Materials and Devices, Chapter 7, Intech Publishers (2013).

[4] Each year SPIE publishes the proceedings of the Infrared Technology and Applications conference. The conference focusses on optical material, coolers, and detectors.

[5] L. Rubaldo, A. Brunner, P. Guinedor, R. Taalat, J. Berthoz, D. Sam-giao, A. Kerlain, L. Dargent, N.

Péré-Laperne, V. Chaffraix, M-L. Bourqui, Y. Loquet, and J. Coussement, "Recent advances in Sofradir IR on II-VI photodetectors for HOT applications," SPIE Proceedings Vol. 9755, paper 9755X (2016).

[6] R. Wollrab, W. Schirmacher, T. Schallenberg, H. Lutz, J. Wendler, M. Haiml, and J. Ziegler "Recent progress in the development of MCT HOT detectors," International Conference on Space Optics 7-10 October 2014.

[7] A. Rogalski, Infrared Photon Detectors, SPIE Press, Bellingham, WA (1995).

[8] J. F. Piotrowski and A. Rogalski, High-Operating-Temperature Infrared Photodetectors, SPIE Press Vol. PM169 (2007).

[9] E. L. Dereniak and G. D. Boreman, Infrared Detectors and Systems, John Wiley (1996).

[10] P. W. Kruse, Uncooled Thermal Imaging, SPIE Tutorial Series Vol. TT51, SPIE Press, (2002).

[11] A. Rogalski, "Third-generation infrared photon detectors." Opt Eng, Vol. 42, p. 3498-3516 (2003).

[12] K. Green, S. -S. Yoo, and C. Kauffman, "Lead salt TE-cooled imaging sensor development," SPIE Proceedings Vol. 9070, paper 90701G (2014).

[13] L. Shkedy, M. Brumer, P. Klipstein, M. Nitzani, E. Avnon, Y. Kodriano, I. Lukomsky, I. Shtrichman, "Development of 10μm pitch xbn detector for low Swap MWIR applications," Proc. SPIE 9819, Infrared Technology and Applications XLII, paper 98191D (2016).

[14] P. Martyniuk, M. Kopytko, and A. Rogalski, "Barrier infrared detectors," Opto-Electronics Review 22(2), 127-146 (2014).

[15] D. A. Reago, S. B. Horn, J. Campbell, Jr. , and R. H. Vollmerhausen, "Third-generation imaging sensor system concepts," in Infrared Imaging Systems: Design, Analysis, Modeling, and Testing X, G. C. Holst, ed. , SPIE Proceedings Vol. 3701, pp. 108-117 (1999).

[16] V. A. Hodgkin and R. G. Driggers, "3rd generation thermal imager sensor performance," ADA481411, U. S. Army RDECOM CERDEC NVESD Ft. Belvoir, VA 22060-5806 (2006).

[17] D. P. Haefner, B. P. Teaney, and B. L. Preece, "Modeling demosaicing of color corrected cameras in the NV-IPM," in Infrared Imaging Systems: Design, Analysis, Modeling, and Testing XXVII, SPIE Proceedings Vol. 9820, paper 982009 (2016).

[18] See, for example, G. C. Holst and T. S. Lomheim, CMOS/CCD Sensors and Camera Systems, second ed. , JCD Publishing Company, Winter Park, FL (2011).

[19] See for example, J. Janesick, J. Pinter, R. Potter, T. Elliott, J. Andrews, J. Tower, M. Grygon, and D. Keller, "Fundamental performance differences between CMOS and CCD imagers, Part IV," in High Energy, Optical, and Infrared Detectors for Astronomy IV, A. D. Holland and D. A. Dorn, eds. , SPIE Proceedings Vol. 7742, paper 77420B (2010).

第3章

填充因子和视场

填充因子是像元有效面积与像素面积之比。视场是像素尺寸和像元数量的函数。像素的数量可以通过图像处理修改,其中使用像素复制最为简单。能看到的显示单元的数量取决于修改后的像素数量。

像素、填充因子和视场都是几何概念。光学弥散圆的尺寸可以比像素尺寸小或大。像素尺寸和弥散圆直径都是 NVIPM 模型中距离公式的一部分。

3.1 图像单元、数据单元和显示单元

整个成像系统可能包含多个独立采样系统。像元阵列对场景进行空间采样;数据由计算机处理;显示器可能有有限的分辨率。显示器的"像素"可能代表也可能不代表相机空间的"像素"。设计者、使用者和分析者必须了解各种采样点阵之间的区别。

电子成像系统很复杂,它有多种采样点阵。每个子系统都有自己的最小采样尺寸或基本单元。遗憾的是,各种器件的像素之间没有一个先验关系。在处理过程中,这些不同的数字样本分别称为图像单元(pixel)、数据单元(datel)和显示单元(disel 或 dixel),见表 3-1 和图 3-1。

表 3-1　三种单元的定义

单　元	描　述
图像单元	一个像元产生的一个采样点
数据单元	每个数据(datum)都是一个数据单元。数据单元存放在计算机寄存器中
显示单元	显示器能显示的最小单元

一个像元的输出代表场景的一小部分空间,这个输出称为一个图像单元(即一个像素)。图像单元经过计算机处理,变成一个数据单元。经过图像处理后,数据单元的数量可能大于(插值)或小于(下采样)原来图像单元的数量。图像处理人员必须了解采样点阵之间的区别,并考虑到哪个器件是最后的数据解读器。

经过图像处理,数据单元被输出到显示介质(我们看不见数字数据)。显示介

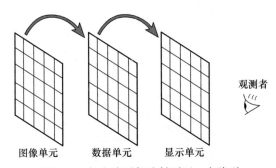

图像单元　　　数据单元　　　显示单元

图 3-1　每个阵列都映射到下一个阵列

注:每个阵列的单元数量可能不同,建模时通常假设为 1∶1 的对应关系。

质将数据单元转换成模拟信号。注意,显示器的电路通常是数字化控制的(因而称为数字显示器)。一个数据单元可以映射到许多显示单元(电子放大)。显示器通常用可寻址显示单元(像素)的数量来规范。以一个 600dpi(每英寸面积内的像素点数)的打印机为例,如果显示单元(像素)的数量为 640×480,且为 1∶1 映射,图像的尺寸应该为 $1\text{in}^2(1\text{in}^2 = 6.45\text{cm}^2)$ 左右。显然,打印机是一对多映射。

系统设计者必须清楚是哪一个子系统限制着系统分辨率。有时候,系统设计的起点应该从最后的数据解读器开始。解读器要能辨别最小的单元,才能确保最大的信息传递量,但观测者可能会发现图像不美观。

3.2　填充因子

许多凝视阵列中的像元都没有完全充满像素的面积(图 3-2)。像元的有效面积与像素面积之比就是填充因子。如果一个小目标成像在像元之间的盲区,就不会有输出。随着小目标移动,它的图像会不时出现在有效像元面积上,因而导致目标闪烁。

相机公式(在 11.3 节"相机公式"中讨论)使用的是像元的面积。像元间距(中心间距)决定着采样频率(在 8.2 节"凝视阵列的采样频率"中讨论)。制造商通常会提供像元间距而不提供像元面积(或填充因子)。

凝视阵列的总像素量等于像元的数量。像元的空间响应由像元面积决定。如果水平方向长度为 d_{H},垂直方向长度为 d_{V},焦距为 f,则像元的张角(图 3-3)为

$$\text{DAS}_{\text{H}} = \frac{d_{\text{H}}}{f}, \ \text{DAS}_{\text{V}} = \frac{d_{\text{V}}}{f} \tag{3-1}$$

像素张角取决于像元的间距(中心间距),即

$$\text{PAS}_{\text{H}} = \frac{d_{\text{CCH}}}{f}, \ \text{PAS}_{\text{V}} = \frac{d_{\text{CCV}}}{f} \tag{3-2}$$

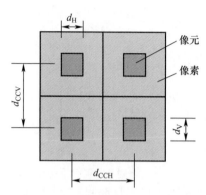

图 3-2   用焦平面阵列的俯视图来说明填充因子的定义

注:像元面积 $A_{\mathrm{D}} = d_{\mathrm{H}} d_{\mathrm{V}}$,像素面积 $A_{\mathrm{pixel}} = d_{\mathrm{CCH}} d_{\mathrm{CCV}}$ 。该图适用于平板显示器。

填充因子为

$$\mathrm{FF} = \frac{d_{\mathrm{H}} d_{\mathrm{V}}}{d_{\mathrm{CCH}} d_{\mathrm{CCV}}} = \frac{\mathrm{DAS_H}}{\mathrm{PAS_H}} \frac{\mathrm{DAS_V}}{\mathrm{PAS_V}} = \frac{A_{\mathrm{D}}}{A_{\mathrm{pixel}}} \qquad (3-3)$$

简单计算非正方形的光敏面积,就会得出一个等效正方形的面积: $A_{\mathrm{d}} = d_{\mathrm{eff}}^2 = d_{\mathrm{H}} d_{\mathrm{V}}$ 。

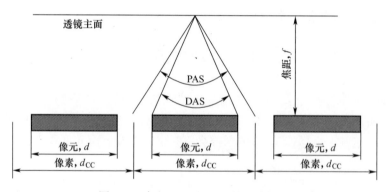

图 3-3   定义 DAS 和 PAS 的一维视图

注:图中的线性填充因子为 50% 左右($d_{\mathrm{CC}} \approx 2d$)。弥散圆的直径没有显示。

3.3   视场

凝视阵列的阵列尺寸和焦距决定着视场大小(图 3-4):

$$\mathrm{HFOV} = 2\arctan \left[\frac{(N_{\mathrm{H}} - 1) d_{\mathrm{CCH}} + d_{\mathrm{H}}}{2f} \right] = 2\arctan \left[\frac{d_{\mathrm{array-H}}}{2f} \right] \qquad (3-4)$$

$$\text{VFOV} = 2\arctan\left[\frac{(N_V - 1)d_{CCV} + d_V}{2f}\right] = 2\arctan\left[\frac{d_{array-V}}{2f}\right] \quad (3-5)$$

式中：N_H、N_V 分别为水平方向和垂直方向的像元数量；$d_{array-H}$、$d_{array-V}$ 为有效阵列尺寸。小视场经常用小角度近似，因此

$$\text{HFOV} \approx \frac{N_H d_{CCH}}{f}, \quad \text{VFOV} \approx \frac{N_V d_{CCV}}{f} \quad (3-6)$$

　　随着视场增大，用小角近似得到的视场会与精确计算结果略有不同（图 3-5）。因此，同一系统报告的视场值经常会略有不同。

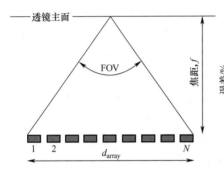

图 3-4　有 N 个像元的视场的一维视图

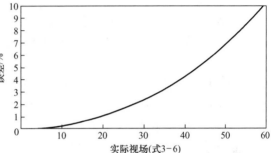

图 3-5　用式（3-6）计算的视场误差
注：虽然大多数计算都用弧度（rad）单位，
但视场的单位通常用度（°）表示。

3.4　光学弥散圆

　　从概念上来说，像元对应的张角（DAS）与瞬时视场（IFOV）不同。由光线追迹得到的 IFOV 是一个锥角，像元能接收到这个锥角内的辐射。IFOV 是光学弥散圆的函数。在 50% 响应值处，DAS 和 IFOV 一样大，通常互换着使用。

　　弥散圆直径（由光线追迹得到的）可能大于或小于一个像元的尺寸。从数学上来说，弥散圆包含在光学 MTF（在 5.1 节"光学系统"中讨论）中。光学系统的空间截止频率与探测器的截止频率相比（在 5.2 节"探测器"[①]中讨论），得到一个复合品质因数（在 15.4 节"$F\lambda/d$"中讨论）。当 $F\lambda/d>1$ 时，系统是光学受限的（大弥散圆）；当 $F\lambda/d<0.41$ 时，系统是探测器受限的（小弥散圆）。这个数学概念在预测目标捕获距离时很有用。NVIPM 模型将显示的目标对比度（受系统 MTF 影响）与观测者阈值进行对比，这与几何方法很不同。

---

① 译者注：原文为"探测器 MTF"，有误，已改正。

第 4 章

线性系统理论

线性滤波理论是为电子电路开发的,已经应用于光学、光电和机械系统。线性滤波理论是系统分析不可或缺的一部分。对简单光电成像系统来说,在空域进行分析很复杂,但在频域进行计算却容易得多。傅里叶变换在空域和频域之间建立了联系。

要运用线性滤波理论必须满足四个条件:①辐射是非相干的;②信号处理是线性的;③图像是空间不变的;④系统的映射关系是单值的(没有噪声也没经过数字化)。满足了这些条件,系统就是线性平移不变(LSI)系统。但大多数光电成像系统不能满足后三个条件。由于光学系统都有像差,当输入脉冲由视场中心移向视场边缘时,其响应会变化,因此光学系统是空间变化的。每个探测器都有噪声,这违背 1:1 的映射要求。一个点光源经过探测器后产生同样的输出,其系统并非局部空间不变的。但是,如果一个点光源从视场顶部移到底部,产生一个从显示器顶部移到底部的图像,则系统是全局空间不变的。

线性系统只改变目标的振幅和相位。凝视装置同时从两个方向对场景采样,采样会产生新的频率。在出现混叠时,系统不再是一个 LSI 系统[1]。这些影响在第 8 章"采样"中讨论。

尽管存在这些问题,但在限定工作条件下,光电系统仍被视为准线性系统,以便利用数学工具进行分析。为了方便建模,光电系统被表征为线性时-空系统,即在时间和两个空间维度都是平移不变的系统。虽然空间是三维的,但成像系统仅显示两个维度,分别用变量 x 和 y 表示,对应的频率为 u 和 v。

4.1　线性滤波理论

设 $S\{\cdot\}$ 是将一个函数 $f(x)$ 映射为另一函数 $g(x)$ 的线性算子:

$$S\{f(x)\} = g(x) \tag{4-1}$$

令输入 $f_1(x)$ 和 $f_2(x)$ 对应的输出为 $g_1(x)$ 和 $g_2(x)$:

$$S[f_1(x)] = g_1(x), \quad S[f_2(x)] = g_2(x) \tag{4-2}$$

对于线性系统而言,两个输入之和的响应等于每个输入的单独响应之和。对

任意一个比例因子,线性叠加原理定义如下:

$$S[\,a_1 f_1(x) + a_2 f_2(x)\,] = a_1 g_1(x) + a_2 g_2(x) \tag{4-3}$$

一个物体可被视作目标边界以内无数脉冲阵列(狄拉克 δ 函数)之和 (图 4-1)。因此,物体 $O(x,y)$ 可分解为加权狄拉克 δ 函数 $\delta(x - x_o)$、$\delta(y - y_o)$:

$$O(x,y) = \sum_{x_o = -\infty}^{\infty} \sum_{y_o = -\infty}^{\infty} O(x_o, y_o) \delta(x - x_o) \delta(y - y_o) \Delta x_o y_o \tag{4-4}$$

利用叠加原理,$S\{\cdot\}$ 对每个输入进行运算,用数学表达为

$$I(x,y) = \sum_{x_o = -\infty}^{\infty} \sum_{y_o = -\infty}^{\infty} S\{O(x_o, y_o) \delta(x - x_o) \delta(y - y_o) \Delta x_o \Delta y_o\} \tag{4-5}$$

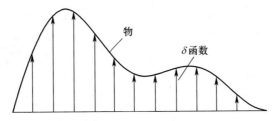

图 4-1　任意一个电子波形或物都可分解为一串紧密相临的脉冲,其振幅
等于波形在此点的值(为了便于说明,间隔被有意放大)

物 $O(x_o, y_o)$ 可视作式(4-3)中的加权值 a_i。也就是说,输入被分解为一系列函数 $a_1 f_1(x) + a_2 f_2(x) + \cdots$,随着 Δx_o 和 Δy_o 趋于零,式(4-5)变为卷积积分,即

$$I(x,y) = \int_{-\infty}^{\infty} \int_{-\infty}^{\infty} O(x_o, y_o) S\{\delta(x - x_o) \delta(y - y_o)\} \, dx_o dy_o \tag{4-6}$$

$S\{\cdot\}$ 是系统对一个输入脉冲的响应,该脉冲产生光学系统的点扩散函数。单个输出相加就形成图像,如图 4-2 所示。

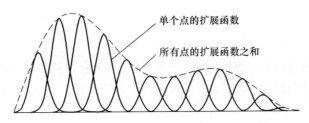

图 4-2　线性算子 $S\{\cdot\}$ 将每个输入的 δ 函数转换成输出的点扩散函数。
所有点扩散函数加起来就构成了图像

用卷积算子 $*$ 表示式(4-6),可得

$$I(x,y) = O(x,y) * S(x,y) \tag{4-7}$$

如果图像通过另一个线性系统,可再次运用叠加原理:

$$S_2\{g(x)\} = S_2\{S_1[f(x)]\} \tag{4-8}$$

如果有多个系统,则

$$I(x,y) = O(x,y) \cdot S_1(x,y) \cdot S_2(x,y) \cdot \cdots \cdot S_N(x,y) \tag{4-9}$$

多次卷积会使计算很繁琐,但在频域进行计算会简便得多。光学传递函数 $OTF(u,v)$ 是 $S(x,y)$ 的傅里叶变换(FT),用符号表示为 $FT[S(x,y)] = OTF(u,v)$,傅里叶逆变换为 $IFT[OTF(u,v)] = S(x,y)$。一个域的卷积会变成其他域的乘法(图4-3),那么系统的光学传递函数为

$$OTF_{sys}(u,v) = OTF_1(u,v)OTF_2(u,v)\cdots OTF_N(u,v) \tag{4-10}$$

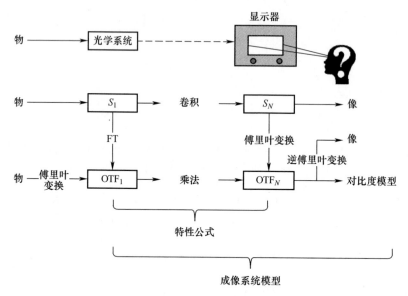

图4-3　系统建模方法

图中,第一行表示真实世界,观测者在查看显示器。第二行表示使用卷积法(空间法)的模型,其输出是一个需要解读的图像。第三行表示现在运用OTF分析的建模技术。通过傅里叶变换可将一个物分解为无数正弦曲线,并通过逆变换复原其图像。如果知道特性公式,就可以计算出系统对任意输入的输出。对比度模型代替了观测者后用于预测目标捕获距离(NVIPM法)。

4.2　光学传递函数

光学传递函数(OTF)在光学系统的理论评价和系统优化中发挥着关键作用。调制传递函数(MTF)和相位传递函数(PTF)分别是复函数(OTF)的幅值和相位。当一个理想系统观测非相干光源照射体时,OTF是实值并为正值,故OTF和MTF

相等。当存在散焦和像差时,OTF 可能变成复值。电路性能也可用 MTF 和 PTF 描述。光学 MTF 和电子学 MTF 合起来构成光电成像系统的 MTF。MTF 是系统设计、分析和确定指标时使用的重要参数。系统 MTF 和 PTF 在通过电路时会使图像发生变化。对一个线性平移不变系统而言,PTF 没有意义,因为它仅表示相对一个任选原点的时间或空间移动。如果和三维噪声参数(在 12. 8 节"三维噪声模型"[①])结合起来,MTF 和 PTF 就能确定系统性能。MTF 和 PTF 用于衡量系统如何对空间频率做出响应,它们并不包含信号强度信息。

　　时间坐标和空间坐标是分别处理的。例如,光学元件通常不随着时间改变,因此仅在空间坐标表征其特性。同样,电子电路仅显示时域响应。探测器是时间和空间分量的接口,其响应同时取决于时间量和空间量。二维光学信息向一维电子响应的转换是一个线性光电检测过程。探测器 MTF 的作用是将输入光通量转换为输出电压。

　　时间滤波与空间滤波有两点不同:时间滤波在时间上是单边的,必须满足没有输入就没有输出变化的因果关系要求;光学滤波在空间上是双边的,电信号可以是正值,也可以是负值,而光学强度总是正值。因此,光学设计者和电路设计者使用不同的术语。

4.3　MTF 的定义

　　调制度(图 4-4)的定义为

$$调制度 = \frac{B_{max} - B_{min}}{B_{max} + B_{min}} \tag{4-11}$$

式中: B_{max} 、 B_{min} 分别为最大和最小信号值。

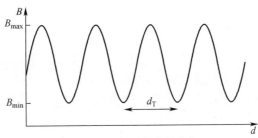

图 4-4　目标调制度的定义

注: d_T 是一个周期的长度。在物空间分析中, d_T 用 mrad 单位测量,

其空间频率 $u = 1/d_T$(cycle/mrad)。在光学系统中, d_T 在像空间用 mm 单位测量,

其空间频率为 $u_I = 1/d_T$(cycle/mm)

---

① 译者注:原文为 12. 2 节,有误,已改正。

MTF 是在某频率处的系统输出调制度与输入调制度的比值,即

$$\mathrm{MTF} = \frac{输出调制度}{输入调制度} \tag{4-12}$$

MTF 的概念如图 4-5 所示。三种输入与输出信号如图 4-5(a)和(b)所示,得到的 MTF 如图 4-5(c)所示。MTF 是一个相对指标,取值范围为 0~1。

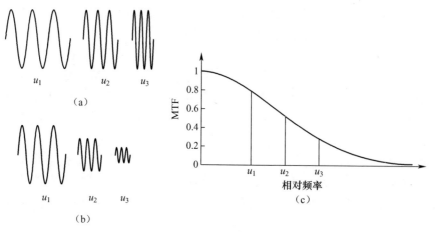

图 4-5　调制传递函数

(a)三种不同空间频率的输入信号;(b)三种频率的输出;(c)MTF 是输出调制度与输入调制度的比值。

4.4　空间频率

空间频率有三种不同的概念,分别是物空间频率、像空间频率和观测者空间频率,有几个简单公式建立了这三种空间频率的关系。

4.4.1　物空间频率和像空间频率

物空间频率(图 4-6)用于表征系统的响应特性,主要供光电系统分析人员和系统测试人员使用。本节只使用物空间频率。利用小角近似,一个周期(一个条带加一个间隔)的对向角为 d_T/R_1。在使用准直仪时,准直仪的焦距 f_{col} 替代 R_1,以便在物空间描述放在准直仪焦面上的目标靶。

水平物空间频率 u 是目标靶水平张角的倒数,通常以 cycle/mrad 为单位。当 d_T、R_1 和 fl_{col} 的单位相同时,张角的单位是弧度(rad)。利用因子 1000 换算成毫弧度(mrad)单位:

$$u = \frac{1}{1000}\frac{R_1}{d_\mathrm{T}} \quad (\mathrm{cycle/mrad}) \tag{4-13}$$

或

$$u = \frac{1}{1000} \frac{\mathrm{fl_{col}}}{d_T} \quad (\mathrm{cycle/mrad}) \qquad (4\text{-}14)$$

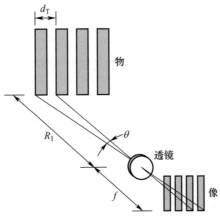

图 4-6　物空间频率和像空间频率的关系

光学设计者通常用像空间频率确定透镜系统的分辨能力，它等于物空间频率除以系统焦距。

$$u_I = \frac{u}{f} \quad (\mathrm{line\text{-}pairs/mm} \text{ 或 } \mathrm{cycle/mm}) \qquad (4\text{-}15)$$

虽然可以互换使用，但是线对（line-pair）说明用的是方波靶，周期（cycle）说明用的是正弦曲线靶。为了保持量纲一致，如果 u 用 cycle/mrad 测量，焦距单位必须用 m，从而得到单位 cycle/mm。u_I 是透镜焦平面上一个周期的倒数。

4.4.2　观测者空间频率

观测者的视场（HFOV）等于显示器尺寸除以观测距离（图 4-7）。观测者看到的放大倍率含系统放大 M_{sys} 和电子放大 E_{zoom} 两个分量。系统放大是光学放大（改变焦距）和观测距离的组合结果。电子放大是数字式的。从 MTF 观点来看，它等于距离显示器更近。

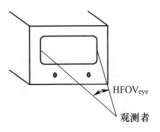

图 4-7　观测者在查看显示器

光学放大通过改变系统焦距提高分辨率。因为连续变焦红外光学系统比较昂贵，许多系统都用两个或更多的视场。这些视场可以是甚窄视场（VNFOV）、窄视场（NFOV）、中视场（MFOV）和宽视场（WFOV）（表 4-1）。系统焦距可以通过增加或减少光学元件来改变。元件可以通过一个滑片或旋转机构进出光路。如果在改变视场时能保持 F 数不变，总系统 MTF 的形状就不变，而只改变空间频率轴的值。这里假设光学

MTF 没有太大变化。观测者离显示器越近,其空间频率值越高,越能看到更多的场景细节。

表 4-1 典型的观测者视场

视场	典型观测者视场/(°)
VNFOV	<1.0
NFOV	1~10
MFOV	10~28
WFOV	>28

例如,如果将视场放大 2 倍(焦距增加 1 倍),DAS 就缩小 50%,探测器截止频率提高 1 倍。对于固定 F 数,孔径直径必须扩大 1 倍。光学截止频率增加 1 倍,总 MTF 形状保持不变。一些变焦透镜的 F 数会随着焦距变化,这使 M_{sys} 和 E_{zoom} 之间的关系变得复杂,因而难以优化包含不同视场的系统。电子放大即电子放大倍率(如像素复制,在 9.3 节"插值(电子变焦)"中讨论)。

在视觉心理物理文献中,眼睛的空间频率 u_{eye} 单位为 cycle/(°),物空间的单位为 cycle/mrad,需要将 mrad 转换为度(°)(17.45mrad/(°))。

$$u_{eye} = 17.45 \times \frac{u}{M_{sys}E_{zoom}} \tag{4-16}$$

4.5 可分离性

假设点扩散函数(PSF)及其相关的调制传递函数在笛卡儿坐标系中是可分离的。可分离性[2]能简化系统分析,不需要进行包含交叉项的复杂运算。在笛卡儿坐标系中,可分离性要求:

$$f(u,v) = f(u)f(v) \tag{4-17}$$

在极坐标系中,可分离性要求:

$$f(r,\theta) = f(r)f(\theta) \tag{4-18}$$

光学点扩散函数由一个可在极坐标系中分离的函数表征。探测器的点扩散函数是矩形函数,在笛卡儿坐标系中可分离,但不能在极坐标系中分离。

探测器和光学系统共同构成的点扩散函数在极坐标系和笛卡儿坐标系都不可分离。对设计良好[3]的系统而言,可分离性产生的误差通常很小[3],因此大多数分析人员采用可分离性近似值。但是当有像差、离焦光学系统和/或探测器不是矩形的时,误差会增大。

第 5 章、第 6 章讨论一维 MTF。可分离性在第 7 章"二维 MTF"中进一步讨论。假设探测器阵列是由矩形(或正方形)像元组成的矩形(或正方形)网格。其他形状(如六角形)的探测器阵列只能针对具体个例进行分析[4]。

4.6　相移

相移表示相对任选原点的移动。为了应用叠加原理,把每个输入波形分解为傅里叶级数:

$$f(x) = \sum_{-\infty}^{\infty} a_n \cos\left(\frac{2\pi nx}{X_0} + \theta_n\right) \tag{4-19}$$

对一个线性平移不变系统,$\theta_n = n\theta_0$,其中 θ_0 为到原点的距离。对光学系统而言,相移可能是平移和转动两个方向的。对电路而言,相移只是相对任一选定原点的时间延迟。对一个线性平移不变系统,通过重新定义原点的位置,θ_0 在新坐标系中变为零。在一个光学系统中,如果物的平移或转动产生等比例的像的平移或转动,则这个光学系统为等晕系统。等晕区为一个视场内的区域,在此区域内,对所有感兴趣的空间频率,在测量精度范围内,光学传递函数均可被视为相移不变的。大多数光学系统是旋转对称、有小像差的,而且可视作等晕系统。等晕性讨论仅适用于光学系统。电子系统只简单地视为相移不变系统。

4.7　最后一句话

系统分析可基于空间或频率内容,由于它们是傅里叶变换对,用任一方法都会得到同样的结果,但是所用的假设很不一样。例如:在空域中,角分辨率是由像元对向角定义的,它是探测器 MTF 等于第一个零处的值;在频域中,探测器 MTF 是个无穷值。目标捕获距离可以通过目标所占的像素量来估算,这是一个对图像处理算法很有用的概念。利用香农采样定理,每个频率必须有两个样本才能唯一地复原信号,但真实世界的目标是非周期性的,所以香农采样定理对预测目标捕获距离几乎没有用。因此,传统的经验法则并不适用于现在的成像系统。虽然在频域进行计算比较简便(图 1-5),但对图像的判读只能是估算的。

参 考 文 献

[1] G. C. Holst, "What causes sampling artifacts?" in Infrared Imaging Systems: Design, Analysis, Modeling, and Testing XIX. G. C. Holst, ed., SPIE Proceedings Vol. 6941 paper 694102 (2008).

[2] R. G. Driggers, P. Cox, and T. Edwards, Introduction to Infrared and Electro-optical Systems, pp. 21-25, Artech House, Norwood, MA (1999).

[3] R. H. Vollmerhausen and R. G. Driggers, Analysis of Sampled Imaging Systems, SPIE Tutorial Text TT39, pp. 28-31, Bellingham, WA (2000).

[4] O. Hadar, A. Dogariu, and G. D. Boreman, "Angular dependence of sampling modulation transfer function," Applied Optics Vol. 3628), pp. 7210-7216 (1997).

第5章

凝视阵列的 MTF

凝视阵列是目前最常用的设计,主要组件包括光学系统、探测器、图像处理(在第9章"图像处理"中讨论)、平板显示器和观测者(图 5-1)。环境影响包括视线移动和大气湍流(在第六章"环境 MTF"中讨论)。

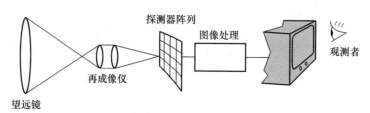

图 5-1   凝视阵列。本图与图 2-14 一样

假设没有环境影响,纯粹的凝视阵列系统包括光学系统、探测器和平板显示器,其 OTF 为:

$$\mathrm{OTF_{sys} = OTF_{optics} OTF_{detector} OTF_{FP}} \tag{5-1}$$

感受到的 OTF 与人眼视觉系统(HVS)的判读过程有关。$\mathrm{OTF_{sys}}$ 可以测量,但 $\mathrm{OTF_{HVS}}$ 只能通过大量的生物物理实验来估算。

$$\mathrm{OTF_{perceived} = OTF_{sys} OTF_{HVS}} \tag{5-2}$$

和第4章讨论的一样,MTF 是复函数 OTF 的幅值,PTF 是它的相位。对大多数系统,PTF 不变,且 MTF 等于 OTF。有像差的光学元件、离焦光学元件、探测器和平板显示元件在某些空间频率会出现反相。通常为了方便,在出现反相时,只画出负 MTF 的曲线,并不同时绘出 MTF 和 PTF 两条曲线。

本章分别讨论每个组件的 MTF。要让系统性能最大化,只能通过分析各 MTF 之间的关系来确定。例如,一个系统可能是探测器受限的或光学受限的,等效地,$\mathrm{MTF_{sys}}$ 是受 $\mathrm{MTF_{detector}}$ 或 $\mathrm{MTF_{optics}}$ 限制的。这个关系将在第 15 章"分辨率"和第 21 章[①]"折衷分析"中进一步讨论。

本书重点讨论凝视阵列的 MTF。通用模块、EOMUX、EMUX 和线性扫描系统

---

① 译者注:原文为第 22 章,有误,已改正。

的代表性 MTF 见参考文献 1。本章假设在笛卡儿坐标系的可分离性为 $\mathrm{MTF}(u,v)$ $= \mathrm{MTF}(u)\mathrm{MTF}(v)$。不可分离的 MTF 在第 7 章"二维 MTF"中讨论。

5.1　光学系统

透镜系统由不同焦距和不同折射率的多个元件组成（图 5-2a）以减少像差。尽管单个元件的 MTF 具体到每个透镜都是合适的，但透镜系统必须作为一个整体来考虑。为便于建模，将整个光学系统看做一个具有相同焦距、相同像差和/或散焦的单透镜（图 5-2b）。通光孔径不见得是一个光学元件的直径。通光孔径由光学设计决定，它决定到达探测器的场景辐射量。

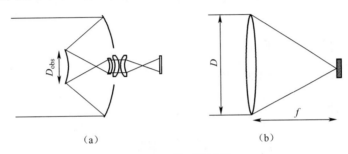

（a）　　　　　　　　　　　　（b）

图 5-2　单透镜近似

（a）含一个卡塞格林望远镜的典型光学系统示意图；（b）用于分析的单透镜近似。

注：卡塞格林望远镜表面的反射率接近 1。要确保 τ_{optics} 中的有效透过率 $\tau_{\mathrm{cass}} \approx 1 - (D_{\mathrm{obs}}/D)^2$。

为了数学表达方便，给衍射受限 MTF 添加一个虚拟 MTF 来近似真实 MTF：

$$\mathrm{MTF}_{\mathrm{optics}} \approx \mathrm{MTF}_{\mathrm{diff}}\mathrm{MTF}_{\mathrm{aberration}}\mathrm{MTF}_{\mathrm{defocus}}\mathrm{MTF}_{\mathrm{tolerancing}} \qquad (5-3)$$

式中：$\mathrm{MTF}_{\mathrm{diff}}$ 为针对圆形遮挡孔径的精确值；$\mathrm{MTF}_{\mathrm{aberration}}$、$\mathrm{MTF}_{\mathrm{defocus}}$ 和 $\mathrm{MTF}_{\mathrm{tolerancing}}$ 为数学近似值。

实际透镜的 MTF 可用标准光学设计编码计算。大多数性能模型都允许使用者直接输入光学 MTF 值而忽略其近似性。

一个轴上圆形点源会产生一个圆形图像。有像差时，离轴图像会呈椭圆形。为了方便，假设一条以透镜中心为原点的垂直线为径向，垂直于这条线的方向为切向。当有像差时，这两个方向的 MTF 不同，会导致一个椭圆形图像。径向 MTF 用于表征水平 MTF，切向 MTF 用于表征垂直 MTF（图 5-3）。光学系统是旋转对称的，径向值和切向值相等。如果系统分析者在创建自己的性能模型，他可能希望用曲线拟合实际 MTF 值。

光学空间频率是二维的，频率范围为 $-\infty \sim +\infty$。为方便起见，光学系统 MTF 和探测器 MTF 用一维空间表示，空间频率范围从零到截止频率。透镜系统可以重构的最高空间频率受光学截止频率限制。

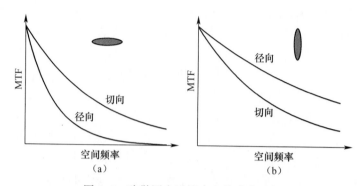

图 5-3　弥散圆在透镜中心的垂直上方

注:弥散圆的形状取决于 MTF 值。在本例中,随着径向距离增加,水平 MTF 降低。

5.1.1　衍射受限 MTF

圆形孔径的衍射受限 MTF(图 5-4)为

$$\mathrm{MTF}_{\mathrm{diff}}(u) = \frac{2}{\pi}\left[\arccos\left(\frac{u}{u_0}\right) - \left(\frac{u}{u_0}\right)\sqrt{1 - \left(\frac{u}{u_0}\right)^2}\right], u \leqslant u_0 \qquad (5\text{-}4)$$

当 $u > u_0$ 时, $\mathrm{MTF}_{\mathrm{diff}}(u) = 0$,光学截止频率为

$$u_0 = \frac{D}{\lambda} = \frac{\text{孔径直径}}{\text{波长}} \qquad (5\text{-}5)$$

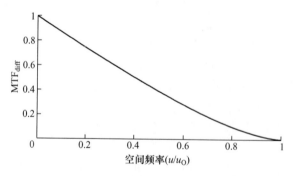

图 5-4　圆形孔径的 $\mathrm{MTF}_{\mathrm{diff}}$

如果圆孔直径 D 的单位为 mm,λ 单位为 μm,那么 u_0 在物空间的常用单位为 cycle/mrad。式(5-5)仅适于单色光,其截止频率取决于波长。对旋转对称光学系统,式(5-5)也适用于垂直方向。图 5-5 是通过衍射受限光学系统观测的多条靶。

向多色光的扩展取决于透镜特性。大多数透镜系统都是色差校正(消色差)的,因此 MTF 不容易预测。如果设计者或测试团队提供 N 个光谱 MTF,则估算的有效多色 MTF 一定包含那个系统的光谱响应:

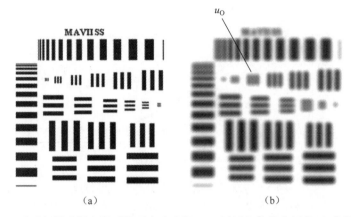

图 5-5　（a）通过衍射受限光学系统观察多条靶；（b）用低光学截止频率（与条靶频率相比）说明出现的模糊。很细小的条带高于光学截止频率。虽然调制度为零，但条靶并没有消失，只是显示为没有细节的团状。这是到达探测器面上的图像。探测器响应使图像进一步恶化

$$\mathrm{MTF}_{\mathrm{poly}}(u) = \frac{\int \mathrm{MTF}_{\mathrm{optics}}(u,\lambda)\,\tau_{\mathrm{optics}}(\lambda)\,\eta(\lambda_i)\,M_{\mathrm{q}}(\lambda,\Delta T)\,\mathrm{d}\lambda}{\int \tau_{\mathrm{optics}}\,\eta(\lambda_i)\,M_{\mathrm{q}}(\lambda,\Delta T)\,\mathrm{d}\lambda} \tag{5-6}$$

式中：$\tau_{\mathrm{optics}}(\lambda)$ 为光谱透过率；$\eta(\lambda)$ 为探测器量子效率；$M_{\mathrm{q}}(\lambda,\Delta T)$ 为目标-背景辐射差（在 11.6 节"归一化"中讨论）。通常没有光谱 MTF。作为多色 MTF 的近似值，使用平均波长

$$\lambda_{\mathrm{ave}} \approx \frac{\lambda_1 + \lambda_2}{2} \tag{5-7}$$

假设没有光谱关系，用图 5-6 对比下边两式：

$$\mathrm{MTF}_{\mathrm{poly}}(u) = \frac{\sum_{i=1}^{N} \mathrm{MTF}(u,\lambda_i)}{N} \tag{5-8}$$

$$\mathrm{MTF}_{\mathrm{poly-ave}}(u) = \mathrm{MTF}_{\mathrm{poly-ave}}(u,\lambda_{\mathrm{ave}}) \tag{5-9}$$

5.1.2　中央遮挡

卡塞格林望远镜中央有遮挡（图 5-2(a)），其衍射受限 MTF 为

$$\mathrm{MTF}_{\mathrm{diff}} = \frac{A + B + C}{1 - R_{\mathrm{obs}}^2} \tag{5-10}$$

遮挡直径为 d_{obs}，遮挡比为

$$R_{\mathrm{obs}} = \frac{d_{\mathrm{obs}}}{D} \tag{5-11}$$

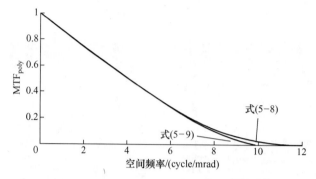

图 5-6　对比平均 MTF 与计算的多色 MTF

注:$D = 100\text{mm}, \lambda = 8, 9, \cdots, 12\mu\text{m}, \lambda_{\text{ave}} = 10\mu\text{m}$。对所选值而言,差异很小。

令

$$X = \frac{u}{u_0}, \quad Y = \frac{X}{R_{\text{obs}}} \text{ 和 } \theta = \arccos\left(\frac{1 + R_{\text{obs}}^2 - 4X^2}{2R_{\text{obs}}}\right)$$

变量 A、B 和 C 分别为

$$A = \begin{cases} \dfrac{2}{\pi}\left[\arccos(X) - X\sqrt{1 - X^2}\right], & 0 \leqslant X \leqslant 1 \\[2mm] 0, & \text{其他} \end{cases}$$

$$B = \begin{cases} \dfrac{2R_{\text{obs}}^2}{\pi}\left[\arccos(Y) - Y\sqrt{1 - Y^2}\right], & 0 \leqslant Y \leqslant 1 \\[2mm] 0, & \text{其他} \end{cases}$$

$$C = \begin{cases} -2R_{\text{obs}}^2, \quad 0 \leqslant X \leqslant \dfrac{1 - R_{\text{obs}}}{2} \\[3mm] \dfrac{2R_{\text{obs}}}{\pi}\sin\theta + \dfrac{1 + R_{\text{obs}}^2}{\pi} - \dfrac{2(1 - R_{\text{obs}}^2)}{\pi}\arctan\left[\left(\dfrac{1 + R_{\text{obs}}}{1 - R_{\text{obs}}}\right)\tan\dfrac{\theta}{2}\right] - 2R_{\text{obs}}^2 \\[3mm] \dfrac{1 - R_{\text{obs}}}{2} < X < \dfrac{1 + R_{\text{obs}}}{2} \\[3mm] 0, X \geqslant \dfrac{1 + R_{\text{obs}}^2}{2} \end{cases} \tag{5-12}$$

在 $d_{\text{obs}} = 0$ 时,式(5-10)与式(5-4)相等。由于光学系统是旋转不变的,相同的等式也适用于垂直方向。图 5-7 说明不同遮挡直径时的衍射受限 MTF。

5.1.3　矩形孔径

对 $D_{\text{H}} \times D_{\text{V}}$ 的矩形孔径,水平方向的衍射受限 MTF 为

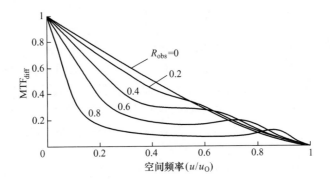

图 5-7　$\mathrm{MTF}_{\mathrm{diff}}$ 是遮挡比的函数

$$\mathrm{MTF}_{\mathrm{diff}}(u) = 1 - \frac{u}{u_{\mathrm{O}}}, \quad u < u_{\mathrm{O}} \tag{5-13}$$

水平方向和垂直方向的光学截止频率分别为 $D_{\mathrm{H}}/\lambda_{\mathrm{ave}}$ 和 $D_{\mathrm{V}}/\lambda_{\mathrm{ave}}$。在孔径尺寸不同时,水平方向和垂直方向的 MTF 也不同。

5.1.4　非圆形孔径

圆形孔径(5.1.1 节和 5.1.2 节)和矩形孔径(5.1.3 节)的解析式是大家熟悉的。其他形状的 MTF 较为复杂,要依靠光学设计软件进行分析(如 CODE V 或 ZE-MAX)。文献[2]给出了获得任意形状孔径的 MTF 解析式的方法。

5.1.5　异形光学系统

异形光学系统在水平方向和垂直方向有不同的焦距。大多数性能模型都假设它们是极对称的,为方便数学建模,设它们的有效焦距为

$$f_{\mathrm{eff}} = \sqrt{f_{\mathrm{H}}f_{\mathrm{V}}} \tag{5-14}$$

式中: f_{H} 和 f_{V} 分别为水平方向和垂直方向的焦距; f_{eff} 用于水平和垂直两个方向。

5.1.6　像差

用两个 MTF 代表一个像差光学系统在数学表达方面比较方便。假设弥散圆是关于光学轴对称的:

$$\mathrm{MTF}_{\mathrm{optics}} \approx \mathrm{MTF}_{\mathrm{diff}}\mathrm{MTF}_{\mathrm{aberration}} \tag{5-15}$$

$\mathrm{MTF}_{\mathrm{aberration}}$ 是用于求解 $\mathrm{MTF}_{\mathrm{optics}}$ 的函数,可以根据理论近似值或实际情况进行计算。香农[3]开发的一个经验关系式可包含实际透镜系统的大多数像差:

$$\mathrm{MTF}_{\mathrm{aberration}}(u) \approx 1 - \left(\frac{W_{\mathrm{RMS}}}{A}\right)^2 \left[1 - 4\left(\frac{u}{u_0} - \frac{1}{2}\right)^2\right] \qquad (5-16)$$

式中：W_{RMS} 为用波长的分数形式表达的波前均方根像差；$A = 0.18$。

Maréchal 建议[4]波前均方根像差与波前峰-峰像差之间的关系为 $W_{\mathrm{RMS}} = W_{\mathrm{P-P}}/3.5$。虽然对衍射受限光学系统而言，$W_{\mathrm{P-P}} = 0$，但实际选择应该是 $W_{\mathrm{P-P}} = 0.25$ 或者 $W_{\mathrm{RMS}} = 1/14$。这模拟的是通常在制造期间出现的波前像差。图 5-8 针对一个无遮挡光学系统给出两个不同波前误差的像差 MTF。上述近似式仅用于有小波前误差（$W_{\mathrm{P-P}} < 0.6$）的优质光学系统。可以用一个不同的 $W_{\mathrm{P-P}}$ 值模拟系统的离轴性能（通常次于轴上性能）。在观察普通图像时，$W_{\mathrm{P-P}} < \lambda/4$ 的系统是足够的。一般认为 $W_{\mathrm{P-P}} > \lambda/4$ 的系统是不可接受的（图 5-9）。

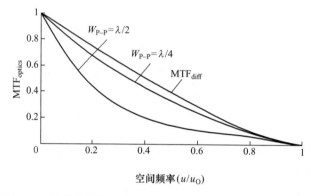

图 5-8　波前像差为 $W_{\mathrm{P-P}} = \lambda/2$ 和 $W_{\mathrm{P-P}} = \lambda/4$ 时的 $\mathrm{MTF}_{\mathrm{optics}}$

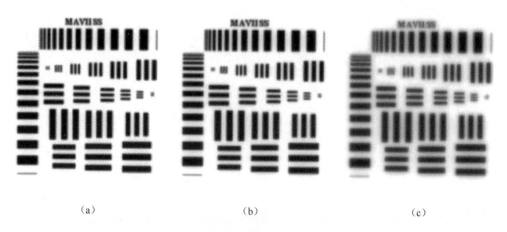

(a)　　　　　　　(b)　　　　　　　(c)

图 5-9　（a）通过衍射受限光学系统观察条带靶。这里的截止频率远高于图 5-5 的频率。（b）通过 $W_{\mathrm{P-P}} = \lambda/4$ 的像差光学系统观察的结果；（c）通过 $W_{\mathrm{P-P}} = \lambda/2$ 的像差光学系统观察的结果。这是出现在探测器面上的像。探测器响应会使像质进一步下降

5.1.7　散焦光学

如果目标在景深外,一个焦距固定的光学系统显然是散焦的。对一个散焦的衍射受限圆形透镜而言,其 MTF 可近似为[5]

$$\mathrm{MTF}_{\mathrm{optics}} \approx \mathrm{MTF}_{\mathrm{diff}}\mathrm{MTF}_{\mathrm{defocus}} \tag{5-17}$$

香农[6]报告过一个适用于峰-峰波前像差为 2.2 左右或波形均方根为 0.6 的近似式(图 5-10):

$$\mathrm{MTF}_{\mathrm{defocus}}(u) \approx \frac{2\mathrm{J}_1\left[8\pi W_{\mathrm{P-P}}\dfrac{u}{u_0}\left(1-\dfrac{u}{u_0}\right)\right]}{8\pi W_{\mathrm{P-P}}\dfrac{u}{u_0}\left(1-\dfrac{u}{u_0}\right)} \tag{5-18}$$

式中:$\mathrm{J}_1(\ \ )$ 是一阶贝塞尔函数。

峰-峰波前像差通过下式与焦移 $\Delta z'$、波长和 F 数相关:

$$W_{\mathrm{P-P}} = \frac{\Delta z'}{8\lambda F^2} \tag{5-19}$$

式中:$\Delta z'$ 与波长的单位相同(如 m)。

由于 $W_{\mathrm{P-P}}$ 与波长 λ 成反比,聚焦对可见光系统比对 LWIR 系统更加重要。随着 F 数提高,散焦误差更不明显。

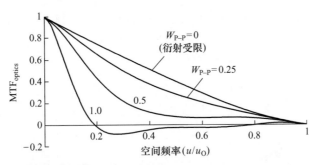

图 5-10　衍射限圆孔光学系统的近似 MTF 是聚焦误差 $W_{\mathrm{P-P}}$ 的函数。负 MTF 值代表对比度反转,周期性黑条显示为白条。只绘出负值 MTF 曲线比同时绘出均为正值的 MTF 和 PTF 两条曲线更方便

焦深是可以移动 FPA 同时又保持可接受聚焦的距离。可接受聚焦的定义可以基于一个任意值,通常选择瑞利像差极限。式(5-18)给出的 MTF 是峰-峰波前误差的函数[7-8]。图 5-11 类似于 Schuster 和 Franks 的 LWIR 透镜分析[8]。用式(5-19),即允许的 MTF 下降是透镜移动(焦移 $\Delta z'$)的函数,能求出 F 数和波长。

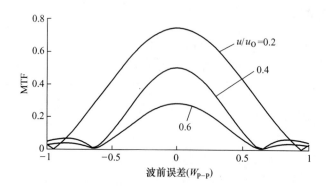

图 5-11　零波前误差时,MTF 与图 5-4 给出的数值一样。允许的最大焦移取决于在选择
的空间频率 u/u_O 处能接受的 MTF 下降量。在选择 u/u_O 时,必须考虑到
光学系统与探测器的组合效果(在 15.4 节" $F\lambda/d$ "中讨论)。

5.1.8　容差

制造的局限性(材料、设计、工艺、装调)可能引起更多的 MTF 下降,用高斯
MTF 近似为

$$\mathrm{MTF}_{\mathrm{tolerance}}(u) \approx e^{-2(\pi\sigma_{\mathrm{tol}}u)^2} \qquad (5-20)$$

虽然 σ_{tol} 的大小是弥散圆的直径,但它不是一个可测量的量,也没有物理含
义。通过适当选择 σ_{tol} ,$\mathrm{MTF}_{\mathrm{optics}}$ 能接近实际(测得的)数据。热距离模型 3
(TRM3)将 $\mathrm{MTF}_{\mathrm{diff}}\mathrm{MTF}_{\mathrm{tolerance}}$ 近似为

$$\mathrm{MTF}_{\mathrm{optics}}(u) \approx \left[\mathrm{MTF}_{\mathrm{diff}}(u)\right]^N \qquad (5-21)$$

式中选用没有物理含义的参数 N 匹配测得的数据(图 5-12)。

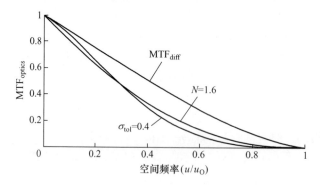

图 5-12　对比式(5-20)、$\mathrm{MTF}_{\mathrm{diff}}\mathrm{MTF}_{\mathrm{tolerance}}$ 和 $\mathrm{MTF}_{\mathrm{diff}}$

5.2　探测器

近红外、SWIR、MWIR 和 LWIR 探测器通常是正方形或长方形的。大多数可见光系统相机都使用非正方形 CMOS 探测器。

5.2.1　矩形探测器

探测器 MTF 不可能独自存在,它必须有光学系统 MTF 才能构成一个完整的系统。在水平方向,矩形探测器的空间响应为

$$\mathrm{MTF}_{\mathrm{detector}}(u) = \mathrm{sinc}(\pi\alpha_{\mathrm{DH}}u) = \frac{\sin(\pi\alpha_{\mathrm{DH}}u)}{\pi\alpha_{\mathrm{DH}}u} = \frac{\sin\left(\dfrac{\pi u}{u_{\mathrm{DH}}}\right)}{\left(\dfrac{\pi u}{u_{\mathrm{DH}}}\right)} \qquad (5\text{-}22)$$

式(5-22)适合于敏感区域为矩形且响应均匀的探测器。利用小角近似得到

$$\alpha_{\mathrm{DH}} = \mathrm{DAS} = \frac{1}{u_{\mathrm{DH}}} \approx \frac{d_{\mathrm{H}}}{f} \qquad (5\text{-}23)$$

式(5-23)也适用于垂直方向(d_{V})。

不能把 DAS 和 PAS 混为一谈(图 3-2 和图 3-3)。瞬时视场(IFOV)是探测器接收辐射的角锥区,它同时包含光学弥散圆直径和像元对向角(DAS)。在式(5-22)中使用 DAS 并没有忽略弥散圆直径,它已经包含在 $\mathrm{MTF}_{\mathrm{diff}}$ 中。图 5-13 说明一维 MTF。当 $u = ku_{\mathrm{DH}}$ 时,MTF = 0。第一个零点($k=1$)被认为是探测器的截止频率 $1/\alpha_{\mathrm{DH}}$。当 $k=1$ 时,通过探测器的恰好是一个周期。通常仅画出到第一个零点的 MTF(图 5-14),但这种表达可能导致分析者误认为高于 u_{D} 就没有响应。能被完全重建的最高空间频率受限于光学系统的截止频率。探测器的截止频率可以高于光学截止频率(光学受限系统)或低于光学截止频率(探测器受限系统)。(在 15.4 节" $F\lambda/d$ "中讨论)。

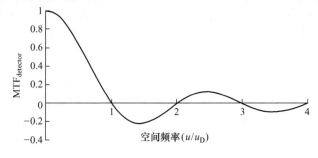

图 5-13　探测器 MTF 的范围为 $-\infty \sim +\infty$ 。负 MTF 值表示对比度反转,这时的周期性黑条显示为白条,仅画出负值 MTF 比同时画出总为正值的 MTF 和 PTF 两条曲线更方便

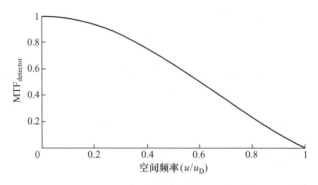

图 5-14　典型的探测器 MTF 曲线

5.2.2　非正方形探测器

CMOS 探测器的敏感区为 L 形,晶体管和连接器占着剩余区域(图 5-15),MTF 公式很复杂[9-14]。为取近似值,将探测器看作一个有相同面积的等效正方形($d^2 = A_D$)。

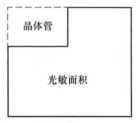

图 5-15　CMOS 探测器的
L 形有效面积

5.2.3　可见光彩色像机

光学串扰是由散射和漏光引起的。随着探测器尺寸缩小,弥散圆直径会比探测器尺寸大,因此增加了光学串扰。透镜的 F 数越小,光线的角度越大,这也增加了光学串扰。串扰会降低空间分辨率,降低系统总灵敏度,使色彩混合,导致在色彩校正后仍存在色彩"噪声"。在阵列级,单个滤色阵列(CFA)的颜色可能得不到正确传输,导致错误波长的光子被捕获(见 2.5 节"可见光系统探测器")。运行阵列所需要的各种金属总线还产生反射和衍射。

色彩没有 MTF,但低通滤波器(OLPF)和反马赛克算法都显著影响传感器的空间响应,这对避免色彩串扰和降低色彩混叠是必需的。低通滤波器的设计取决于滤色阵列的设计。由于双折射晶体产生两个光斑,它相当于一个 2 分支偶数数字滤波器(在 9.2 节"数字滤波器"中讨论),作用类似于一个光学低通滤波器,其 MTF 为

$$\text{MTF}_{\text{OLPF}}(u) = \left| \cos(2\pi\alpha_{\text{OLPF}}u) \right| \tag{5-24}$$

变量 α_{OLPF} 是两个光斑的角距,通常等于探测器的角距 d_{cc}/f。用多个晶体可以改变探测器垂直方向和水平方向的有效尺寸。由于像元间距取决于滤色阵列的设计,因此没有独一无二的低通滤波器设计。

拜耳图形(图 2-l6)的数据必须经过插值才能在每个像素位置产生色彩信号(图 2-17)。可以使用的算法很多[15],但每种算法都对 MTF 有影响。最简单的是

双线性插值(在 9.3.5 节"双线性插值"中讨论)。Yotam 等提出,拜耳插值算法[16]可近似为

$$\mathrm{MTF}_{\mathrm{color}}(u) \approx 0.65 + 0.35\cos\left(2\pi\,\frac{u}{u_{\mathrm{S}}}\right) \tag{5-25}$$

其他滤色阵列会有不同的反马赛克算法,因而有不同的 MTF。

5.2.4　扩散

CCD 和 CMOS 探测器存在与体扩散、表面横向扩散和外延层扩散有关的附加MTF[17]。这类扩散也称为电串扰。这些 MTF 高度依赖供应商和读出集成电路(ROIC)的设计。随着技术进步,这些 MTF 可能会接近 1。

5.2.4.1　体扩散

当波长提高 0.4~1.0μm 时,硅中的光子吸收深度随之增加。衬底深处产生的光电子将在三个维度上随机移动,直到它重新复合或到达存在像素电场的耗尽区的边缘。一个阱里产生的光电子最终可能落在相邻阱里,这会使图像模糊,其影响用 MTF 描述。与可见光光源产生的图像相比,近红外辐射产生的图像会显得略有模糊。

一个有厚体吸收层的前向照明器件的体扩散 MTF[17-18] 为

$$\mathrm{MTF}_{\mathrm{bulk}}(u_i,\lambda) = \dfrac{1 - \dfrac{\exp[-\alpha_{\mathrm{ABS}}(\lambda)L_{\mathrm{D}}]}{1 + \alpha_{\mathrm{ABS}}(\lambda)L(u_i)}}{1 - \dfrac{\exp[-\alpha_{\mathrm{ABS}}(\lambda)L_{\mathrm{D}}]}{1 + \alpha_{\mathrm{ABS}}(\lambda)L_{\mathrm{diff}}}} \tag{5-26}$$

式中:$\alpha_{\mathrm{ABS}}(\lambda)$ 为光谱吸收系数;L_{D} 为耗尽宽度;$L(u_i)$ 为与频率有关的扩散长度 L_{diff}

$$L(u_i) = \frac{L_{\mathrm{diff}}}{\sqrt{1 + (2\pi L_{\mathrm{diff}}u_i)^2}} \tag{5-27}$$

扩散长度通常为 50~200μm。耗尽宽度大约等于栅极宽度。对可见光波长($\lambda<0.6$μm),$\alpha_{\mathrm{ABS}}(\lambda)$ 大,横向扩散可忽略不计,$\mathrm{MTF}_{\mathrm{diffusion}(u_i)}$ 接近 1。对近红外波长($\lambda>0.8$μm),扩散 MTF(图 5-16)可能决定探测器 MTF 的大小。因为扩散的对称性,$\mathrm{MTF}_{\mathrm{diffusion}}(u_i) = \mathrm{MTF}_{\mathrm{diffusion}}(v_i)$,$L(u_i) = L(v_i)$。

5.2.4.2　表面横向扩散

在电荷移动方向,CCD 感光像素通过时钟脉冲门彼此隔离,在垂直于电荷移动的方向,用通道挡板绝缘。之所以用术语"通道挡板",是因为它有着能避免电荷在该方向从一个像素流向另一个像素的作用。但是,在通道挡板附近产生的光电子可以向相邻任一像素阱扩散。为了考虑横向串扰的影响,Schumann 和

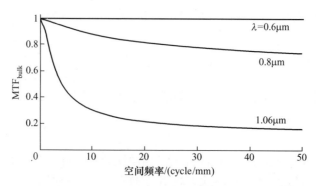

图 5-16　当 L_D =10μm， L_{diff} =100μm 时，MTF_{bulk} 是波长的函数。随着扩散长度增加，MTF 降低。由于扩散发生在探测器内部，使用像空间频率比较合适。向物空间的转换式为 $u = u_i f$

Lomheim[19] 采用了梯形响应近似，这个 MTF 仅适用于垂直于电荷运动的方向。假设垂直读出为

$$\text{MTF}_{lateral}(u_i) \approx |\text{sinc}(\pi d_{CCH} u_i)| \lceil \text{sinc}[\pi(d_{CCH} - \beta)u_i] \rceil \qquad (5-28)$$

式中：β 为探测器响应率平坦区(图 5-17)。

在像元之间的边界处，梯形响应为 0.5，表示电子进入相邻任一像素电荷阱的概率相等。

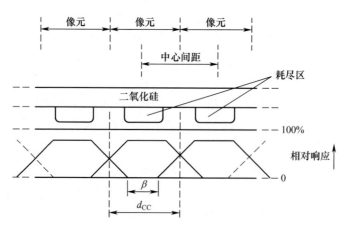

图 5-17　长波光子吸收的梯形近似。大部分电荷都进入离光子吸收点最近的电荷阱

5.2.4.3　外延层扩散

用外延掺杂硅晶片(通常称为外延晶片)制造的前向照明阵列，其层结构由一个轻掺杂薄外延层作为表面层，通常深度为从表面向下的 7~15μm。这个轻掺杂薄层下边是一个重掺杂厚层(通常为 300μm)。重掺杂使其导电。光子吸收和载流子扩散发生在外延层内。但是，下边的重掺杂层没有光电响应(载流子瞬间复合)，它其实起着电接触的作用，还对阵列提供结构支撑。薄外延层分为浅表的耗

尽区和占其余层厚度的无场区。标准 CMOS 工艺的外延层较薄(约为 7μm),耗尽区会很薄(小于 1μm),除非在制造中采取过针对性工艺。这会影响 CMOS 的光谱量子效率和扩散 MTF,其影响方式与在 CCD 阵列中观察到的方式截然不同。多种 MTF 模型[18,20-21]都考虑到现代 CCD 和 CMOS 阵列的外延层结构。最简单[12]的模型假设矩形探测器的 MTF 和扩散 MTF 是相乘关系。

5.2.5　电荷转移效率

早期 CCD(即表面通道 CCD)在表面通道中传输电子。表面缺陷会影响电荷转移,导致电荷转移效率(CTE)降低。通过掩埋沟道(BCCD),电荷不再受表面缺陷影响,因而大大提高了电荷转移效率。目前几乎所有 CCD 都采用埋沟技术。由于 CMOS 成像仪只有一次电荷转移,所以转移效率不是问题。

当电荷包从一个存储点转移到下一存储点时,会有个别电子落后。第一次转移后,前阱的电荷转移效率为 ε_{CTE},第一个尾阱的效率为 $1-\varepsilon_{CTE}$。第二次转移后,前阱传输上一次转移的 ε_{CTE},又将 $1-\varepsilon_{CTE}$ 留在尾阱。尾阱接收第一个阱丢失的电荷,将其加到上一次传输到尾阱的电荷上。电荷没有损失,只是被重新排列,但这会损坏图像。

CTE 不是常数,它取决于电荷包的大小。对很小的电荷包,CTE 因表面状态相互作用而降低。这在信噪比低而阵列很大(典型的天文应用)时影响特别明显。由于电荷溢出效应,在接近饱和时 CTE 也降低。

落后电荷的百分比取决于计时频率。在高频时,效率受电子迁移速度限制。也就是说,电子从一个存储点移到下一存储点需要时间。因此,在帧速率(由计时频率决定)和图像质量(MTF 受 CTE 影响)之间要进行折中。用较小的像素能部分地克服电子迁移速度造成的限制,但较小像素的电荷阱容较小。

解释电子不完全转移的 MTF 为

$$\mathrm{MTF_{CTE}}(u_i) \approx \exp\left\{ -N_{\mathrm{trans}}(1-\varepsilon_{\mathrm{CTE}})\left[1-\cos\left(2\pi\frac{u_i}{u_{iS}}\right)\right]\right\} \qquad (5-29)$$

式中:N_{trans} 为从探测器到输出放大器的电荷转移总数;u_{iS} 为像空间的采样频率,$u_{iS}=1/d_{CC}$。

转移可以在垂直方向(列读出)或水平方向(行读出)。水平方向影响 $\mathrm{MTF}(u_i)$,垂直方向影响 $\mathrm{MTF}(v_i)$。$\mathrm{MTF_{CTE}}$ 仅适用于转移读出方向。图 5-18 说明在奈奎斯特频率处多个转移效率值的 $\mathrm{MTF_{CTE}}$。对消费类设备,CTE>0.9999,N_{trans}<1500。对科研应用,CTE>0.999999,N_{trans}>5000。

整个阵列中的转移数量等于像素数量乘以栅极数量。如果阵列为 1000×1000,则距离感应节点最远的电荷包必须移动 2000 像素。如果使用四个栅极(四相器件)降低串扰,则最远的电荷包必须通过 8000 个阱(忽略绝缘像素)。净效率

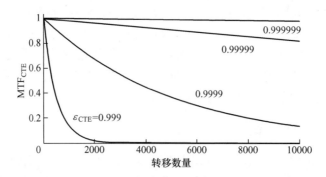

图 5-18　针对若干转移效率值,奈奎斯特频率(u_{iN} = $2/d_{CC}$)处的 MTF_{CTE} 。
随着转移数量提高,效率也必须提高,以确保对 MTF 没有不良影响

随着目标位置变化。如果目标在阵列中心,净效率只是阵列上最大传输量的50%。
如果目标在前缘,则会立即被读出,几乎不会丢失信息。一般来说,在式(5-29)中
仅用50%的数量计算"阵列平均"MTF。

5.2.6　时间延迟和积分不匹配

凝视阵列可以配置为在时间延迟和积分(TDI)模式工作。参考图2-4,时钟速
度必须与图像速度匹配,才能使电荷包总与图像保持同步。任何失配都会使图像
模糊。图像相对阵列轴线旋转会同时影响到水平(TDI)方向和垂直(读出)方向的
MTF。为简单起见,将 MTF 近似分为可分离的

$$\mathrm{MTF}_{TDI}(u_i,v_i) \approx \mathrm{MTF}_{TDI}(u_i)\,\mathrm{MTF}_{TDI}(v_i)$$

如果 TDI 方向是水平方向,速度误差会使探测器 MTF 下降:

$$\mathrm{MTF}_{TDI}(u_i) \approx \frac{\sin(\pi N_{TDI}d_{error}u_i)}{N_{TDI}\sin(\pi d_{error}u_i)} \tag{5-30}$$

d_{error} 是在第一个像素上的期望像位置与实际像位置的差值(图5-19),经过
N_{TDI} 个像元后,图像距离理想位置的位移为 $N_{TDI}d_{error}$ 。

这是一个仅适用于 TDI 方向的一维 MTF。在像空间:

$$d_{error} = |\Delta V| t_{int}\ (\mathrm{mm}) \tag{5-31}$$

变量 ΔV 是图像移动与电荷包移动的相对速度差。电荷包速度为 d_{error}/t_{int} , t_{int}
为每个像素的积分时间。MTF_{TDI} 只是一个均值滤波器的 MTF(在9.2.2节"均值滤
波器"中讨论),其中 N_{TDI} 样本的相邻位置差为 d_{error} 。均值滤波器的有效采样速度
为 $1/d_{error}$ 。说明扫描误差的图像见文献[24-25]。

随着 TDI 级数增加,必须减小 d_{error} 才能保持 MTF。同样,掌握目标速度的准确
度也会随着 N_{TDI} 增加而提高。由于图像在不断移动,而电荷包以离散时间(以间隔
t_{clock})转移,因此图像会出现轻微拖影。这种线性移动 MTF(在6.1.1节"线性移

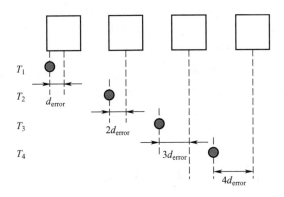

图 5-19 d_{error} 的定义

注:因为速度不匹配,目标离理想位置越来越远(在探测器中间)。经过 4 个 TDI
探测器后,目标偏离探测器中心 4 d_{error}。

动"中讨论)通常很小,因此可以忽略。

TDI 也对图像旋转敏感。如果图像相对 TDI 行(TDI 方向)移动的张角为 θ ,图像跨过阵列的垂直移动为 $N_{TDI}d_{CCH}\tan\theta$ 。垂直方向的 MTF 下降为

$$\text{MTF}_{TDI}(v_i) \approx \frac{\sin(\pi N_{TDI} d_{CCH} v_i \tan\theta)}{N_{TDI}\sin(\pi d_{CCH} v_i \tan\theta)} \tag{5-32}$$

式中: $\text{MTF}_{TDI}(v_i)$ 只是一个均值滤波器的 MTF。N_{TDI} 个样本的相邻位置移动为 $d_{CCH}\tan\theta$ 。

5.3 平板显示器

阴极管已经被平板显示器代替。阴极管及其 MTF 见文献[27]。这两种显示器的对应关系都是 1:1,即显示单元的数量与像素量相等。显示器像素的宽高比与探测器像素的宽高比不匹配会导致图像变形。如果参照物空间的空间频率,则平板显示器水平方向的 MTF 为

$$\text{MTF}_{FP}(u) \approx \frac{\sin(\pi\alpha_{FP-H}u)}{\pi\alpha_{FP-H}u} \tag{5-33}$$

式中

$$\alpha_{FP-H} = \frac{d_{FP-H}}{d_{CC-FP}}\alpha - \frac{d_{FP-H}}{d_{CC-FP}}\frac{d_H}{f} \tag{5-34}$$

d_{FP-H} 是显示单元的物理水平尺寸,不能超过平板显示器显示单元的间距 d_{CC-FP} 。E_{zoom} 将对应关系变为 1:E_{zoom} ,以便

$$\alpha_{FP-H-effective} = E_{zoom}\frac{d_{FP-H}}{d_{CC-FP}}\alpha \tag{5-35}$$

提高显示单元的有效尺寸会改变相对于人眼 MTF 的系统 MTF。相反, E_{zoom} 是总放大倍率的一部分(见式(5-36)),人眼 MTF 随着系统 MTF 变化。

因为近红外、SWIR、MWIR 和 LWIR 系统的输出是单色的,所以使用单色显示器。可见光系统产生的是彩色输出,但是对色彩是如何影响目标获取距离的还没有量化。因此,为了数学表达方便,还是将彩色系统的输出显示在单色显示器上。对亮度的感觉与"绿色"通道有关,说明绿色显示器可以比灰度显示器提供更好的性能。

5.4　人眼 MTF

正如式(4-16)表明的,人眼空间频率的单位为

$$u_{\text{eye}} = 17.45 \times \frac{u}{M_{\text{sys}}E_{\text{zoom}}} \quad (\text{cycle}/(°)) \tag{5-36}$$

系统放大倍率为

$$M_{\text{sys}} = \frac{\text{FOV}_{\text{observer}}}{\text{FOV}_{\text{sys}}} = \frac{Nd_{\text{CCH-FP}}}{R_{\text{view}}} \frac{1}{N\dfrac{d_{\text{CCH}}}{f}} = \frac{d_{\text{CCH-FP}}}{R_{\text{view}}} \frac{1}{\text{PAS}} \tag{5-37}$$

NVL1975 模型与 TRM4 模型都使用 Kornfeld 和 Lawson[28]的模型,其中包括眼球震颤:

$$\text{MTF}_{\text{eye}}(u_{\text{E}}) \approx \exp\left(-\Gamma \frac{u_{\text{E}}}{17.45}\right) \tag{5-38}$$

式中: Γ 为光亮度影响因子,Ratches 等[29]用表格形式对其进行表征。

图 5-20 给出 Γ 数据及其三阶多项式拟合:

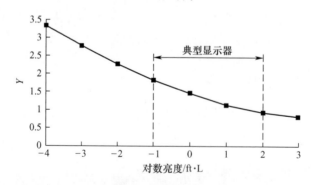

图 5-20　Γ 变量

注:方块是 Ratches 等给出的数据,平滑曲线是三阶多项式拟合的近似结果。

$$\Gamma = 1.444 - 0.344\log B + 0.039\log^2 B + 0.00197\log^3 B \tag{5-39}$$

式中:B 为显示器光亮度($\mathrm{ft} \cdot \mathrm{L}$,$1\mathrm{ft} \cdot \mathrm{L} = 3.43\mathrm{cd/m^2}$),典型显示器光亮度见表 5-2。

表 5-2　典型显示器光亮度(针对舒适观察)

环境照明	典型显示器亮度
黑暗的夜间	$0.3 \sim 1\mathrm{cd/m^2}(\approx 0.1 \sim 3\mathrm{ft} \cdot \mathrm{L})$
昏暗的灯光	$3 \sim 30\mathrm{cd/m^2}(\approx 1 \sim 10\mathrm{ft} \cdot \mathrm{L})$
正常的室内灯光	$100\mathrm{cd/m^2}(\approx 30\mathrm{ft} \cdot \mathrm{L})$

NVIPM 模型使用 Overington[30] 提出的、Barten[31] 使用的人眼模型。人眼总 MTF 等于瞳孔、视网膜和眼震颤 MTF 的乘积:

$$\mathrm{MTF_{eye}} = \mathrm{MTF_{pupil}MTF_{retina}MTF_{tremor}} \tag{5-40}$$

瞳孔 MTF 为

$$\mathrm{MTF_{pupil}}(u_E) = \exp\left[-\left(\frac{2.504u_E}{f_{pupil}}\right)^{N_{pupil}} \right] \tag{5-41}$$

式中

$$f_{pupil} = \exp(3.663 - 0.0261D_{pupil}^2 \log D_{pupil}) \tag{5-42}$$

$$N_{pupil} = \left(0.7155 + \frac{0.277}{\sqrt{D_{pupil}}}\right)^2 \tag{5-43}$$

瞳孔直径 D_{pupil} 取决于显示器光亮度 B,在单眼观察时,有

$$D_{pupil} = -9.011 + 13.25\exp\left(-\frac{\log B}{21.082}\right) \tag{5-44}$$

在双眼观察时,瞳孔直径减小 0.5mm,可得

$$D_{pupil} = -9.511 + 13.25\exp\left(-\frac{\log B}{21.028}\right) \tag{5-45}$$

视网膜和眼震颤的 MTF 分别为

$$\mathrm{MTF_{retina}}(u_E) = \exp(-0.01179u_E^{1.21}) \tag{5-46}$$

$$\mathrm{MTF_{tremor}}(u_E) = \exp(-0.001458u_E^2) \tag{5-47}$$

同样的等式也适用于垂直方向。图 5-21 说明,人眼 MTF 随着放大倍率的提高而提高。提高焦距和/或离显示器更近会提高放大倍率。提高放大倍率会将场景空间频率移到相比于人眼 MTF 值更低的频率。

通常,观测者都离显示器足够远,所以看不见显示器上的显示单元。人眼 MTF 会衰减与像素相关的空间频率,因而看见的是一个平滑连续的图像。最小可感受视角为 0.291mrad 左右(20/20 的视力)。显示器制造商十分清楚这一点,他们会根据估算的观察距离选择显示单元的尺寸。例如,大多数显示器的像点间距是 0.28mm,观察距离至少应为 96cm(38in)。

大多数观测者离显示器比较近,能看到显示器上的单个像素。注意,目标和字

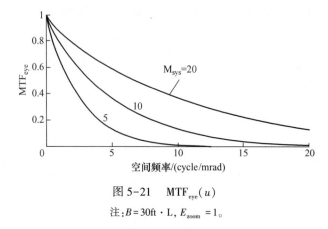

图 5-21 $\mathrm{MTF}_{\mathrm{eye}}(u)$

注:$B=30\mathrm{ft}\cdot\mathrm{L}$,$E_{\mathrm{zoom}}=1$。

母数字会占很多像素。在近距离观察时,目标边缘和字母数字边缘会略有变形(比如查看图 8-19、图 8-23 和图 8-27)。这种较小的观察距离不会影响目标探测、识别或辨清,也不影响字母数字的可读性。如果考虑到填充因子,那么彩色单元只占像素尺寸的 30%,这说明在 20cm(11in)的距离内能看见彩色单元。

参 考 文 献

[1] G. C. Holst, Electro-optical imaging system performance, 5th edition, Chapters 5, 6, 7, and 9, JCD Publishing Co, (2008).

[2] M. Friedman and J. Vizgaitis, "Calculating incoherent diffraction MTF," in Infrared Imaging Systems: Design, Analysis, Modeling, and Testing XIX, G. C. Holst ed., SPIE Proceedings Vol. 6941, paper 69410M (2008).

[3] R. R. Shannon, "Aberrations and their effect on images," in Geometric Optics, Critical Review of Technology, R. Fischer, ed., SPIE Proceedings Vol. 531, pp. 27-37, (1985).

[4] M. Born and E. Wolf, Principles of Optics, 3rd edition, pp. 468-469, Pergamon Press, New York (1965).

[5] L. Levi and R. Austing, "Tables of the MTF of a defocussed perfect lens," Applied Optics, Vol. 7(5), pp. 967-974 (1968) and Errata, Applied Optics, Vol. 7(11), pg. 2258 (1968).

[6] In "A useful optical engineering approximation," Optics & Photonics News, pp. 34-37 (April 1994), R. R. Shannon references W. H. Steel, "The defocused image of sinusoidal gratings," Optica Acta, Vol. 3(2), pp. 65-74 (1956).

[7] G. C. Holst, Holst's practical guide to electro-optical systems, pages 67, 68, JCD Publishing Co. (2003).

[8] N. Schuster and J. Franks, "Depth of field in modern thermal imaging," in Infrared Imaging Systems: Design, Analysis, Modeling, and Testing XXVI, SPIE Proc. Vol. 9452 paper 94520J (2015).

[9] O. Yadid-Pecht, "Geometrical Modulation Transfer Function for Different Pixel Active Area Shapes," Optical Engineering, Vol. 39, pp. 859-865 (2000).

[10] I. Shcherback and O. Yadid-Pecht, "CMOS APS MTF modeling," IEEE Trans on Electron Devices, Vol. 48, pp 2710-2715 (2001).

[11] M Estribeau, P Magnan, "CMOS pixels crosstalk mapping and its influence on measurements accuracy for

space applications," in Sensors, Systems, and Next-Generation Satellites IX, R. Meynart, S. P. Neeck, and H. Shimoda, eds., SPIE Proceedings Vol. 5978, paper 597813 (2005).

[12] M Estribeau, P Magnan, "pixel crosstalk and correlation with modulation transfer function of CMOS image sensor," in Sensors and Camera Systems for Scientific and Industrial Applications VI, M. M. Blouke, ed., SPIE Proceedings Vol. 5677, pp, 98-108 (2005).

[13] J. Li, J. Liu, and Z Hao, "Geometrical Modulation Transfer Function of Different Active Pixel of CMOS APS" in 2nd International Symposium on Advanced Optical Manufacturing and Testing Technologies: Optical Test and Measurement Technology and Equipment, X. Hou, J. Yuan, J. C. Wyant, H. Wang, and S. Han, eds., SPIE Proceedings Vol. 6150 paper 61501Y (2006).

[14] I. Djité, P. Magnan, M. Estribeau, G. Rolland, S. Petit, and O. Saint-pé, "Modeling and measurements of MTF and quantum efficiency in CCD and CMOS image sensors," Sensors, Cameras, and Systems for Industrial/Scientific Applications XI, SPIE Proc. Vol. 7536, paper 75360H. (2010).

[15] D. P. Haefner, B. P. Teaney, and B. L. Preece, "Modeling demosaicing of color corrected cameras in the NV-IPM," in Infrared Imaging Systems: Design, Analysis, Modeling, and Testing XXVII, SPIE Proceedings Vol. 9820, paper 982009 (2016).

[16] E. Yotam, and Y. Ami, "MTF for Bayer pattern color detector," in Signal Processing, Sensor Fusion, and Target Recognition XVI, I. Kadar, ed., SPIE Proc. Vol. 6567, paper 65671M (2007).

[17] D. H. Sieb, "Carrier diffusion degradation of modulation transfer function in charge coupled imagers," IEEE Transactions on Electron Devices, Vol. ED-21(5), pp. 210-217 (1974).

[18] M. M. Blouke and D. A. Robinson, "A method for improving the spatial resolution of frontsideilluminated CCD's," IEEE Transactions on Electron Devices, vol. 28, no. 3, pp. 251-256, (1981).

[19] L. W. Schumann and T. S. Lomheim, "Modulation transfer function and quantum efficiency correlation at long wavelengths (greater than 800 nm) in linear charge coupled imagers," Applied Optics, Vol. 28(10), pp. 1701-1709 (1989).

[20] E. G. Stevens and J. P. Lavine, "An analytical, aperture, and two-layer carrier diffusion MTF and quantum efficiency model for solid state image sensors," IEEE Transactions on Electron Devices, Vol. 41, pp. 1753-1760 (1994).

[21] C. S. Lin, B. P. Mathur, and M. F. Chang, "Analytical charge collection and MTF model for photodiode-based CMOS imagers," IEEE Trans Electron Devices, Vol. 49, pp. 754-761, (2002).

[22] E. L. Dereniak and D. G. Crowe, Optical Radiation Detectors, pp. 199-203, Wiley & Sons (1984).

[23] H. V. Kennedy, "Miscellaneous modulation transfer function (MTF) effects relating to sampling summing," in Infrared Imaging Systems: Design, Analysis, Modeling, and Testing, G. C. Holst, ed., SPIE Proceedings Vol. 1488, pp. 165-176 (1991).

[24] T. S. Lomheim, J. D. Kwok, T. E. Dutton, R. M. Shima, J. F. Johnson, R. H. Boucher, and C. Wrigley, "Imaging artifacts due to pixel spatial sampling smear and amplitude quantization in two-dimensional visible imaging arrays," in Infrared Imaging Systems: Design, Analysis, Modeling, and Testing X, G. C. Holst ed., SPIE Proceedings Vol. 3701, pp. 36-60 (1999).

[25] H. Schwarzer, A. Boerner, K. H. Degen, A. Eckardt, and P. Scherbaum, "Dynamic PSF and MTF measurements on a 9k TDI CCD," in Sensors, Systems, and Next-Generation Satellites XII, R. Meynart, S. P. Neeck, H. Shimoda, and S. Habib, eds., SPIE Proc. Vol. 7106, paper 71061F (2008).

[26] H. S. Wong, Y. L. Yao, and E. S. Schlig, "TDI charge-coupled devices: design and applications," IBM Journal of Research and Development, Vol. 36(1), pp. 83-105 (1992).

[27] G. C. Holst, Electro-Optical Imaging System Performance, 5th edition, Section 6. 3, JCD Co. (2008).

[28] G. H. Kornfeld and W. R. Lawson, "Visual perception model," JOSA, Vol. 61(6), pp. 811-820 (1971).

[29] J. Ratches, W. R. Lawson, L. P. Obert, R. J. Bergemann, T. W. Cassidy, and J. M. Swenson, "Night vision laboratory static performance model for thermal viewing systems," U. S. Army Electronics Command Report ECOM Report 7043, pg. 11, Ft. Monmouth, NJ (1975).

[30] I. Overington, Vision and Acquisition, Pentech Press, London (1976).

[31] P. Barten, "The SQRI as a measure for VDU image quality," Society of Information Display 92 Digest, pp. 867-870 (1992).

第 6 章

环境 MTF

正如第 4 章讨论的,MTF 是复函数 OTF 的幅值,PTF 是它的相位。对于大多数系统,PTF 不变,且 MTF 等于 OTF。一些组件在某些空间频率处会出现相位反转。为了方便,在出现反相时,不同时绘出 MTF 和 PTF 两条曲线,而只绘出负 MTF 的曲线。

与视线移动和大气影响有关的环境 MTF 会调整成像系统的总 MTF。采用成像链方法时,环境影响出现在光学系统之前:

$$\text{MTF}_{\text{sys}} = \text{MTF}_{\text{motion}} \text{MTF}_{\text{turbulence}} \text{MTF}_{\text{aerosol}} \text{MTF}_{\text{optics}} \text{MTF}_{\text{detector}} \text{MTF}_{\text{display}} \text{MTF}_{\text{eye}} \quad (6-1)$$

系统性能只能通过分析各 MTF 之间的关系来确定。例如,一个系统可能是随机运动受限的或湍流受限的,同样,系统性能也受运动 MTF 或湍流 MTF 限制。这在第 15 章"分辨率"和第 21 章"折中分析"中进一步讨论。本章假设笛卡儿坐标系统的变量可分离,$\text{MTF}(u,v) = \text{MTF}(u) \, \text{MTF}(v)$。不可分离的 MTF 见第 7 章"二维 MTF"。

6.1 运动

通常情况下,成像系统同时受线性运动、正弦运动和随机运动影响:

$$\text{MTF}_{\text{motion}} = \text{MTF}_{\text{linear}} \text{MTF}_{\text{sinusoidal}} \text{MTF}_{\text{random}} \quad (6-2)$$

运动使细节模糊,缩短了分辨目标细节的距离,因此必须考虑运动在整个积分和判读过程中的影响[1]。如果运动速度比积分时间或信号处理时间慢,目标就不会使边缘模糊,它只是在运动。

线性运动包括视线运动和目标运动。车辆和飞机发动机、涡轮机会因机械振动引发正弦运动。闭循环制冷机会引入振动。成像系统的安装基座可能有引发正弦运动的谐振频率。线性高频随机运动简称为抖动。

这些频率从很低向很高延伸。每种运动的振幅都必须量化以便使用合适的公式。实验室的成像系统通常装在一个防振稳定平台上,这里没有运动,$\text{MTF}_{\text{motion}} = 1$。系统中可以有一个降低 $\text{MTF}_{\text{motion}}$ 的稳定镜。为了建模,各种运动的 MTF 值应满足系统稳定工作时的期望值。如果系统没有采用稳定措施,就使用平台运动值。

运动会影响分辨细节的能力,但不一定影响探测目标的能力。人眼能跟随慢速移动的模糊目标。所有运动都会使目标边缘变得模糊。随着运动速度提高,边缘会变得更不清晰。

6.1.1 线性运动

线性运动导致的 MTF 退化为

$$\mathrm{MTF}_{\mathrm{linear}}(u) = \mathrm{sinc}(\pi\alpha_{\mathrm{L}}u) \qquad (6\text{-}3)$$

式中：α_{L} 为穿过视场的角距离，$\alpha_{\mathrm{L}} = v_{\mathrm{R}}t_{\mathrm{L\text{-}int}}$，变量 v_{R} 是探测器和目标之间的相对角速度，随系统应用而变。在图 6-1 中，车辆以速度 v 向前运动[2]，垂直于成像系统视线的目标速度 $v_{\mathrm{R}} = v\cos\theta$。随着角度降低，速度提高到 v。对正前方目标，不存在横穿传感器的速度。距离缩短不会造成线性运动模糊。

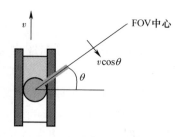

图 6-1 线性运动是相对水平视场的运动

积分时间 $t_{\mathrm{L\text{-}int}}$ 的精确值取决于系统应用。观测者的眼睛会混合许多帧的数据。虽然眼睛的准确积分时间是一个有争论的问题，但在显示器亮度高($-30\mathrm{ft} \cdot \mathrm{L}$)时，$t_{\mathrm{L\text{-}int}} \approx 0.2\mathrm{s}$。眼睛积分时间还将在 17.4.2 节"人眼积分时间"中进一步讨论。对于其他应用，可以采用不同的积分时间，最小值是传感器的积分时间。

随着线性运动速度的提高，MTF 会变成负值(相位反转)。图 6-2 说明线性运动造成的测试图拖尾现象。不能孤立看待 MTF。图 6-3 说明线性运动对 $\mathrm{MTF}_{\mathrm{detector}}$ 的影响。仅考虑 $\mathrm{MTF}_{\mathrm{linear}}\mathrm{MTF}_{\mathrm{detector}}$，当线性运动小于一个 DAS 的 20% 时，可以忽略它。

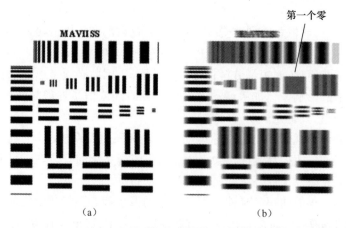

图 6-2 仅有线性运动的测试图的像(在所有感兴趣频率处，$\mathrm{MTF}_{\mathrm{optics}} = \mathrm{MTF}_{\mathrm{detector}} = 1$)

注：由于运动为水平方向，垂直方向的分辨率保持不变。在条靶频率等于 $\mathrm{MTF}_{\mathrm{linear}}$ 的第一个零值处，靶条混成一团(没有调制)。高空间频率的靶条出现相位反转：在灰色背景上有两个黑条。这是探测器面上的图像。

探测器响应会使图像质量进一步降低。在高于截止频率处看到图像的能力称为假分辨率或伪分辨率。

请与二维探测器 MTF(图 5-5)进行对比。

摄影时,线性运动造成的模糊很常见。相机运动或场景运动都会使图像模糊。快门速度决定积分时间。在凝视阵列中出现的模糊与在数字相机中看到的模糊是一样的。

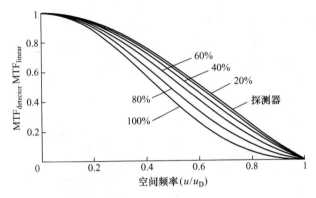

图 6-3　$\mathrm{MTF}_{linear}\mathrm{MTF}_{detector}$ 与 α_L（DAS 的百分数）的函数关系

注:实验室的 α_L 通常为零。

6.1.2　正弦运动

有万向架稳定和机械谐振的运动通常具有正弦波性质。正弦运动可描述为

$$\theta = \alpha_S \sin(\omega t) \tag{6-4}$$

图像模糊是振荡运动 α_S 振幅的 2 倍。如果总观察时间较长,便能观察到许多周期（ $t \gg 2\pi/\omega$ ）,MTF 降低（图 6-4）为

$$\mathrm{MTF}_{sinusold}(u) = \mathrm{J}_0(2\alpha_S\pi u) \tag{6-5}$$

式中: $\mathrm{J}_0(\ )$ 为零阶贝塞尔函数。

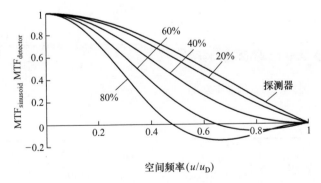

图 6-4　$\mathrm{MTF}_{sinusold}\mathrm{MTF}_{detector}$ 与 α_S（DAS 的百分数）的函数关系

注:实验室的 α_S 通常为零。负 MTF 值表示对比度反转,这时周期性黑条变成白条。

6.1.3　随机运动(抖动)

高频随机运动可用高斯型 MTF 描述：

$$\mathrm{MTF}_{\mathrm{random}}(u) = \mathrm{e}^{-2(\pi\sigma_R u)^2} \tag{6-6}$$

式中：σ_R 为随机位移均方根值。

假设图像在积分时间 t_{int} 内运动，使中心受限理论有效(图 6-5)。等效地，高斯分布描述视线在任何特定位置的概率。DAS 被归一化为 1，以提供一个参照点。

 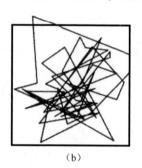

(a)　　　　　　　　　　　　　(b)

图 6-5　随机运动时视线的瞬时位置

(a)$\sigma_R = 0.2\mathrm{DAS}$；(b)$\sigma_R = 0.5\mathrm{DAS}$。

注：实际运动是随机曲折线，而不是图中的直线。粗线表示探测器
的轮廓。大约 99.98%的数据都在$-3.5\sigma \sim +3.5\sigma$ 范围内。

虽然要求用 σ_R 确定随机运动 MTF，但运动也会受到其他相关参数影响(表 6-1)。σ_R 值由平台运动、安装支架(减振器)和万向架稳定共同决定。因此，σ_R 会随着系统应用的不同会显著变化。有低频(小于 30Hz)随机运动时，图像似乎在运动，人眼能跟随这种运动。在较高频率(30 ~ 100Hz)运动时，随机运动看起来像线性运动，式(6-6)适用于高频运动。

表 6-1　各种运动的定义

运　　动	σ/RMS
全宽半高值(FWHM)，全距离 $2d_1$ 处的运动概率为 1/2	$\sigma_R = \dfrac{2d_1}{2.35}$
距离 d_2 处的运动概率为 1/e	$\sigma_R = \dfrac{d_2}{\sqrt{2}}$
距离 d_3 处的运动概率为 $1/e^2$	$\sigma_R = \dfrac{d_3}{2}$

注：距离 d 为平均值。

有时候，随机振动的功率谱密度(VPSD)单位用 $\mu\mathrm{rad}^2/\mathrm{Hz}$ 表示。如果大多数功率出现在高于 $3/t_R$ 的频率处，则总抖动为

$$\sigma_R = \sqrt{\int \mathrm{VSPD}(u)\,\mathrm{d}u} \tag{6-7}$$

如果大多数功率出现在低于 $1/t_R$ 的频率处,则应该是一个线性运动。t_R 取决于系统应用,它是眼睛积分时间或 t_{int}。图 6-6 说明图像模糊,图 6-7 给出 $MTF_{random}MTF_{detector}$ 的效果。当 σ_R 小于 DAS 的 10% 时,随机运动可被忽略。

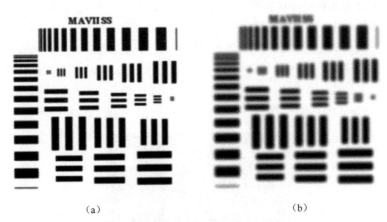

| (a) | (b) |

图 6-6　仅有随机运动的测试图的像

(a)$\sigma_R = 0.2DAS$;(b)$\sigma_R = 0.5DAS$。

注:假设在感兴趣频率处,$MTF_{random} = MTF_{detector} = 1$。当 $\sigma_R = 0.2$ 时,
图像略显模糊,σ_R 更大时,图像会更加模糊。

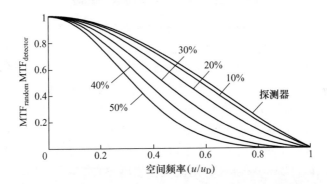

图 6-7　$MTF_{random}MTF_{detector}$ 与 σ_R(DAS 的百分数)的函数关系

注:实验室的 σ_R 通常为零。

6.1.4　低频运动

低频振动导致的图像模糊是一个随机过程,其模糊量[3-8] 取决于运动的初始相位和积分时间。低频 MTF 没有解析,所以只能统计。虽然边缘可能模糊了,但是眼睛能跟上随低频运动。

6.2　大气湍流

湍流源自大气折射率的随机波动,后者则由大气压力和温度的随机变化引起。这些变化即便很小,也会导致光子以不同角度进入接收器。大气就像由随机运动的尺寸随机的透镜组成一样,因此导致图像运动、畸变、模糊和强度波动。时间上的波动称为闪烁。可见光区的湍流效应是大家熟知的,MWIR 和 LWIR 区的也已得到验证[9-10]。如图 6-8 所示,湍流会使每个帧畸变,这种畸变对观察者并不明显,因为人眼是在多个帧上积分,但是,观察者看到的图像会是模糊的。

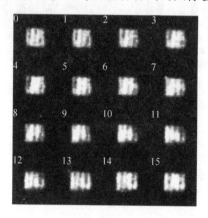

图 6-8　1.6km 处一个靶板的 16 幅连续 LWIR 图像[9]

由于湍流是一个动态过程,它以不同方式影响着每个图像,使图像运动(图像跳动)和模糊同时出现[11]。正因为有湍流,才使大气看起来像"沸腾"一样。目标不同部位经受的畸变量不同,畸变的区域和强度随着时间变化。目前还不清楚湍流如何影响目标捕获,因为几乎无法进行任何有意义的野外测试。在对许多帧进行积分时,图像跳动呈现为模糊。为了数学表达方便,指定了一个使整个场景图像降质的平均 MTF。图 6-9 表明,将湍流视作模糊 MTF 不是一个恰当的近似,但这样处理在数学上比较方便。

增加湍流 MTF 充其量只是一个粗略近似,其中有两个原因:第一,湍流是动态的,它在每一时刻都以不同方式影响特定图像的特征,任何一个图像的 MTF 都会严重偏离平均值;第二,湍流效应不是空间对称的,图像在不停地变化。MTF 理论只适用于稳态过程,因而针对湍流确定的 MTF 仅代表一个平均值。本章以最简单的大气 MTF 说明其影响。MTF 是孔径直径和 Fried 相干直径 r_0 的函数。变量 r_0 是折射率结构常数 C_n^2 的函数。

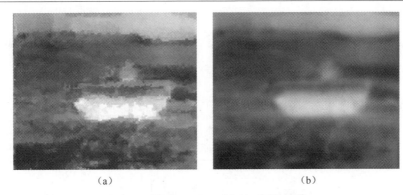

（a）　　　　　　　　　　　　（b）

图 6-9　说明（a）和（b）有所不同的图像

（a）模拟湍流降低像质；（b）MTF 模糊劣化。

注：这两个图像未经标定，所以不能推断固定量的湍流能造成多大的像质差异。

6.2.1　C_n^2

大气湍流 MTF 最初由 Fried[12-13]提出。文献[14]中有很多关于湍流理论的文章，它们都以 Fried 方法为基础。对很多工程应用来说，要预估光学湍流影响，有折射率结构常数 C_n^2 就足够了。

各种因素都影响 C_n^2。在地面温度比其上方的空气温度高时，温度梯度一般在中午和午夜时段最大。白天云层限制着地表加热，可使 C_n^2 下降为原来的 1/10；夜间云层限制着地面冷却，因而温度梯度和 C_n^2 增大。风会促使空气混合并减小温度梯度。地面凹凸不平会阻碍空气混合，因而增大温度梯度和 C_n^2。在空气温度和地表温度相等时，不会发生热交换。日出后和日落前，这种温度交替会使得温度梯度最小。清晨日出后，由于地表温度上升到空气温度的过程中存在热迟滞，因而在早晨不会出现梯度下降。傍晚日落前，辐射降温超过日晒升温，地表温度降到空气温度，因而晚上的梯度变化最小。表 6-2 总结了这些效应。表 6-3 和图 6-10 给出了典型定义。

表 6-2　影响 C_n^2 的因素

增大 C_n^2 的情况	减小 C_n^2 的情况
强阳光加热（少云）	浓阴
很干燥的地面（沙漠）	高湿度的潮湿表面
微风晴朗的夜晚	强风（大于 8m/s）
低空高度	高空
地面凸凹不平	

表6-3 对 C_n^2 的描述(因作者而异)

定义来源	湍流强度	$C_n^2/\mathrm{m}^{-2/3}$	定义来源	湍流强度	$C_n^2/\mathrm{m}^{-2/3}$
NVIPM	很高	1×10^{-12}	Weiss-Wrana, Balfour[15]	很强	6×10^{-13} 或更大
	高	5×10^{-13}		强	$6\times10^{-14}\sim6\times10^{-13}$
	中等	1×10^{-13}		中等	$6\times10^{-15}\sim6\times10^{-14}$
	低	1×10^{-14}		弱	$6\times10^{-16}\sim6\times10^{-15}$
	很低	1×10^{-15}		很弱	6×10^{-16} 或以下

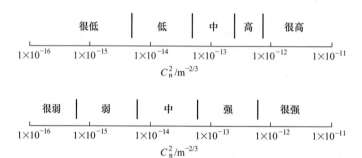

图6-10 表6-3值的图形表示(选取两个值的中间点)
(a)NVIPM;(b)Weiss-Wrana,Balfour。

图6-11说明 C_n^2 的季节和昼夜特征[15]。图6-12说明干燥气候中的昼夜变化[17]。冬季的结果类似[18-19]。中欧夏季的曲线类似于图6-11,但散射更多。欧洲冬季的 C_n^2 通常小于 1×10^{-13} m$^{-2/3}$,没有明显的昼夜变化。大雪覆盖的挪威[18](亚北极冬季)没有昼夜变化,平均最大 $C_n^2=3\times10^{-13}$ m$^{-2/3}$。波罗的海夏季和冬季的 C_n^2 都没有昼夜变化[20],平均最大 $C_n^2=3\times10^{-14}$ m$^{-2/3}$。在所有这些研究中,C_n^2 值的范围经常达3个量级。

日出和日落时分是进行大气成像测试的理想时间,但因为测试至少会持续半小时,期间的 C_n^2 变化很快,因此测试结果可能无法复现,而且被动加热的目标靶会出现热交替("消失")(在14.2.2节"昼夜变化"①中讨论)。

6.2.2 Fried 的相干直径

Fried[12-13]提出了相干直径(也称为横向相干长度)的概念。对常见的球面波,相干直径为

$$r_0 = 0.185\lambda^{6/5}\left[\int_0^R\left(\frac{\eta}{R}\right)^{5/3}C_n^2(\eta)\,\mathrm{d}\eta\right]^{-3/5} \tag{6-8}$$

① 译者注:原文为12.2.4节,有误,已改正。

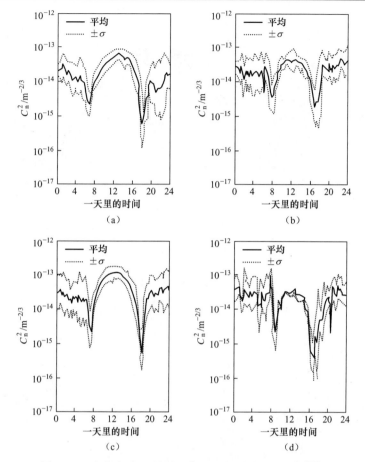

图 6-11 在高度 9m 测得的 C_n^2 的昼夜和季节的变化[16]

(a)春季;(b)夏季;(c)秋季;(d)冬季

注:C_n^2 与 $h^{-4/3}$ 成正比,因此 1m 高度的 C_n^2 约为图中值的 18.7 倍。

这些数据来自美国白沙导弹靶场的 Tularosa 沙漠盆地。实线表示平均值,虚线表示 ±σ(±1 的标准差)。

式中:R 为从目标起测的倾斜路径(目标在 R=0 处)。

6.2.3 水平路径长度

对水平路径长度(目标和传感器在同一高度),C_n^2 可视作一个常数,相干直径为

$$r_0 = 0.185\left(\frac{8\lambda^2}{3RC_n^2}\right)^{3/5} \qquad (6-9)$$

随着路径增长或 C_n^2 提高,r_0 降低(图 6-13)。

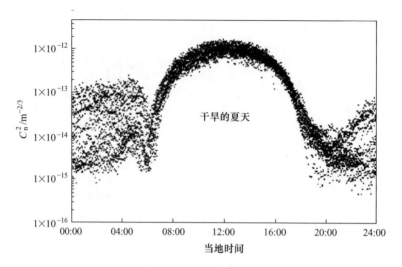

图 6-12　以色列沙漠夏季的 C_n^2 值[17]

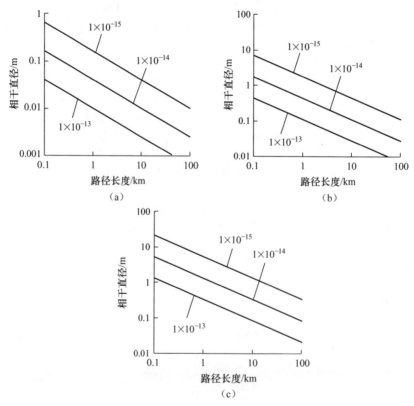

图 6-13　相干直径 r_0 是水平路径长度和 C_n^2 的函数

(a)可见光区($\lambda=0.55\mu m$);(b)MWIR 区($\lambda=4\mu m$);(c)LWIR 区($\lambda=10\mu m$)。

6.2.4　倾斜路径

C_n^2 与高度的关系已经在许多不同位置研究过。观察过垂直断面几小时内的变化,也提出了多个模型[20-22]。对低高度(500m 以下)而言,Tatarski 的模型[23] 似乎更好:

$$C_n^2(h) = C_{n0}^2 h^{-4/3} \tag{6-10}$$

式中: C_{n0}^2 为高度 1m 的折射率结构常数。

这个模型对白天晴朗的天空似乎是合适的。用这个模型,高度 5.6m 的 C_n^2 值降低到 C_{n0}^2 的 1/10,高度 31.6m 的 C_n^2 值降低到 C_{n0}^2 的 1/100。

接收器光学系统附近的湍流会强烈影响相干直径[24]。在湍流靠近接收器时,接收器会感受到光线到达角的大幅变化。在湍流远离接收器时,湍流会将辐射折射出视线。由于地球表面附近的湍流最强,因此湍流对地-空任务(坦克观察直升机)比空-地任务的影响更强烈(图 6-14),这称为"浴帘"效应。

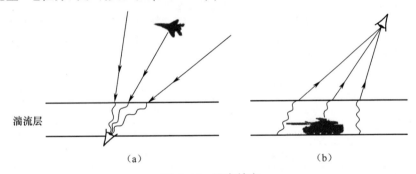

图 6-14　浴帘效应

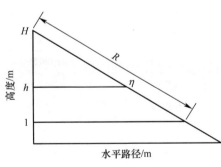

图 6-15　倾斜路径几何图

用图 6-15 的几何图,$d\eta = \sec\theta dh = [R/(H-1)]dh$。对高度 1m 的目标和 H 处的传感器(俯视观察),归一化积分变为

$$\frac{R}{H-1}\int_1^H \left(\frac{H-h}{H-1}\right)^{5/3} C_n^2(h)\,dh \tag{6-11}$$

对 H 处的目标和高度 1m 的传感器(仰视观察),归一化积分变为

$$\frac{R}{H-1}\int_H^1 \left(\frac{H-h}{H-1}\right)^{5/3} C_n^2(h)\,dh \tag{6-12}$$

利用式(16-10)提供的高度关系,图 6-16 和表 6-4 给出了与高度成函数关系

的相对 C_n^2。由于"浴帘"效应,俯视传感器并不太受湍流影响。

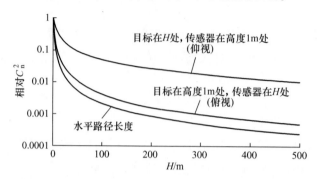

图6-16   相对 C_n^2 在仰视或俯视视线情况下与高度的函数关系

表6-4   相对 C_n^2 是高度的函数

高度 H/m	C_n^2/C_{n0}^2		
	俯视(目标在高度1m处)	仰视(传感器在高度1m处)	水平路径长度 $H^{-4/3}$
1	1.000	1.000	1.000
2	0.493	0.752	0.396
5	0.179	0.469	0.116
10	0.0786	0.304	0.0464
20	0.0333	0.188	0.0184
30	0.0199	0.139	0.0107
40	0.0138	0.111	0.00731
50	0.0103	0.0925	0.00543
75	0.00611	0.0658	0.00316
100	0.00419	0.0512	0.00215
150	0.00246	0.0354	0.00126
200	0.00168	0.0269	0.000855
300	0.000987	0.0179	0.000498
400	0.000672	0.0132	0.000339
500	0.000496	0.0140	0.000252

6.2.5   湍流 MTF

近场、远场、长曝光和短曝光四种极限条件下的湍流 MTF 可以用解析式描述:

$$\mathrm{MTF}_{\mathrm{turb}} \approx \exp\left[-3.44\left(\frac{\lambda u}{1000\ r_0}\right)\right]^{5/3}\left[1-\alpha_{\mathrm{T}}\left(\frac{\lambda u}{1000\ D}\right)^{1/3}\right] \quad (6-13)$$

式中:λ、u、r_0 和 D 的单位分别是 μm、cycle/mrad、m 和 m;α_{T} 为根据限制条件而变的参数。

长曝光和短曝光也分别称为慢变模式和快变模式。由于探测到的湍流取决于孔径和波长,所以光学 MTF 和湍流 MTF 始终应该一同计算。

表 6-5 给出 Fried 建议的 α_{T} 值[12-13]。$D \gg (R\lambda)^{1/2}$ 时是近场,$D \ll (R\lambda)^{1/2}$ 时是远场(图 6-17)。大多数红外系统的积分时间都很短(如在 60Hz 时,$t_{\mathrm{int}}=$ 16.6ms)。可见光系统通常在近场工作。探测距离随着孔径直径扩大而增大。大孔径系统用于探测 10km 以外的目标。因此,远场近似对 MWIR 和 LWIR 系统更合适。

表 6-5　校正参数 α_{T}

曝光时间/模式	场	参数	t/ms	α_{T}
长/慢	近场	$D \gg (R\lambda)^{1/2}$	$\gg 10$	0
长/慢	远场	$D \ll (R\lambda)^{1/2}$	$\gg 10$	0
短/快	近场	$D \gg (R\lambda)^{1/2}$	$\ll 10$	1
短/快	远场	$D \ll (R\lambda)^{1/2}$	$\ll 10$	0.5

目前,还不能用环境可观察量确定长、短曝光时间。自 Fried 引入短曝光和长曝光的概念后,几乎再没有开展进一步的研究,人们仅将短曝光宽泛地定义为 $t_{\mathrm{int}} \ll 10ms$ 的情况。大多数逐帧成像系统都以短曝光方式工作。由于人眼的积分功能,观测者的眼睛会在 $100 \sim 200ms$ 内有效积分,因而能接受长曝光远场条件。在长曝光极限条件下,对近场和远场均有 $\alpha_{\mathrm{T}} = 0$。但对中间值(从短曝光向长曝光过渡期间)则没有数学表达式。

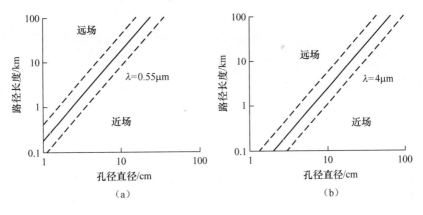

(a)　　　　　　　　　　　　　　(b)

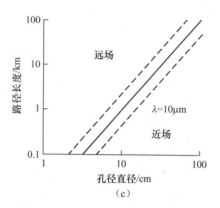

图 6-17　针对可见光、MWIR 和 LWIR 光谱区的近场和远场

(a)可见光;(b)MWIR;(c)LWIR。

注:实线表示 $D = (R\lambda)^{1/2}$;虚线之间的区域表示从近场向远场的过渡;虚线是任意给出的倍数 1.5 或 1/1.5。

6.3　气溶胶 MTF

　　大气微粒会吸收和/或散射辐射。辐射散射的角度取决于气溶胶颗粒的大小分布和波长。吸收的辐射和散射出视线的辐射会降低场景强度。进入成像系统视场的前向小角度散射会使图像模糊,这种散射是气溶胶 MTF。假设气溶胶 MTF 为高斯分布,则大气 MTF 为[25-35]

$$\mathrm{MTF}_{\mathrm{atm}}(u,R) = \exp\left\{-\left[k_{\mathrm{atm}} - \sigma_{\mathrm{out-LOS}} + \sigma_{\mathrm{in-LOS}}\left(\frac{u}{u_{\mathrm{A}}}\right)^2\right]R\right\} \qquad (6\text{-}14)$$

式中:k_{atm} 为吸收系数;σ_{S} 为散射系数。

　　与第 13 章"大气效应"中讨论的一样,式 6-14 可改写为

$$\mathrm{MTF}_{\mathrm{atm}}(u,R) = T_{\mathrm{atm}}(R)\mathrm{MTF}_{\mathrm{aerosol}}(u,R) \qquad (6\text{-}15)$$

式中

$$\mathrm{MTF}_{\mathrm{aerosol}}(u,R) = \exp\left\{-\left[\sigma_{\mathrm{in-LOS}}\left(\frac{u}{u_{\mathrm{A}}}\right)^2\right]R\right\} \qquad (6\text{-}16)$$

　　气溶胶的截止波长为

$$u_{\mathrm{A}} = \frac{a_{\mathrm{R}}}{\lambda} \qquad (6\text{-}17)$$

式中:a_{R} 为有效气溶胶半径(m)。

　　由于 u_{A} 很小,气溶胶 MTF 只会影响很低的空间频率。通常 $\mathrm{MTF}_{\mathrm{aerosol}}$ 可以忽略,因此

$$\mathrm{MTF}_{\mathrm{atm}}(u,R) = T_{\mathrm{atm}}(R) \qquad (6\text{-}18)$$

参 考 文 献

[1] J. M. Hilkert, M. Bowen and J. Wang, "Specifications for image stabilization systems" in Tactical Infrared Systems, J. W. Tuttle, ed. , SPIE Proceedings Vol. 1498, pp. 24-38 (1991).

[2] B. Miller, E. Flug, R. Driggers, and P. Richardson, "Detector integration time issues associated with FLIR performance," in Infrared Imaging Systems: Design, Analysis, Modeling, and Testing XVII, G. C. Holst ed. , SPIE Proceedings Vol. 6207, paper 620704 (2006).

[3] D. Wulich and N. S. Kopeika, "Image resolution limits resulting from mechanical vibrations,"Optical Engineering, Vol. 26(6), pp. 529-533 (1987).

[4] M. Fisher, O. Hadar, and N S. Kopeika, "Numerical calculation of modulation transfer functions for low frequency mechanical vibrations," in Airborne Reconnaissance XIV, P A. Henkel, F. R. LaGesse, and W. W. Schurter, eds. , SPIE Proceedings Vol. 1342, pp. 72-83 (1990).

[5] S. Rudoler, O. Hadar, M. Fisher, and N. S. Kopeika, "Image resolution limits resulting from mechanical vibrations, Part II: Experiment," Optical Engineering, Vol. 30(5), pp. 577-589 (1991).

[6] O. Hadar, F. Fisher, and N. S. Kopeika, "Image resolution limits resulting from mechanical vibrations, Part III: Numerical calculation of modulation transfer function," OE Vol. 31(3), pp. 581-589 (1992).

[7] O. Hadar, I. Dror, and N. S. Kopeika, "Image resolution limits resulting from mechanical vibrations, part IV: real-time numerical calculation of optical transfer functions and experimental verification," Optical Engineering, Vol. 33(2), pp. 565-578 (1994).

[8] N. S. Kopeika, A System Engineering Approach to Imaging, pp. 411-440, SPIE (1998).

[9] W. R. Watkins, D. R. Billingsley, F. R. Palacios, S. B. Crow, and J. B. Jordan, "Characterization of the atmospheric modulation transfer function using the target contrast characterizer," in Characterization, Propagation, and Simulation of Sources and Backgrounds, D. Clement and W. R. Watkins, eds. , SPIE Proceedings Vol. 1486, pp. 17-24 (1991).

[10] W. R. Watkins, "Environmental bugs invade EO imaging systems," in Infrared Imaging Systems: Design, Analysis, Modeling, and Testing IV, SPIE Proceedings Vol. 1969, pp. 42-53 (1993).

[11] E. Repasi and R. Weiss, "Analysis of image distortions by atmospheric turbulence and computer simulation of turbulence effects," in Infrared Imaging Systems: Design, Analysis, Modeling, and Testing XIX, G. C. Holst, ed. , SPIE Proceedings Vol. 6941, paper 6941-27 (2008).

[12] D. L. Fried, "Optical resolution though a randomly inhomogeneous medium for very long and very short exposures," Journal of the Optical Society of America, Vol. 56(10), pp. 1372-1379 (1966).

[13] D. L. Fried, "Limiting resolution looking down through the atmosphere," Journal of the Optical Society of America, Vol. 56(10), pp. 1380-1384 (1966).

[14] See, for example, (a) J. W. Goodman, Statistical Optics, pp. 402-433, Wiley-Interscience, New York (1985), (b) R. R. Beland, "Propagation through atmospheric optical turbulence" in Atmospheric Propagation of Radiation, F. G. Smith, ed. This is Volume 2 of The Infrared & Electro-Optical Systems Handbook, WA (1993). This 85-page chapter contains 94 references. Or (c) Imaging Through Turbulence, M. C. Roggemann and B. Welsh, CRC Press (1996).

[15] K. Weiss-Wrana and L. S. Balfour, "Statistical analysis of measurements of atmospheric turbulence in different climates," in Optics in Atmospheric Propagation and Adaptive Systems IV, A. Kohnle, J. D. Gonglewski, and T. J. Schmugge, eds. , SPIE Proc. Vol. 4538, pp. 93-101 (2002).

[16] D. L. Walters, K. E. Kunkel, and G. B. Hoidale, "Diurnal and seasonal variations in the atmospheric structure parameter (Cn2) that affect the atmospheric modulation transfer function," in Atmospheric Transmission, R. Fenn, ed., SPIE Proceedings Vol. 277, pp. 6-9 (1981).

[17] K. R. Weiss-Wrana, "Influence of atmospheric turbulence on imaging quality of electro-optical sensors in different climates," in Optics in Atmospheric Propagation and Adaptive Systems VI, J. D. Gonglewski, and K. Stein, eds., SPIE Proceedings Vol. 5237, pp. 1-12 (2004).

[18] K. R. Weiss-Wrana, "Turbulence statistics applied to calculate expected turbulence-induced scintillation effects on electro-optical systems in different climate regions," in Atmospheric Optical Modeling, Measurement, and Simulation, S. M. Doss-Hammel and A. Kohnle, eds., SPIE Proceedings Vol. 5891, paper 58910D, 2005.

[19] K. R. Weiss-Wrana, "Turbulence statistics in littoral area," in Optics in Atmospheric Propagation and Adaptive Systems IX, SPIE Proceedings Vol. 6364, paper 63640F, 2006.

[20] D. L. Fried, "Statistic of a geometric representation of wavefront distortion," Journal of the Optical Society of America. Vol. 55(11), pp. 1427-1435 (1965).

[21] E. Brookner, "Improved model for the structure constant variations with altitude," Applied Optics, Vol. 10 (8), pp. 1960-1962 (1971).

[22] R. E. Hufnagle, "Variations of atmospheric turbulence," in Digest of Technical Papers, Topical Meeting on Optical Propagation Through Turbulence, Optical Society of America, Washington, D. C., pp. Wa-1 to Wa-4 (1974).

[23] F. Lei and H. J. Tiziani, "Atmospheric influence on image quality of airborne photographs," Optical Engineering, Vol. 32(9), pp. 2271-2280 (1993).

[24] D. Sadot and N. S. Kopeika, "Theoretical and experimental investigation of image quality through an inhomogeneous turbulent medium," Waves in Random Media, Vol. 14(2), pp. 177-189 (1994).

[25] N. S. Kopeika, "Spatial-frequency and wavelength dependence effects of aerosols on the atmospheric modulation transfer function," JOSA, Vol. 72(8), pp. 1092-1094 (1982).

[26] D. Sadot, A. Dvir, L. Bergel, and N. S. Kopeika, "Restoration of thermal images distorted by the atmosphere, based on measured and theoretical atmospheric modulation transfer function," Optical Engineering, Vol. 33(1), pp. 44-53 (1994).

[27] D. Sadot and N. Kopeika, "Effects of aerosol absorption on image quality through a particulate medium," Applied Optics, Vol. 30(3), pp. 7107-7111 (1994).

[28] D. Sadot and N. Kopeika, "Imaging through the atmosphere: practical instrumentation-based theory and verification of aerosol modulation transfer function," JOSA A, Vol. 10(1), pp. 172-179 (1993).

[29] D. Sadot, N. S. Kopeika, and S R. Rotman, "Incorporation of atmospheric blurring effects in target acquisition modeling," in Infrared Imaging Systems: Design, Analysis, Modeling, and Testing V, G. C. Holst, ed., SPIE Proceedings Vol. 2224, pp. 95-107 (1994).

[30] N. S. Kopeika, A System Engineering Approach to Imaging, pp. 487-513, SPIE Press (1998).

[31] K. Busklia, S. Towito, E. Shmuerl, R. Lavi, N. Kopeika, K, Krapels, R. G. Driggers, R. H. Vollmerhausen and C. E. Halford, "Atmospheric modulation transfer function in the infrared," Applied Optics, vol. 43(2), pp. 471-482 (2004).

[32] N. S. Kopeika, Y. Yitzhaky, "Aerosol MTF revisited," in Infrared Imaging Systems: Design, Analysis, Modeling, and Testing XXV, SPIE Proc. Vol. 9071, paper 907119 (2014).

[33] D. A. LeMaster and M. T. Eismann, "Impact of atmospheric aerosols on long range image quality," in Infrared

Imaging Systems: Design, Analysis, Modeling, and Testing XXIII, SPIE Proc. Vol. 8355, paper 83550F (2012).

[34] N. Kopeika, A. Zilberman, Y. Yitzhaky, and E. Golbraikh, "Atmospheric effects on target acquisition," in Infrared Imaging Systems: Design, Analysis, Modeling, and Testing XXIII, SPIE Proc. Vol. 8355, paper 83550D. (2012).

[35] M. T. Eismann and D. A. LeMaster, "Aerosol modulation transfer function model for passive long range imaging over a nonuniform atmospheric path," OE Vol. 52(4), paper 046201 (2013).

第7章

二维调制传递函数

大多数模型都是"双向的",它们假设二维调制传递函数(MTF)在笛卡儿坐标中可分离(取水平方向和垂直方向):

$$\mathrm{MTF}(u,v) = \mathrm{MTF}(u)\,\mathrm{MTF}(v) \tag{7-1}$$

可分离性[1]能简化分析,不要求进行包括交叉项的复杂计算。光学元件通常具有径向对称性,因而在极坐标系具有可分离性:

$$\mathrm{MTF}(u_\theta,\theta) = \mathrm{MTF}(u_\theta)\,\mathrm{MTF}(\theta) \tag{7-2}$$

式中:空间频率 u_θ 由坐标系原点(极坐标量)起测,即

$$u_\theta = \sqrt{u^2 + v^2} \tag{7-3}$$

矩形探测器 MTF 在笛卡儿坐标系中可分离,但在极坐标系中不可分离。探测器 MTF 与光学系统 MTF 的组合结果在极坐标系和笛卡儿坐标系中都不可分离。根据点扩散函数分析,伴随可分离性出现的误差很小[2],所以大多数分析使用笛卡儿坐标系的可分离性近似值。当获得数据时,数据是在水平方向和/或垂直方向测得的,很少在各种角度测量。这几乎迫使分析人员使用笛卡儿可分离性。

科研人员一直致力于推动正确的数学建模。即便两种 MTF 有较大差异(极坐标与笛卡儿坐标中 MTF 分离近似值对比),也难以在被采样伪像(在第8章"采样"中讨论)损坏的一般成像中发现。测试图和它们相对阵列轴的方向会突显采样伪像,但不会凸显 MTF 差别。NVIPM 模型根据 $\mathrm{MTF_{sys}}$ 和人眼对比灵敏度 $\mathrm{CTF_{eye}}$(在17.3.1 节"人眼对比度阈值函数"中讨论)预测目标捕获距离。其最简形式为

$$R = k \int \sqrt{\frac{\mathrm{MTF_{sys}}}{\mathrm{CTF_{eye}}}}\,du \tag{7-4}$$

均方根积分将 MTF 的小差异降至最小,因而把对目标捕获距离的影响也降至最小。

正如在第4章讨论的,MTF 是复函数 OTF[①] 的幅值,PTF 是它的相位。对大多数系统,PTF 不变,且 MTF 等于 OTF。为方便起见,在出现相位反转时,仅描绘出负 MTF 的曲线。

---

① 译者注:原文中的 MTF,有误,已改正为 OTF。

7.1　光学系统

光学系统 MTF 在极坐标系中可分离,即

$$\mathrm{MTF}_{\mathrm{diff}}(u_\theta,\theta) = \frac{2}{\pi}\left[\arccos\left(\frac{u_\theta}{u_{\mathrm{O}}}\right) - \left(\frac{u_\theta}{u_{\mathrm{O}}}\right)\sqrt{1 - \left(\frac{u_\theta}{u_{\mathrm{O}}}\right)^2}\right], \quad \mu_\theta \leqslant \mu_{\mathrm{O}} \quad (7\text{-}5)$$

当 $\theta = 0$ 时, $u_\theta \to u$,并获得式(5-4)。

许多建模都在笛卡儿坐标中进行,并假设可分离。用在这些模型中的近似值为

$$\mathrm{MTF}_{\mathrm{diff}}(u,v) = \mathrm{MTF}_{\mathrm{diff}}(u)\,\mathrm{MTF}_{\mathrm{diff}}(v) \qquad (7\text{-}6)$$

式中: $\mathrm{MTF}_{\mathrm{diff}}(u)$ 和 $\mathrm{MTF}_{\mathrm{diff}}(v)$ 的函数形式完全相同,由式(5-4)给出。

极坐标中的 MTF 是旋转对称的,与角度无关;笛卡儿坐标系中的分离近似值随着角度变化,在45°处的误差最大(图7-1和图7-2)。在误差适中时,点扩散函数的差别较小[2]。这使 Vollmerhausen 和 Driggers 认为由于误差小,所以笛卡儿坐标系中的分离近似值对建模是合理的。许多系统是探测器受限的(在 15.4 节"$F\lambda/d$"中讨论),因而使误差很小。人造目标靶趋向于有大的水平频率和垂直频率分量,其 MTF 是精确的。

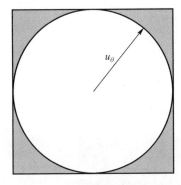

图 7-1　极坐标的截止频率与笛卡儿坐标的截止频率的对比

注:阴影面积包括(准确的)极坐标中没有出现的 MTF 值。

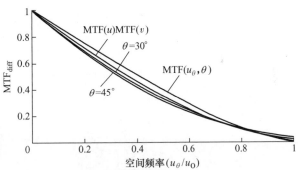

图 7-2　针对与 x 轴成各种角度的 θ 值,极坐标的 $\mathrm{MTF}_{\mathrm{diff}}(u_\theta,\theta)$ 和 $\mathrm{MTF}_{\mathrm{diff}}(u)\,\mathrm{MTF}_{\mathrm{diff}}(v)$ 的对比

注:极坐标的空间频率在所选角度的方向。

卡塞格林光学系统(式(5-12))、像差(式(5-16))和散焦(式(5-18))在极坐标系也可分离(用极坐标频率 u_θ 代替 u)。与无遮挡孔径的 MTF 一样,当用 $\mathrm{MTF}(u)\,\mathrm{MTF}(v)$ 时,笛卡儿坐标系的 MTF 分离近似值在 45°的误差最大。

7.2　运动

运动包括线性运动、正弦运动和随机运动。

7.2.1　线性运动

用式(6-3)描述的线性运动假设为水平运动。如果运动方向与 x 轴成角 θ,则二维 MTF 为

$$\text{MTF}_{\text{linear}}(u,v) = \text{sinc}\{\pi\alpha_{\text{L}}[(\cos\theta)u + (\sin\theta)v]\} \qquad (7\text{-}7)$$

笛卡儿坐标系的 MTF 分离近似值为

$$\text{MTF}_{\text{linear}}(u,v) \approx \text{sinc}[\pi\alpha_{\text{L}}(\cos\theta)u]\,\text{sinc}[\pi\alpha_{\text{L}}(\sin\theta)v] \qquad (7\text{-}8)$$

如图 7-3 表明的,误差可能很大。由于在许多区域(如 $\pi < x < 2\pi$),sinc$x$ 都变为负值,如果 sinc$u$ 和 sinc$v$ 同时为负值,近似值可能依然为正值。图 7-4 和图 7-5说明式(7-7)和式(7-8)之间的差异。

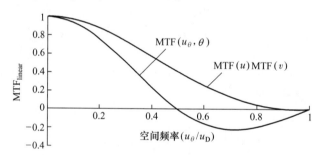

图 7-3　$\alpha_{\text{L}}u_{\text{D}} = 2$ 时 45°的线性运动

注:二维 MTF 与近似值之间的差异取决于角度和角距离行程 α_{L} 。最大差异出现在运动到与 x 轴成45°时。

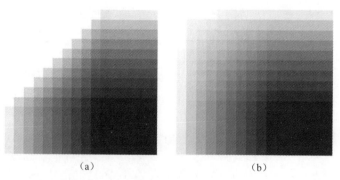

图 7-4　有大的线性运动时,正方形目标靶的边缘细节(运动到与 x 轴成 45°时)

(a)由式(7-7)得到;(b)由式(7-8)得到。

图 7-5　二维傅里叶变换

(a)原图像;(b)由式(7-7)得到的 45°方向的线性运动;(c)由式(7-8)得到的线性运动。

7.2.2　正弦运动

正弦运动的角度依赖关系与线性运动的相同,MTF 简化为

$$\text{MTF}_{\text{sinusoidal}}(u,v) = \text{J}_0\big\{2\alpha_\text{S}\pi\big[(\cos\theta)u + (\sin\theta)v\big]\big\} \qquad (7-9)$$

笛卡儿坐标的分离近似值为

$$\text{MTF}_{\text{sinusoidal}}(u,v) \approx \text{J}_0\big\{2\alpha_\text{S}\pi\big[(\cos\theta)u\big]\text{J}_0\big[2\alpha_\text{S}\pi(\sin\theta)v\big]\big\} \qquad (7-10)$$

引入的误差取决于角度和角距离 α_S (图 7-6)。

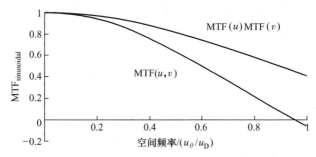

图 7-6　在 $\alpha_\text{S}u_\text{D} = 0.4$, $\theta=45°$时,对比正弦极坐标 MTF

与笛卡儿坐标的 MTF 分离近似值

7.2.3　随机运动

高频随机运动用高斯 MTF 描述,在极坐标中有

$$\text{MTF}_{\text{random}}(u_\theta,\theta) = \text{e}^{-2(\pi\sigma_\text{R}u_\theta)^2} \qquad (7-11)$$

由于 $u_\theta^2 = u^2 + v^2$,因此可得

$$\text{MTF}_{\text{random}}(u,v) = \text{e}^{-2(\pi\sigma_\text{R})^2(u^2+v^2)} \qquad (7-12)$$

并且在笛卡儿坐标中可分离,即

$$\text{MTF}_{\text{random}}(u,v) = \text{MTF}_{\text{random}}(u)\text{MTF}_{\text{random}}(v) \qquad (7-13)$$

7.3 探测器

探测器阵列是由矩形(或正方形)像元组成的矩形(或正方形)网格。任何其他形状(如六边形)都只能具体到个例来分析[3]。矩形探测器的二维 MTF 在笛卡儿坐标中可分离,即

$$\mathrm{MTF}_{\mathrm{detector}}(u,v) = \mathrm{sinc}(\pi\alpha_{\mathrm{DH}}u)\,\mathrm{sinc}(\pi\alpha_{\mathrm{DV}}v) \tag{7-14}$$

式中:α_{DH}、α_{DV} 分别为水平 DAS 和垂直 DAS。

7.4 数字处理

经过数字处理(在第 9 章"图像处理"中讨论)会产生新的数字图像,假设新的水平分量和垂直分量是单独产生的,因此 MTF 在笛卡儿坐标中可以分离。

7.5 显示器

平板显示器有矩形显示单元,它的 MTF(见 5.3 节"平板显示器")在笛卡儿坐标中可以分离。运用 1:1 对应关系可得

$$\mathrm{MTF}_{\mathrm{FP}}(u,v) = \mathrm{sinc}(\pi\alpha_{\mathrm{FP-H}}u)\,\mathrm{sinc}(\pi\alpha_{\mathrm{FP-V}}v)^{①} \tag{7-15}$$

7.6 人眼

人眼不是旋转对称的,其 MTF 在笛卡儿坐标中也是不可分离的。为了数学表达方便,认为人眼 MTF 在垂直方向和水平方向是相等的。

7.7 大气湍流

没有理由认为湍流具有对称特性。式(6-14)是一个最佳估值,为方便起见,假设湍流 MTF 在笛卡儿坐标系中可以分离。

---

① 译者注:原书公式中的 y 应该为 v。

参 考 文 献

[1] R. G. Driggers, P. Cox, and T. Edwards, Introduction to Infrared and Electro-optical Systems, pp. 21-25, Artech House, Norwood, MA (1999).

[2] R. H. Vollmerhausen and R. G. Driggers, Analysis of Sampled Imaging Systems, SPIE Tutorial Text TT39, pp. 28-31, Bellingham, WA (2000).

[3] O. Hadar, A. Dogariu, and G. D. Boreman, "Angular dependence of sampling modulation transfer function, Applied Optics Vol. 3628, pp. 7210-7216 (1997).

第 8 章

采样

采样[1]是所有凝视阵列的固有特征。采样过程会产生场景中不存在的新频率,这些新频率会在重构图像中造成混叠(欠采样引起)。混叠现象总是存在的,它是否严重取决于场景,而且有害程度无法提前预估。人们已经习惯了欠采样(电视图像就是欠采样的)。人们对像质不满意时,一定是图像已经出现了严重问题,但这并不意味着可以忽略混叠。

耳朵就像一个频率探测器,能感受到任何频率的变化(包括混叠)。要避免出现可感知的声音信号失真,必须满足香农采样定理。眼睛感受的是强度差别、空间差别(形状)(图 8-1 和图 8-2)和色彩差别(这里不讨论)。眼睛对频率影响不太敏感,因此可以认为采样伪影是能接受的。一幅"好"图像不一定非得满足香农采样定理。眼睛并不在乎频谱是否有所改变,且能准确判读大多数混叠信号。如果人的视觉系统对频率敏感,就不会有电视和数码相机。

图 8-1　这些字母的频率分量很不相同,但它们都被判读为字母"a"

图 8-2　一个物体逐次旋转 90°。在频率分量也旋转 90°时,判读结果很不一样

发生混叠后,原始信号再也无法恢复。

采样定理适用于正弦波形,但真实世界的目标是非周期性的。虽然一般认为混叠不受欢迎,但它并不完全影响目标探测、识别或辨清。如果一个目标有大量高于奈奎斯特频率的信息,它就会像团状,可以探测到,但无法分辨。

8.1　采样理论

为了使正弦波形信号数字化并能够重构,香农提出了自己的采样定理(也称为

Shannon-Whittaker-Kotel'nikov 定理）。当频率保持性很重要时,应严格遵守这个定理。满足香农采样定理必须具备三个条件:①信号必须是带宽受限的;②数字转换器必须有足够速率对信号采样;③必须有低通重构滤波器。重构滤波器的重要性通常会被忽视,甚至许多时候都没提起过。数字滤波器是为时变信号开发的,但也适用于空间变化的信号。奈奎斯特频率 f_N 是离散信号处理系统的采样速度的一半。奈奎斯特频率也称为采样系统的折叠频率。

香农方法用于时变信号,采样信号为

$$v_{\text{sample}}(t) = v(t)S(t) \tag{8-1}$$

式中: $S(t)$ 为等于 $\delta(t-nT_S)$ 的采样函数, T_S 为采样间隔,采样频率 $f_S = 1/T_S$,单位为 Hz。

由于一个域的乘法变成另一个域的卷积,所以采样频谱为

$$V_{\text{sample}}(f_e) = V(f_e) * S(f_e) \tag{8-2}$$

式中: $V(f_e)$ 为信号振幅谱; $S(f_e)$ 为采样器的傅里叶变换,也是 $\pm nf_S$ 处的一串脉冲,当它与 $V(f_e)$ 卷积时,结果是关于 $\pm nf_S$ 复制的 $V(f_e)$ （图 8-3）。

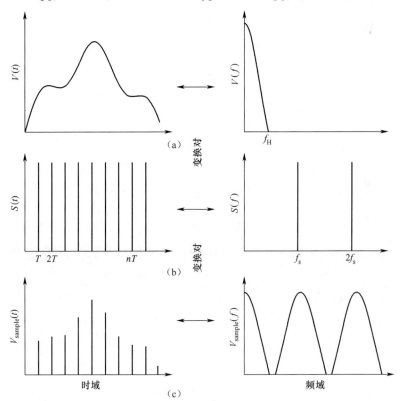

图 8-3　时域和频域变换对

(a)带宽受限信号;(b)采样器;(c)采样数据。

等效地,采样频率与信号相互作用,产生和频与差频。一个输入频率 f_o 会显示为多个频率 $nf_S \pm f_o$。经过采样

$$V_{\text{sample}}(f_e) = \sum_{n=-\infty}^{\infty} V(nf_S \pm f_e) \tag{8-3}$$

重构滤波器将数字数据转换成模拟信号,把重构的模拟信号的频率限制为

$$V_{\text{recon}}(f_e) = V_{\text{sample}}(f_e) H_{\text{recon}}(f_e) = H_{\text{recon}}(f_e) \sum_{-\infty}^{\infty} V(nf_S \pm f_e) \tag{8-4}$$

由于响应是关于零点对称的,仅使用正频率可以使解读更容易:

$$V_{\text{recon}}(f_e) = V(f_e) H_{\text{recon}}(f_e) + H_{\text{recon}}(f_e) \sum_{n=1}^{\infty} V(nf_S \pm f_e) \tag{8-5}$$

式中:等号右边第一项(称为基带)只是被重构滤波器响应 $H_{\text{recon}}(f_e)$ 修改过的原始信号;第二项是采样过程产生的新频率。

理想滤波器对频率低于 f_N 的响应为1,此后的响应为零。如果原始信号被过采样($f_S \geq 2f_H$),而且重构滤波器将频率限制为 f_N ,则第二项为零,重构的信号与原始信号相同(图8-4)。

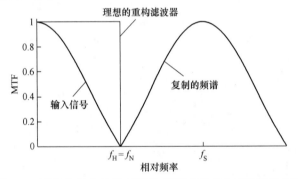

图8-4 当满足香农采样定理时,理想滤波器会重构原始信号

理想滤波器是无法实现的,但对说明问题非常有用。实际滤波器有一个有限斜率,迫使 $f_S > 2f_H$ 。随着 f_S 提高,重构滤波器的设计变得更容易(图8-5)。

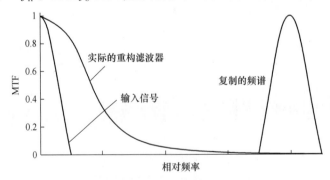

图8-5 实际滤波器的响应

随着采样频率降低,频带出现混叠,每个频率都会被复制多次。为简单起见,图 8-6 仅画出了一个输入频率和一个复制频率。理想的重构滤波器会得到图 8-7 的输出。

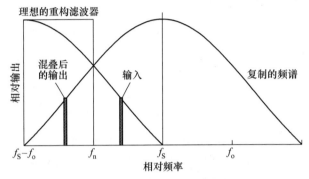

图 8-6 简化的混叠方法

注:输入频率 f_o 被复制为 $f_S - f_o$。

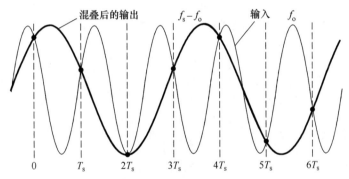

图 8-7 在理想重构后,一个欠采样正弦输入频率会变成一个较低的(混叠)频率

注:T_S 为采样间隔时间,圆圈代表采样数据。

8.2 凝视阵列的采样频率

在凝视阵列中,探测器在离散位置对场景进行水平方向和垂直方向采样。中心间距(像元间距)决定采样频率。如图 3-2 所示,水平采样频率为 $f = d_{CCH}/PAS_H$,垂直采样频率为 $f = d_{CCV}/PAS_V$。

图 8-8 说明两个不同线性填充因子的奈奎斯特频率。这一简化图形(探测器截止频率以上没有信号)说明混叠可能很小。注意,探测器响应是一个 sinc 函数,响应范围为 $-\infty \sim +\infty$ (图 5-13)。图 8-9 给出了总的混叠量。即便光学系统 MTF 能衰减较高的空间频率,使用理想重构滤波器还会出现混叠。图 8-10 是一个二维

频率图。数学表达式说明(图8-9和图8-10(c))混叠是一个严重问题。

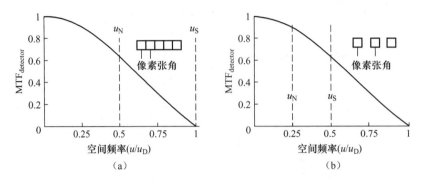

(a)   (b)

图8-8   中心间距不同的两个阵列的 $MTF_{detector}$

(a)$PAS_H = d_H$,代表一个(线性)100%填充因子的凝视阵列;

(b)一个有限填充因子(线性填充因子为50%或 $d_H / d_{CCH} = 0.5$)的凝视阵列。

注:假设 MTF_{optics} 为1。随着 PAS_H 提高,u_H 降低。两种情况下的探测器光敏面积是一样的。

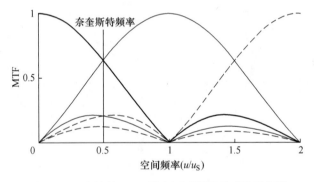

图8-9   一个线性100%填充因子凝视阵列的叠加谱

注:假设 MTF_{optics} 为1。参考式(8-3),粗线代表 $n=0$,细线代表

$n=-1$ 和 $n=1$,虚线代表 $n=-2$ 和 $n=2$。所有这种混叠都会使图像畸变。

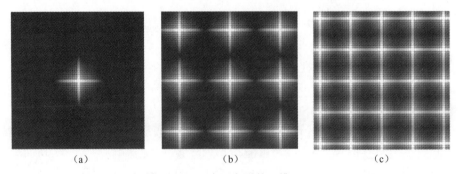

(a)   (b)   (c)

图8-10   一个正方形的二维MTF

(a)带宽受限的信号;(b)过采样的复制谱(图8-3(c));(c)欠采样造成的混叠复制谱(图8-9)。

8.3　重构

数字数据看不见,而且需要一个重构滤波器。通常,显示器就是那个重构滤波器。显示器可以是阴极射线管显示器[2]或者平板显示器。人眼也可以是一个重构滤波器,虽然它的 MTF 响应有限(在 8.9 节"能否看到采样点阵"中讨论)。如何用图形表达数字数据见 8.10 节"数字数据表达"中的描述。

式(8-5)描述输入信号立即被数字化的 MTF_{sys}。MTF_{pre} 代表探测器(采样器)以前的所有 MTF。MTF_{post} 代表探测器(采样器)后的所有 MTF。MTF_{pre} 和 MTF_{post} 的定义与当前的建模概念一致(表 8-1)。通常不包括人眼 MTF。

表 8-1　凝视阵列

MTF_{pre}	$\text{MTF}_{\text{environmental}}$、$\text{MTF}_{\text{optics}}$、$\text{MTF}_{\text{detector}}$
MTF_{post}	$\text{MTF}_{\text{image processing}}$、$\text{MTF}_{\text{FP}}$

仅考虑水平方向的正空间频率,形成的图像为

$$I(u) = \text{MTF}_{\text{post}}(u)\text{MTF}_{\text{pre}}(u)O(u) + \text{MTF}_{\text{post}}(u)\sum_{n=1}^{\infty}\text{MTF}_{\text{pre}}(nu_S \pm u)O(nu_S \pm u)$$

$$(8\text{-}6)$$

式中: $O(u)$ 为物(场景)的傅里叶变换; $I(u)$ 为最终显示的像的傅里叶变换。式中等号右边第一项只是被系统 MTF 修改过的物,第二项代表混叠的信号。

8.3.1　杂散响应

Schade[3]引入杂散响应概念是为了量化普通成像能容许的混叠量。他针对第一折叠频率($n=1$)将杂散响应(SR)定义为

$$\text{SR} = \frac{\int_0^{\infty}\text{MTF}_{\text{post}}(u)\text{MTF}_{\text{pre}}(u_S \pm u)O(u_S \pm u)\mathrm{d}u}{\int_0^{\infty}\text{MTF}_{\text{post}}(u)\text{MTF}_{\text{pre}}(u)O(u)\mathrm{d}u}$$

$$(8\text{-}7)$$

式(8-7)是式(8-6)的第二项除以第一项。为了简化 Schade 的方法,方便的做法是假设物体包含所有空间频率(白谱带)。这样,针对第一折叠频率($n=1$)的杂散响应为

$$\text{SR} = \frac{\int_0^{\infty}\text{MTF}_{\text{post}}(u)\text{MTF}_{\text{pre}}(u_S \pm u)\mathrm{d}u}{\int_0^{\infty}\text{MTF}_{\text{post}}(u)\text{MTF}_{\text{pre}}(u)\mathrm{d}u}$$

$$(8\text{-}8)$$

考虑两个限制性情况:① $\text{MTF}_{\text{optics}}=1$;②光学系统的截止频率是探测器截止频率的 1/2,也就是 $F\lambda/d=0$ 和 $F\lambda/d=2$。当 $F\lambda/d=2$ 时,奈奎斯特频率处的光学

系统 MTF=0,使用一个理想重构滤波器便不会出现混叠。但是,平板显示器并非理想的重构滤波器,允许有一些混叠。图 8-11 和图 8-12 是简化表达法:探测器 MTF 被限于截止频率 u_D ,图中只显示复制的第一个频率(式(8-6)中的 $n=1$)。重构的混叠信号分为带内区(0 ~ u_D)和带外区(u_D ~ ∞)。显然,杂散响应是 $F\lambda/d$ 的函数。随着杂散响应提高,会重复产生更多的混叠信号。这种数学方法并不能说明一个传感器对任何特定应用是否足够。

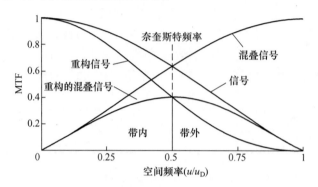

图 8-11   用平板显示器重构的混叠信号

注:参考式(8-9),原信号是 $\mathrm{MTF}_{\mathrm{detector}}(u)$,重构的信号是 $\mathrm{MTF}_{\mathrm{sys}}(u)$ 。
混叠信号是 $\mathrm{MTF}_{\mathrm{detector}}(u_S - u)$,重构的混叠信号是 $\mathrm{MTF}_{\mathrm{replicated}}(u)$ 。

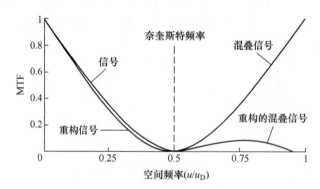

图 8-12   用平板显示器重构的混叠信号($u_0 = 0.5$)

注:在式(8-10)中,原信号是 $\mathrm{MTF}_{\mathrm{optics}}(u)\mathrm{MTF}_{\mathrm{detector}}(u)$,重构信号是 $\mathrm{MTF}_{\mathrm{sys}}(u)$ 。
混叠信号是 $\mathrm{MTF}_{\mathrm{optics}}(u_S - u)\mathrm{MTF}_{\mathrm{detector}}(u_S - u)$,重构的混叠信号是 $\mathrm{MTF}_{\mathrm{replicated}}(u)$ 。

第一种情况:

$$\mathrm{MTF}_{\mathrm{sys}}(u) = \mathrm{MTF}_{\mathrm{detector}}(u)\mathrm{MTF}_{\mathrm{FP}}(u)$$
$$\mathrm{MTF}_{\mathrm{replicated}}(u) = \mathrm{MTF}_{\mathrm{FP}}(u)\mathrm{MTF}_{\mathrm{detector}}(u_S - u)$$

(8-9)

第二种情况:

$$\mathrm{MTF}_{\mathrm{sys}}(u) = \mathrm{MTF}_{\mathrm{optics}}(u)\,\mathrm{MTF}_{\mathrm{detector}}(u)\,\mathrm{MTF}_{\mathrm{FP}}(u)$$

$$\mathrm{MTF}_{\mathrm{replicated}}(u) = \mathrm{MTF}_{\mathrm{FP}}(u)\,\mathrm{MTF}_{\mathrm{optics}}(u_{\mathrm{S}} - u)\,\mathrm{MTF}_{\mathrm{detector}}(u_{\mathrm{S}} - u) \tag{8-10}$$

低于奈奎斯特频率的复制频率被视作带内频率,高于奈奎斯特频率的被视作带外频率。为了说明问题,考虑一个简化方法,只用复制的第一个频率($n = 1$)一直积分到采样频率(图 8-13):

$$\mathrm{SR}_{\mathrm{in\ band}} = \frac{\int_{0}^{u_{\mathrm{N}}} \mathrm{MTF}_{\mathrm{post}}(u)\,\mathrm{MTF}_{\mathrm{pre}}(u_{\mathrm{S}} - u)\,\mathrm{d}u}{\int_{0}^{u_{\mathrm{S}}} \mathrm{MTF}_{\mathrm{post}}(u)\,\mathrm{MTF}_{\mathrm{pre}}(u)\,\mathrm{d}u} \tag{8-11}$$

$$\mathrm{SR}_{\mathrm{out\ of\ band}} = \frac{\int_{u_{\mathrm{N}}}^{u_{\mathrm{S}}} \mathrm{MTF}_{\mathrm{post}}(u)\,\mathrm{MTF}_{\mathrm{pre}}(u_{\mathrm{S}} - u)\,\mathrm{d}u}{\int_{0}^{u_{\mathrm{S}}} \mathrm{MTF}_{\mathrm{post}}(u)\,\mathrm{MTF}_{\mathrm{pre}}(u)\,\mathrm{d}u} \tag{8-12}$$

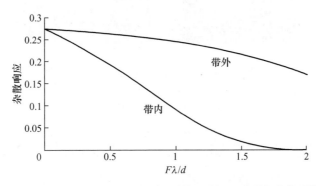

图 8-13　对一个包含光学系统、探测器和平板显示器的成像系统,
典型杂散响应是 $F\lambda/d$ 的函数。积分为从 0 到 u_{S}

表 8-2 列出了四种情形[4]。理想的光学抗混叠滤波器在 u_{N} 处有锐截止波长。重构滤波器是一个平板显示器或者一个在 u_{N} 处有锐截止波长的理想滤波器。成像如图 8-14 所示。理想图像没有杂散响应(图像4)。每个图像都取自理想图像,以便分离出带内和带外响应(表 8-3 和图 8-15)。每个图像的对比度都有改变,以便让看到的差异最大化。

表 8-2　各种成像条件

图像	理想的光学抗混叠滤波器	重构滤波器	带内混叠	带外混叠
1	否	平板显示器	是	是
2	是	平板显示器	否	是
3	否	理想显示器	是	否
4	是	理想显示器	否	否

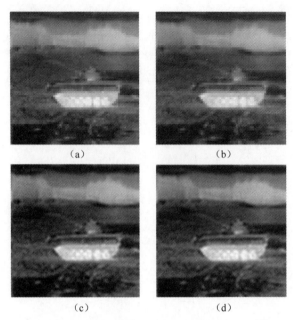

图 8-14　重物滤波器的成像(详情见表 8-2)[4]

(a)图像 1;(b)图像 2;(c)图像 3;(d)图像 4。

表 8-3　差　异

图像	差异	带内混叠	带外混叠
5	图像 4 和图像 1	是	是
6	图像 4 和图像 2	否	是
7	图像 4 和图像 3	是	否

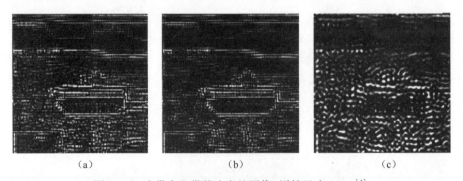

图 8-15　有带内和带外响应的图像(详情见表 8-3)[4]

(a)图像 5;(b)图像 6;(c)图像 7。

　　带外杂散响应只是复制了被探测器和平板显示器 MTF 修改过的原始信号,因而它看起来很像输入信号但相位对 LSI 系统不合适。相位误差会影响目标识别和辨清,美国夜视和电子传感器局(NVESD)已经通过实验验证了这一点。NVTherm Sept 2002 模型和 NVThermIP 模型计算带外杂散响应并用这个值缩短目标捕获距离。带内杂散响应看起来有点像噪声,会降低表观信噪比,但还不知道这个"噪声"是否影响识别和辨清任务,可能只影响探测任务。

探测器 MTF 在正、负值之间摇摆。负值代表相位反转,不清楚负值对整个像质有什么影响。同样也不清楚多个复制信号叠加是如何影响像质的。因此,NVESD 的平方根和(RSS)复制信号为

$$\text{SR}_{\text{out of band}} = \frac{\text{分子}}{\text{分母}} \tag{8-13}$$

$$\text{分子} = \int_{u_n}^{2.5u_S} \text{MTF}_{\text{post}}(u) \sqrt{\sum_{n=-2,-2,1,2} \text{MTF}_{\text{pre}}^2(nu_S \pm u)} \, du \tag{8-14}$$

$$\text{分母} = \int_0^{2.5u_S} \text{MTF}_{\text{post}}(u) \text{MTF}_{\text{pre}}(u) \, du$$

带外杂散响应的计算值限于 $2.5f_S$。尽管它是一个实用限制(在这个点上,重构滤波器的 MTF 几乎为零),但它也减少了计算的复杂性。

8.3.2 MTF"压缩"

考虑用一个点源照射探测器,探测器的输出馈送到平板显示器。尽管点光源包含高空间频率,而平板显示器的空间响应有限。在这个意义上,信号 MTF 被压缩到低空间频率。杂散响应与 MTF"压缩"有关。

科研人员曾经进行过大量的识别和辨清实验[5-8],评估过各种压缩因子。这些压缩因子的函数关系为

$$u_{\text{squeeze}} = (1 - a_1\text{SR})^b u \tag{8-15}$$

$$u_{\text{squeeze}} = (1 - a_2\text{SR}_{\text{out-of-band}})^b u \tag{8-16}$$

式中:a_1、a_2 为实验所得的常数;b 取 0.5 或 1。

但 NVTherm Sept 2002 模型的文件未能与最新的程序升级保持同步,该文件(不准确地)列出的"压缩"为

$$u_{\text{recognition}} = \sqrt{1 - 0.32\text{SR}_H} \sqrt{1 - 0.32\text{SR}_V} \, u \tag{8-17}$$

$$u_{\text{identification}} = \sqrt{1 - \text{SR}_{H-\text{out-of-band}}} \sqrt{1 - \text{SR}_{V-\text{out-of-band}}} \, u \tag{8-18}$$

NVTherm Sept 2002(修订版 7)按下式"压缩"水平 MTF 和垂直 MTF[7,9]:

$$u_2 = (1 - 0.58\text{SR}_{H-\text{out of band}})u_1 \tag{8-19}$$

$$v_2 = (1 - 0.58\text{SR}_{V-\text{out of band}})v_1$$

式中:水平带外杂散响应和垂直带外杂散响应分别由水平 MTF 和垂直 MTF 计算;下角 1 指压缩前的频率,下角 2 指压缩后的频率。MTF"压缩"(图 8-16)只适用于

识别和辨清任务,不适用于探测任务。

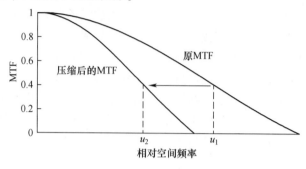

图 8-16   典型 MTF 压缩

注:$u_2 = (1 - 0.58\mathrm{SR}_{\mathrm{out-of-band}})u_1$。

8.3.3   分辨周期压缩

NVThermIP 和 NVIPM 模型采用了包含系统 MTF 的目标任务性能(TTP)量度。随着模型的发展,减少识别和辨清任务要求的分辨周期数[5]更加合理(在 20.5 节"NVThermIP/NVIPM"[①]中讨论)。要同时计算垂直方向和水平方向的带外响应:

$$N_{\mathrm{sample}} = N_{\mathrm{resolved}} \sqrt{1 - 0.58\mathrm{SR}_{\mathrm{H-out\,of\,band}}} \sqrt{1 - 0.58\mathrm{SR}_{\mathrm{V-out\,of\,band}}} \qquad (8-20)$$

8.4   微扫描

微扫描[10-15]能有效提高凝视阵列的采样频率,它可以在一个方向或者两个方向进行。微扫时,视线移动 1/PAS 的一个固定分数值(也称为亚像素移动)。微扫通过缩小有效中心间距提高采样速率。

虽然微扫可以提高图像保真度,但也有缺点,它增加了硬件复杂性。单个帧在内存里加在一起构成一个合成图像。显示器可能会限制最大微扫量。如果显示器只能显示 480 行,那么微扫只能产生 480 行。如果显示器能显示 1280×960 像素,则只能对 640×480 的探测器阵列进行微扫。另外,较便宜的 320×240 阵列能提供和 640×480 阵列[14]一样的性能。

通常,微扫通过一个移动反射镜(机械抖动)进行,该反射镜以固定的 1/PAS 的一部分移动视线。微扫有多种方式,如 2 点倾斜路径、4 点矩形路径等[15-16]。更高的采样速率(4×4、5×5 的微扫等)会不断提高图像质量,但提高的幅度会越来越小(图 8-17)。

图 8-17 说明光学系统 MTF$_{\mathrm{optics}}$高时像质的改善。随着 MTF$_{\mathrm{optics}}$相对探测器截止波长降低(见 15.4 节"$F\lambda/d$"),微扫的有效性降低(图 8-18)。也就是说,探测

---

① 译者注:原文为 20.4 节,有误,已改正。

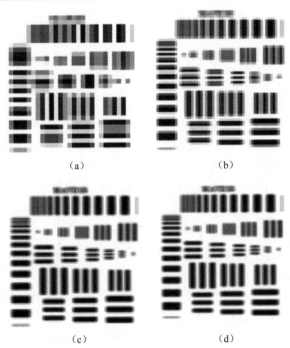

(a)　　　　　　　　(b)

(c)　　　　　　　　(d)

图 8-17　微扫改善了 100% 填充因子阵列的图像质量

（a）没进行微扫；（b）2×2 微扫；（c）3×3 微扫；（d）4×4 微扫。

注：在所关注频率处，光学系统 MTF = 1。整个场景有 32×32 个像元。

器受限系统能从微扫获益,但光学受限系统不会。

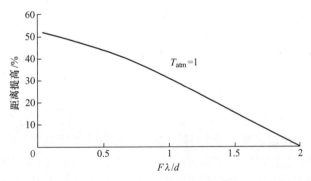

图 8-18　将奈奎斯特频率提高 2 倍时,近似距离提高与 $F\lambda/d$ 的函数关系[17]

　　如果探测器对全帧时间积分,那么它只能在每个位置以更短的积分时间凝视。如果步进凝视方案允许进行 4 级独立凝视,那么每个位置的积分时间不能超过无微扫时积分时间的 1/4。积分时间短会提高 NEDT(在 12.2 节"NEDT"[1]中讨论)。

① 译者注:原文为 12.5 节,有误,已改正。

如果微扫前的积分时间足够短[18],那么微扫也不会提高 NEDT。

8.5　超分辨率重构

用两种方式定义超分辨率[19]:

(1) 估算超过光学系统截止频率的系统 MTF,这个过程通常称为超分辨率恢复。对于波长较长的系统(如无源毫米波系统),衍射弥散圆(艾里斑)与像元尺寸相比变得很大,系统 MTF 是光学受限的。可以合理地提高光学系统截止频率以下的 MTF,但在 u_0 处有一个断点,该断点会引起吉布斯现象(目标边缘有环状伪影的振铃现象)。超过 u_0 的超分辨率恢复[20]需要用非线性算法和对场景有一些先验了解。超分辨率恢复也受系统噪声特性限制。

(2) 通过叠加多个帧提高有效采样频率,这个过程称为超分辨率重构。超分辨率重构依赖自然运动产生的微小失配帧(亚像素移位)[21-23]工作,它也被称为不受控制的微扫描。微扫使探测器受限系统得到的图像更清晰(具有“超分辨率”)。超分辨率重构将多个低分辨率图像组合成一个高分辨率图像。如果帧的移动量已知,就可以将多帧适当相加,从而提高采样速率。这个过程更加复杂,因为必须估算移动量,而且帧与帧之间的移动量可能有变化,导致空间采样位置不相等。

超分辨率重构法分为三大步骤:①从同一场景获取亚像素移动的图像序列;②估算图像间的亚像素移动量;③重构高分辨率图像。

由于在任何瞬间(与微扫描相比)目标相对阵列轴的位置都是未知的,因此在产生一个合成的“微扫”图像前必须分析许多帧。随着帧数增加,图像延迟会成为问题。目标形心(和边缘)以不可控的方式移动,要求像素插补以有序的方式正确地叠加各帧图像[15](在等间距像素处建立一个复合帧)。通常,获得高信噪比需要保证亚像素的移动得到精确定位。随着信噪比降低,超分辨率重构的效果变差。

不知道插入像素的位置(移动造成的),就无法准确模拟这些系统。一般来说,组合了 4~16 帧后就能看出图像有改善。组合的帧数越多,图像改善越多,但并不足以具备战术意义[24]。虽然超分辨率重构可以提高有效采样速率,但它对图像质量(感受到的分辨率)的影响还取决于显示器 MTF 和人眼 MTF。人眼在有限时间内积分,因此会将多帧混合在一起。与静态图像相比,存在自然运动(小幅运动)时,人眼感受到的分辨率会略高一些。

超分辨率重构与微扫描有相同的局限性,即像元数的增加。例如,如果 16 帧图像组合,获得的“高分辨率”图像在水平方向和垂直方向(4×4)都有 4 倍的像元,这样大数量的像元无法在传统显示器上显示,意味着只有一部分视场能显示出来,导致观测者看到的图像被放大。

　　野外实验表明,对探测器受限系统,超分辨率重构使目标辨清有显著提高。超分辨率重构是在软件中进行的,其他像质改善[21](如去模糊、边缘增强、降噪和局部区域处理)也在同一软件中进行。与微扫一样,在 $F\lambda/d$ 小时,超分辨率重构的效果最好(图 8-18)。

8.6　采样–场景调相

　　采样数据系统不是平移不变系统[4]。观察周期性目标(如测试靶)时,调相效应(图像相对探测器阵列的位置)很明显(图 8-19)。因此,当场景相对探测器阵列移动时会在边缘位置产生模糊,进而使图像变形。

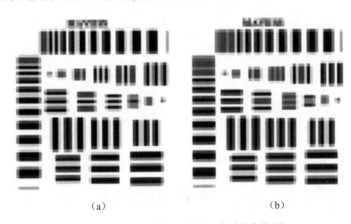

(a)　　　　　　　　　　　　　　　(b)

图 8-19　在平板显示器上看到的条靶图
注:图(a)与图(b)相同,但在水平和垂直方向都有移动。64×64 的探测器阵列,$F\lambda/d=0.2$。

　　采样点阵和目标位置之间的调相效应几乎在所有空间频率上都引起问题,这一效应称为采样–场景调相[27]。数据采样系统没有唯一的 MTF[27-32]。输出调制度是频率与相对采样点阵的输入位置的函数。一般来说,MTF 为[33]

$$\mathrm{MTF}_{\mathrm{phase}}(u) \approx \cos\left(\frac{2u}{u_{\mathrm{S}}}\theta\right) \tag{8-21}$$

式中:θ 为目标与采样点阵之间的相角。

　　例如,对 $u=u_{\mathrm{N}}$,MTF 在 $\theta=0$(同相)时最大,而在 $\theta=\pi/2$(异相)时最小。

　　为了近似调相的中值,设 $\theta=\pi/4$。这时,大约一半时间 MTF 较高,另一半时间 MTF 较低。中值采样 MTF 为

$$\mathrm{MTF}_{\mathrm{phase}}(u) = \cos\left(\frac{\pi}{2}\,\frac{u}{u_{\mathrm{S}}}\right) \tag{8-22}$$

在所有相位取均值时[34],MTF 变为

$$\text{MTF}_{\text{phase}}(u) = \text{sinc}\left(\pi \frac{u}{u_{\text{S}}}\right) \tag{8-23}$$

图 8-20 说明这两个公式之间的差异。由于是平均 MTF，可以认为两个公式大致相等。对于实验室测量，要调整目标相位以获得最大输出，$\text{MTF}_{\text{phase}} = 1$。

$\text{MTF}_{\text{phase}}$ 是杂散响应[4]产生的。如果 $\text{MTF}_{\text{phase}}$ 包含在 MTF_{sys} 中，说明响应是平均的。对一个特定正弦输入，其输出可能高于或低于 MTF_{sys} 代表的输出。

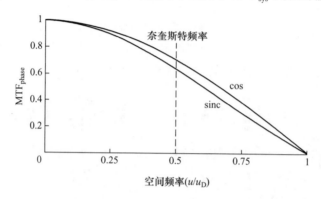

图 8-20　平均 MTF 和中值采样-场景调相 MTF

8.7　色彩滤波阵列

红、绿、蓝三色适当混合能得到完整的色域，因此显示器要求每个显示单元都有三种颜色。假设显示单元与像素之间有 1∶1 对应关系，阵列必须在每个像元位置也提供三种颜色（图 8-21（b））。3CCD 能提供三种颜色，但色彩滤波阵列（CFL）不能。

使用色彩滤波阵列时，通常"绿色"像元比"红色"或"蓝色"像元多（图 8-21（a））。因为绿色与亮度（照度）有关，只需少量的红色或蓝色就能形成全色。探测器制造商一般会提供在每个像元位置重构颜色所需要的算法。

"彩色"像元的数量不等会导致采样不相等（图 8-21（c））。采样不等会导致色彩交叉混合。如果一个点源通过探测器阵列，其输出会是绿色、蓝色，然后是红色（取决于色彩滤波阵列的排列）。为了避免色彩交叉混合，可以在阵列前放一个双折射晶体（也称为模糊滤波片或抗混叠滤波片，见 2.5 节"可见光系统探测器"）。这种滤波片会降低空间分辨率。与同等 3CCD 阵列相比，色彩滤波阵列的空间分辨率明显较低。不同颜色的奈奎斯特频率不同，用光学低通滤波器能将其中的差异降至最小。关于近似 MTF 的讨论见 5.2.3 节"可见光彩色相机"。

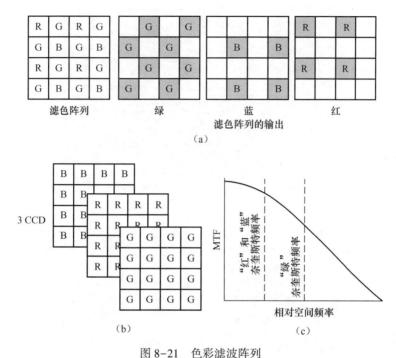

（a）

（b）　　　　　　　　　（c）

图 8-21　色彩滤波阵列

（a）左侧为色彩滤波阵列，右侧为单色像素；（b）3CCD 阵列在每个像素
位置都有红、绿、蓝三色；（c）三种色彩滤波阵列颜色的奈奎斯特频率。

8.8　采样伪像

在观察周期性图像时，欠采样的效果是很明显的，但观察非周期性图像时，目标边缘的位置却不确定（图 8-19），最多时会偏离正确位置一个像元的间距。除非多个边缘靠地很近（周期性图形），否则这些效果往往被忽视。真实世界通常是非周期性的，因而在实际成像中很少看到莫尔结构。采样伪像会影响看到小细节（几个像素以下）的能力。边缘位置模糊有一个像素的宽度。

欠采样会产生莫尔条纹（图 8-22），使对角线呈锯齿状。在观察复杂场景时，混叠并不总是很明显，因此在实际系统使用期间很少报告它，虽然它始终存在。但在观察周期性目标（如栅栏、犁过的地和铁轨等）时，混叠会很明显，这时目标的周期性一定接近其投影阵列的采样频率，否则混叠就不会很明显。混叠是否严重取决于任务。照片判读者靠混叠辨认火车铁轨。在场景中有周期性图形的区域，混叠效果最明显。Legault[35] 在找到一个混叠图例（一片犁过的地）之前，查看过 109 张航拍图像。采样伪像则随处可见（图 8-23）。

方波是常用的测试靶。扩展成傅里叶级数后，方波便由无数个频率组成。虽

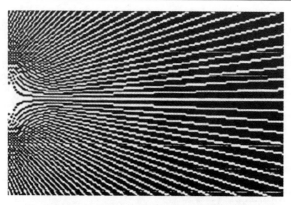

图 8-22　周期性图形会产生莫尔条纹

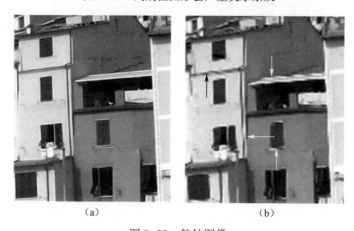

(a)　　　　　　　　　　　　　(b)

图 8-23　航拍图像

(a)原图;(b)用低分辨率相机拍摄的图像。

注:每个图像都是 210×245(H×V)像素。箭头指向最明显的采样伪像。仔细查看还会发现其他多处伪像。

然方波的基频可能低于奈奎斯特频率,但高次谐波不会(图 8-24)。混叠使周期性测试图变形,例如 MRT 四条靶看上去可能像一团或者变形的 1 条靶、2 条靶或 3 条靶图形(图 8-19)。虽然采样在探测器阵列上进行,但信号信息受光学系统的带宽限制。

采样理论说明需要一个锐截止重构滤波器,这种滤波器会在图像(图 8-25)上产生振铃(吉布斯现象)。一个域有截断会在另一个域造成振铃。注意,平板显示器并非理想滤波器。如果需要理想滤波器,它只能靠软件(图像处理)产生。

理想的抗混叠滤波器能滤除高于奈奎斯特频率的所有频率成分。它必须插在采样器(探测器)之前。它可以是一个双折射晶体或一个全息板。用于目标探测时,有混叠频率比没有频率好(如可能丢失目标细节),此时抗混叠滤波器的害处可能大于好处。

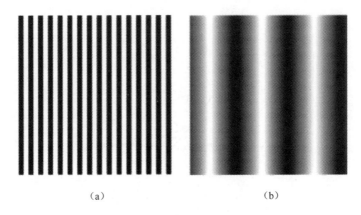

（a） （b）

图 8-24 方波和重构的图像

(a)输入的方波;(b)采样后重构的图像。

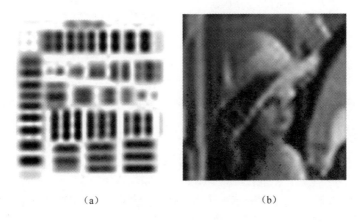

（a） （b）

图 8-25 锐截止重构滤波器会在图像上造成振铃效果

8.9 能否看到采样点阵

如果在采样频率处(图 5-21) MTF_{eye} 有一个有效值,采样点阵是能看到的(图 8-26),也就是说,观察者能看到单个显示单元。在长距离(低放大倍率)处,眼睛像另一个重构滤波器。理想情况下,在显示器奈奎斯特频率处 MTF_{eye} 应该比较高,这时的图像会有或明或暗的强度分布; MTF_{eye} 在采样频率处比较低。

在典型观察距离,计算机显示器的显示单元是可以看到的,但不是很明显,因为字母数字符号通常由 5×7 个以上的显示单元组成,一旦意识到这一点,就会发现一条略有斜度的直线都会有明显的锯齿(图 8-27)。

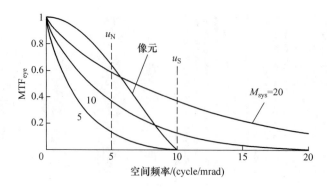

图 8-26　典型 MTF_{eye} 和 $\text{MTF}_{\text{detector}}$

注：DAS = 0.1mrad。观测者离显示器越近（放大倍率越高，$\text{MTF}_{\text{eye}} > 5$），采样点阵越明显。

图 8-27　在平板显示器上很容易看出锯齿

注：在 Excel 里画一条斜线，用 Alt+Print Screen 键移到 Word 里后放大。由于有 Microsoft 内部软件，打印出来的图像像一条平滑直线。即便在显示器上看得很清楚，要建立有平滑直线的图像都是非常难的。

8.10　数字数据表达

虽然分析人员一直在讨论频域方法，但他们总是试图用图形表达结果。对不熟悉频域分析的人而言，图形表达更直观。

表达数字数据的任何方法都包含着一个重构滤波器。纸上的墨水点、打印机、CRT、LED、平板显示器和铅笔线的宽度都是重构滤波器。N 阶滤波的响应为

$$\text{MTF}_{\text{Nth-order}}(f) = \left| \text{sinc}\left(\pi \frac{f}{f_{\text{S}}}\right) \right|^{N+1} \qquad (8-24)$$

式中：f_{S} 为数字输出的采样频率。

零阶（$N=0$）滤波是简单的采样保持函数，是粗略绘图最常用的函数（图 8-28(b)），它与平板显示器的输出相同，因而画出的图是平板显示器输出的放大版。一阶（$N=1$）滤波是"将点连接起来"。一阶滤波方法对粗略绘图是合理的，但不能代表当前显示器的输出。重构信号的形状取决于采样点阵与目标位置（调相效应）之间的关系以及所用的重构滤波器。

通过图形估计探测器的输出非常困难。图 8-29 是 $\text{MTF}_{\text{optics}} = 1$ 时对一个探测器阵列的方波输入。在输入频率等于阵列的奈奎斯特频率时，很容易估计输出。

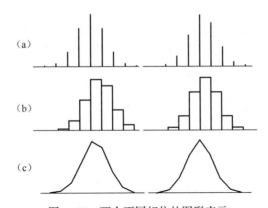

图 8-28　两个不同相位的图形表示

(a)用直线表达数字数据;(b)零阶($N=0$)重构;(c)一阶($N=1$)重构。

图 8-29(b)的输入与探测器轴线完美对齐。如果相位改变,每个探测器的输出都会变(同样很容易估计探测器的输出)。随着频率变化(图 8-29(c)),要估计探测器的输出就很难了。添加光学弥散圆的情况也很难用图形表达。对输入进行傅里叶变换要容易得多,只需要将所有 MTF 相乘,再进行傅里叶逆变换即可(图 4-3)。

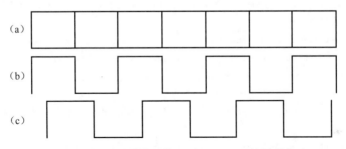

图 8-29　探测器受限系统($\text{MTF}_{\text{optics}} = 1$)的图形表达

(a)探测器;(b)基频为 u_N 的方波目标;(c)基频大于 u_N 的方波目标。

参 考 文 献

[1] Sampling theory can be found in numerous texts. See for example, Sampling, Aliasing, and Data Fidelity, G. C. Holst, JCD Publishing, Winter Park, FL 32709 (1998).

[2] G. C. Holst, Electro-Optical Imaging System Performance, 5th edition, Section 6.3, JCD Publishing Company, Winter Park, FL (2008).

[3] O. H. Schade, Sr. , "Image reproduction by a line raster process," in Perception of Displayed Information, L. C. Biberman, ed. , pp. 233-278, Plenum Press, New York (1973).

[4] G. C. Holst, "What causes sampling artifacts?" in Infrared Imaging Systems: Design, Analysis, Modeling, and

Testing XIX. G. C. Holst, ed. , SPIE Proceedings Vol. 6941 paper 694102 (2008).

[5] N. Devitt, R. G. Driggers, R. Vollmerhausen, S. Moyer, K. Krapels, and J. O'Connor, "Target recognition performance as a function of sampling," in Infrared Imaging Systems: Design, Analysis, Modeling and Testing XII, G. C. Holst, ed. , SPIE Proceedings Vol. 4372, pp. 74-84 (2001).

[6] S. Moyer, R. G. Driggers, R. Vollmerhausen, K. Krapels, "Target identification performance as a function of spurious response: aliasing with respect to the half-sample rate," in Infrared Imaging Systems: Design, Analysis, Modeling and Testing XII, G. C. Holst, ed. , SPIE Proceedings Vol. 4372, pp. 51-61 (2001).

[7] N. Devitt, R. Driggers, R. H. Vollmerhausen, and T. Maurer, "Impact of display artifacts on target identification," in Infrared Imaging Systems: Design, Analysis, Modeling and Testing XIII, G. C. Holst, ed. , SPIE Proceedings Vol. 4719 pp. 24-33 (2002).

[8] Night Vision Thermal Imaging Systems Performance Model, User's Manual and Reference Guide, Rev 7, U. S. Army Night Vision and Electronics Sensors Directorate, Ft Belvoir VA, September 2002.

[9] Private communication with R. H. Vollmerhausen, NVESD.

[10] D. J. Bradley and P. N. J. Dennis, "Sampling effects in CdHgTe focal plane arrays," in Infrared Technology and Applications, A. Baker and P. Masson, eds. , SPIE Proc. Vol. 590, pp. 53-60 (1985).

[11] R. J. Dann, S. R. Carpenter, C. Seamer, P. N. J. Dennis, and D. J. Bradley, "Sampling effects in CdHgTe focal plane arrays-practical results," in Infrared Technology XII, I. J. Spiro and J. Mollicone, eds. , SPIE Proceedings Vol. 685, pp. 123-128 (1986).

[12] E. A. Watson, R. A. Muse, and F. P. Blommel, "Aliasing and blurring in microscanned imagery," in Infrared Imaging Systems: Design, Analysis, Modeling, and Testing III, G. C. Holst, ed. , SPIE Proceedings Vol. 1689, pp. 242-250 (1992).

[13] F. P. Blommel, P. N. J. Dennis, and D. J. Bradley, "The effects of microscan operation on staring infrared sensor imagery," in Infrared Technology XVII, B. F. Andresen, M. S. Scholl, and J. Spiro, eds. , SPIE Proceedings Vol. 1540, pp. 653-664 (1991).

[14] J. L. Miller and J. Wiltse, "Benefits of microscan for staring infrared imagers," in Infrared Imaging Systems: Design, Analysis, Modeling, and Testing XV, G. C. Holst, ed. , SPIE Proceedings Vol. 5407, pp. 127-138 (2004).

[15] R. H. Vollmerhausen and R. G. Driggers, Analysis of Sampled Imaging Systems, SPIE Tutorial Text TT39, pp. 111-138, Bellingham, WA (2000).

[16] K. Krapels, R. Driggers, R. Vollmerhausen, and C. Halford, "Performance comparison of rectangular (four-point) and diagonal (two-point) dither in undersampled infrared focal plane array imagers," Applied Optics, vol. 40(1), pp. 71-84 (2001).

[17] G. C. Holst, E. Cloud, H. Lee, T. Pace, D. Manville, and J. Puritz, "Super-resolution reconstruction and local area processing," in Infrared Imaging Systems: Design, Analysis, Modeling, and Testing XVIII, G. C. Holst, ed. , SPIE Proceedings Vol. 6543, paper 65430E (2007).

[18] A. Friedenberg, "Microscan in infrared staring systems," Optical Engineering, vol. 36(6), pp. 1745-1749 (1997).

[19] R. G. Driggers, K. Krapels, and S. S. Young, "The meaning of super-resolution," in Infrared Imaging Systems: Design, Analysis, Modeling and Testing XVI, G. C. Holst, ed. , SPIE Proceedings Vol. 5784, pp. 103-106 (2005).

[20] A. H. Lettington, M. R. Yallop, and D. Dunn, "Review of super-resolution techniques for passive millimeter-wave imaging," in Infrared and Passive Millimeter-wave Imaging Systems: Design, Analysis, Modeling and

Testing, R. Appleby, G. C. Holst, and D. A. Wikner, eds. , SPIE Proceedings Vol. 4719, pp. 230-239 (2002).

[21] R. G. Driggers, K. Krapels, S. Murrill, S. Young, M. Thielke, and J. Schuler, "Super-resolution perform-ance for undersampled imagers," Optical Engineering, Vol. 44(1), paper 014002 (2005).

[22] J. M Schuler, J. G. Howard, P. Warren, and D. Scribner, "TARID-based image superresolution," in Infrared and Passive Millimeter-wave Imaging Systems: Design, Analysis, Modeling and Testing, R. Appleby, G. C. Holst, and D. A. Wikner, eds. , SPIE Proceedings Vol. 4719, pp. 247-254 (2002).

[23] S. S. Young and R. G. Driggers, "Super-resolution image reconstruction from a sequence of aliased imagery," Applied Optics, Vol. 45(21) pp 5073-5085 (2006).

[24] S. S. Young, R. Sims, K. Kraples, J Waterman, L. Smith, E. Jacobs, T. Corbin, L. Larsen, and R. G. Driggers "Applications of super-resolution and deblurring to practical sensors," in Infrared Imaging Systems: Design, Analysis, Modeling and Testing XIX, SPIE Proc. Vol. 6941, paper 69411E (2008).

[25] J. Fanning, J. Miller, J. Park, G. Tener, J. Reynolds, P. O'Shea, C. Halford, and R. Driggers, "IR sys-tem field performance with superresolution," in Infrared Imaging Systems: Design, Analysis, Modeling and Testing XVIII, G. C. Holst, ed. , SPIE Proceedings Vol. 6543, paper 6543OZ (2007).

[26] J. Cha and E. Jacobs, "Super resolution reconstruction and its impact on sensor performance," in Infrared Im-aging Systems: Design, Analysis, Modeling and Testing XVI, G. C. Holst, ed. , SPIE Proceedings Vol. 5784, pp. 107-113 (2005).

[27] S. K. Park and R. A. Schowengerdt, "Image sampling, reconstruction and the effect of sample-scene pha-sing," Applied Optics, Vol. 21(17), pp. 3142-3151 (1982).

[28] S. E. Reichenbach, S. K. Park, and R. Narayanswamy, "Characterizing digital image acquisition devices," Optical Engineering, Vol. 30(2), pp. 170-177 (1991).

[29] W. Wittenstein, J. C. Fontanella, A. R. Newberry, and J. Baars, "The definition of the OTF and the meas-urement of aliasing for sampled imaging systems," Optica Acta, Vol. 29(1), pp. 41-50 (1982).

[30] J. C. Felz, "Development of the modulation transfer function and contrast transfer function for discrete systems, particularly charge coupled devices," Optical Engineering, Vol. 29(8), pp. 893-904 (1990).

[31] S. K. Park, R. A. Schowengerdt, and M. Kaczynski, "Modulation transfer function analysis for sampled image systems," Applied Optics, Vol. 23(15), pp. 2572-2582 (1984).

[32] L. deLuca and G. Cardone, "Modulation transfer function cascade model for a sampled IR imaging system," Applied Optics, Vol. 30(13), pp. 1659-1664 (1991).

[33] F. A. Rosell, "Effects of image sampling," in The Fundamentals of Thermal Imaging Systems, F. Rosell and G. Harvey, eds. , pg. 217, NRL Report 8311, Naval Research Laboratory, Wash D. C. (1979).

[34] O. Hadar, A. Dogariu, and G. D. Boreman, "Angular dependence of sampling modulation transfer function," Applied Optics Vol. 3628, pp. 7210-7216 (1997).

[35] R. Legault, "The aliasing problems in two-dimensional sampled imagery," in Perception of Displayed Informa-tion, L. C. Biberman, ed. , pp. 292-295, Plenum Press, New York (1973).

第9章

图像处理

图像处理算法有很多种,每种算法都有自己的优点。目前最常用的有直方图等效、拉伸、局部区域对比度增强(LACE)或局部区域处理(LAP)、高通滤波(边缘增强)、电子变倍、视频压缩和场景基非均匀性校正。只有个别算法可以在频域用数学解析式描述,这些算法很容易用在端对端系统性能模型中。

数字信号内插与重构很不相同(在 8.3 节"重构"中已描述)。内插能预测新空间位置的数字振幅,重构是将数字信号转换成模拟信号,这两者很容易混淆,因为它们使用的公式和术语一样。理想的重构滤波器和理想的内插器在低于奈奎斯特频率时响应为 1,在高于奈奎斯特频率时响应都为 0,但两种方法的目的很不相同。

9.1 z 变换

z 变换给出数字信号处理算法的频率响应,令 $x(n)$ 表示 n 处的一个数据单元。虽然数据阵列存储在计算机存储区(n 为离散数),但用户按离散的时间间隔或离散的空间位置分配存储单元。假设从像素到数据单元的对应关系为 1:1(N_H 个或 N_V 个像元),并假设数字算法是一维的。z 域的数据单元表示为

$$X(z) = \sum_{n=0}^{N_H \text{或} N_V} x(n) z^{-n} \tag{9-1}$$

式中:z 为复数。

用权重 a_n 乘以每个数据单元得到输出值,即

$$Y(z) = \sum_{n=0}^{N_H \text{或} N_V} a_n x(n) z^{-n} \tag{9-2}$$

比值 $Y(z)/X(z)$ 是滤波器响应 $H(z)$。代入 $z = e^{j\omega}$ 得到频率响应 $H(\omega) = H(2\pi f)$。虚部代表相位。线性相位意味着显示的目标处在与系统视线略有不同的位置。这个移动对观察者是明显的。用 1:1 对应关系,水平方向或垂直方向的数据采样频率 f_s 分别为 $1/\text{PAS}_H$ 或 $1/\text{PAS}_V$,频率为 u 或 v。仅考虑一维可分离滤波器。最基本的系统水平响应为

$$\mathrm{MTF}_{\mathrm{sys}}(u) = \mathrm{MTF}_{\mathrm{optics}}(u)\,\mathrm{MTF}_{\mathrm{detector}}(u)\,H(u)\,\mathrm{MTF}_{\mathrm{FP}}(u) \tag{9-3}$$

式中：$H(u)$ 为数字滤波器。

9.2　数字滤波器

数字滤波器可以提供各种通带以改变数字数据的频率特征。它们的响应在采样频率的谐波(f_{S}、$2f_{\mathrm{S}}$、$3f_{\mathrm{S}}$，$\cdots$)上重复，且相对奈奎斯特频率对称(图 9-1)。

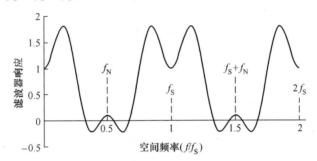

图 9-1　数字滤波器的频率响应

注：响应大于 1 是可能的。负的滤波器响应表示相位变化了 πrad。

有无限脉冲响应(IIR)和有限脉冲响应(FIR)两类数字滤波器[1]，二者各有优缺点：FIR 具有线性相移，而 IIR 没有。IIR 滤波器具有极佳的幅度响应，而 FIR 滤波器的波纹特性更好。FIR 滤波器具有对称性，其权重围绕中心采样对称，它们也容易在硬件和/或软件中实现。

图 9-2 和图 9-3 说明两个 FIR 滤波器。它们在相邻数据单元工作时，中心数据点被数字滤波系数之和代替，随后滤波器移动一个数据单元位置，这个过程重复进行，直到整组数据均被处理过为止。为了数学计算方便，图 9-3 的输出位于输入的中央，表示一个 1/2 数据单元的空间相移(图像移动)。不能把这个相移与内插相混淆。式(9-8)和式(9-9)这两个频率响应公式仅在有足够采样来执行算法时才有效。图 9-3 说明的滤波器要求有 4 个输入后才能得到一个有效输出，边缘不能被滤波。

$$Y_n = \frac{a_1}{2}x_{n-1} + a_0 + \frac{a_1}{2}x_{n+1} \tag{9-4}$$

式中：n 为数据单元的位置(数据阵列下标)。

z 变换得到

$$Y(z) = \left(\frac{a_1}{2}z^{-1} + a_0 + \frac{a_1}{2}z^1\right)X(z) \tag{9-5}$$

FIR 滤波器的乘法因子(权重)围绕中心采样对称，数学上可以用余弦级数来

表示（有时也称为余弦滤波器）。关于权重不等的滤波器参见文献［2］。图9-2所示算法的空间输出为

代入 $z = \mathrm{e}^{-\mathrm{j}\omega_n}$ 并使用尤拉公式，滤波器响应为

$$H(\mathrm{j}\omega_n) = \frac{X(\mathrm{j}\omega)}{Y(\mathrm{j}\omega)} = a_0 + a_1 \cos\omega_n \tag{9-6}$$

或

$$H_{3-\mathrm{tap}}(f) = a_0 + a_1 \cos\left(\frac{2\pi f}{f_\mathrm{S}}\right) \tag{9-7}$$

一般来说，N 分支奇数滤波器（图9-2）的频率响应为

$$H_{N-\mathrm{tap\ odd}}(f) = \sum_{k=0}^{\frac{N-1}{2}} a_k \cos\left(\frac{2\pi k f}{f_\mathrm{S}}\right) \tag{9-8}$$

N 分支偶数滤波器（图9-3）的频率响应为

$$H_{N-\mathrm{tap\ even}}(f) = \sum_{k=0}^{\frac{N}{2}} a_k \cos\left(\frac{\pi(2k-1)f}{f_\mathrm{S}}\right) \tag{9-9}$$

系数之和 $\sum a_k = 1$，这样在 $f = 0$ 处响应为1。由于滤波器响应是关于 f_N 对称的，$\mathrm{MTF}(nf_\mathrm{N}) = 1$。实际的数字电路响应可能由于数字舍位问题而偏离理论响应值。系统分析人员必须与数字电路设计人员协商，确保电路得到准确模拟。

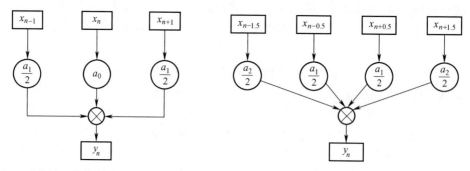

图9-2 对称的3分支（奇数采样）数字滤波器   图9-3 对称的4分支（偶数采样）数字滤波器

9.2.1 反锐化滤波器

3分支反锐化滤波器（升压滤波器）被视作两个可分离的一维滤波器，其系数为

$$a_0 = \frac{3 - a_{\mathrm{un}}}{3(1 - a_{\mathrm{un}})}, \quad \frac{a_2}{2} = \frac{a_{\mathrm{un}}}{3(1 - a_{\mathrm{un}})} \tag{9-10}$$

式中：a_{un} 为控制峰值的反锐化变量（$0 \leqslant a_{\mathrm{un}} \leqslant 1$）。

由于是对称滤波器,因此其响应(图 9-4)为

$$H_{unsharp}(f) = \frac{3 - a_{un}\left[1 + 2\cos\left(\dfrac{2\pi f}{f_S}\right)\right]}{3(1 - a_{un})} \qquad (9\text{-}11)$$

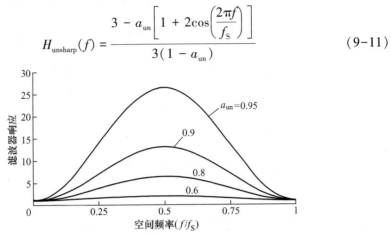

图 9-4　3 分支反锐化滤波器对各种峰值的响应

最大响应出现在奈奎斯特频率,即

$$H_{unsharp-max}(f_N) = \frac{3 + a_{un}}{3(1 - a_{un})} \qquad (9\text{-}12)$$

升压法的优势对低信噪比成像不明显。没有野外数据也没有实验室数据可以证明升压能提高探测、识别或辨清距离。升压在提高信号的同时也会增加噪声和混叠信号。

与 8.3 节"重构"[①]中的方法类似,考虑两个限制性情况:第一,$MTF_{optics} = 1$;第二,光学系统的截止波长等于探测器截止波长的 1/2。即 $F\lambda/d = 0$ 和 $F\lambda/d = 2$,给式(9-6)和式(9-7)[②]增加升压处理后得到图 9-5 和图 9-6[③]。升压提高了重构信

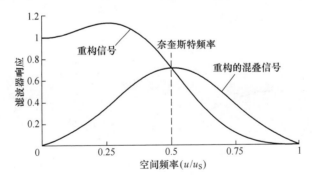

图 9-5　$a = 0.4$ 时的滤波器响应(对比图 8-11)

注:升压峰值为 1.89,$MTF_{optics} = 1$,$F\lambda/d = 0$。

---

① 译者注:原文为 8.4 节,有误,已改正。

② 译者注:原文为式(8-6)和式(8-7),有误,已改正。

③ 译者注:原文为图 9-4 和 9-5,有误,已改正。

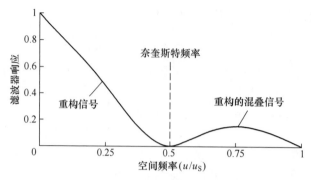

图 9-6 $a = 0.4$ 时的滤波器响应(对比图 8-12)
注:升压峰值为 1. 89, $u_0 = 0.5$, $F\lambda/d = 2$。

号,也大大提高了重构的混叠信号和噪声(没有画出)。能容忍的噪声取决于观察者(在 9.7 节"图像增强"中进一步讨论)。

9.2.2 均值滤波器

使用均值滤波器时,所有乘子都是相等的。一般来说,均值滤波器的响应为[3]

$$H_{2-\text{average}}(f) = \frac{\text{sinc}\left(\pi \, N_{\text{ave}} \, \dfrac{f}{f_S}\right)}{\text{sinc}\left(\pi \, \dfrac{f}{f_S}\right)} = \frac{\text{sinc}\left(\pi \, N_{\text{ave}} \, \dfrac{f}{f_S}\right)}{N_{\text{ave}} \sin\left(\pi \, \dfrac{f}{f_S}\right)} \tag{9-13}$$

例如,将两个样本平均:

$$H_{2-\text{average}}(f) = \cos\left(\frac{\pi f}{f_S}\right) \tag{9-14}$$

将三个样本平均(图 9-7):

$$H_{3-\text{average}}(f) = \frac{1}{3} + \frac{2}{3}\cos\left(\frac{2\pi f}{f_S}\right) \tag{9-15}$$

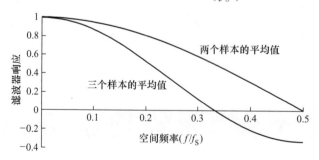

图 9-7   均值滤波器的响应

转换到水平物空间 $,f=u,f_{S}=1/\text{PAS}_{H}$:

$$\text{MTF}_{\text{detector}}(u)\text{MTF}_{\text{average}}(u)=\text{sinc}(\pi\alpha_{\text{DH}}u)\frac{\text{sinc}(\pi N_{\text{ave}}\text{PAS}_{H}u)}{\text{sinc}(\pi\text{PAS}_{H}u)} \qquad (9\text{-}16)$$

对于 100% 填充因子阵列 $,\text{PAS}_{H}=\alpha_{\text{DH}}$:

$$\text{MTF}_{\text{detector}}(u)\text{MTF}_{\text{average}}(u)=\text{sinc}(\pi N_{\text{ave}}\alpha_{\text{DH}}u) \qquad (9\text{-}17)$$

等效地,平均响应等于对向角为 $\alpha_{D}N_{\text{ave}}$ 的像元的 MTF(像素合并的定义)。

9.3　插值(电子变焦)

系统性能有时候会受显示器上的图像视差角限制(人眼受限的)。当显示器太小且观察距离固定或观察距离太远时,会发生这种情况。如果待观察细节太小,观测者通常会向显示器方向移动。如果观测者不能移动(如被安全带束缚在座椅上的飞行员),则可用变焦系统放大图像。向显示器移动是一个连续过程,观测者可以在移动时选择一个合适的观察距离,而电子变焦通常取离散值(如 2 倍、3 倍、4 倍等)。电子变焦不提高分辨率。如果系统是人眼受限的,会让性能有些改善。

正如在 5.4 节"人眼 MTF"[①]中讨论的,系统放大倍率是观测者在距离 R_{view} 处观察平板显示器的对应张角与探测器 PAS 的比率:

$$M_{\text{sys}}E_{\text{zoom}}=\frac{d_{\text{CCH-FP}}}{R_{\text{view}}}\frac{1}{\text{PAS}}E_{\text{zoom}} \qquad (9\text{-}18)$$

提高 M_{sys} 能提供更多的场景细节,但 E_{zoom} 不能。E_{zoom} 等于向显示器移得更近(缩短 R_{view})。

电子变焦要求进行插值,将现有数据单元移动到新的位置。例如,进行 2 倍插值时,数据将处在 $n=1$,3,$\cdots$ 位置,而 $n=0,2$,4,$\cdots$ 位置的数据单元被设为零(图 9-8)。插值算法估算出位置为 0 处的值。如果 f_{H} 是插值前信号的最高频率,则插值后的最高频率仍然为 f_{H}。如果原数据组有 N 个数据点且 $E_{\text{zoom}}=m$,则新数据组会有 mN 个数据单元。如果 N 与平板显示器的显示单元数相等,那么只能显示出 N 个插值数据组的值。也就是说,只能显示出一部分插入值。显示的视场为 FOV$/m$。由于所有计算都在物空间进行,因而所有 MTF(除插值器响应函数之外)都保持一样,MTF_{eye} 向更高频率移动,见式(5-38)和图 5-22。

9.3.1　理想插值器

理想插值器在奈奎斯特频率的振幅为 1,此后为零(一个 rect 函数)。rect 函数和 sinc 函数是傅里叶变换对。为了避免下标混淆,给出的滤波器响应是一个理想的时间内插器:

---

① 译者注:原文为 5.5 节,有误,已改正。

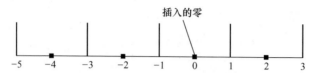

图 9-8　2 倍插值(插值算法估算出位置为 0 处的值)

$$v'_{\text{sample}}(kt_{S2}) = \sum_{n=-\infty}^{\infty} v_{\text{sample}}(nt_{S1}) \operatorname{sinc}\left(\frac{t_{S1} - kt_{S2}}{t_{S1}}\right) \tag{9-19}$$

sinc 函数为原信号提供多个乘子,从而获得新的数据集。图 9-9 说明 2 倍插值。评估式(9-19)是不可能的,因为它需要无数个数据点(从 $-\infty$ 到 ∞ 求和),也就是说,理想滤波器是无法实现的。

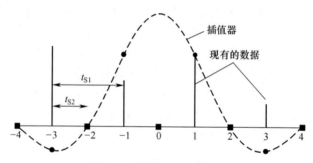

图 9-9　理想的 sinc 插值器

注: $t_{S2} = t_{S1}/2$ ($m=2$)。插值器提供多个乘子(圆圈),从而在每个零值处产生新的数据单元。
随后 sinc 函数的中心移动 t_{S2} (下一个下标位置)。除 sinc 函数中心点(值=1)是原始数据单元值外,
所有乘子都为零。sinc 函数再次移动 t_{S2} 并继续这个过程。因为是一个奇函数,下标与图 9-2 的值对应。

9.3.2　Lanczos 插值器

Lanczos 插值滤波器是一个加窗 sinc 函数,似乎是理想滤波器的良好近似。理想滤波器(sinc 函数)是另一个加窗 sinc 函数。在一维中(图 9-10):

$$L(x) = \begin{cases} \operatorname{sinc}(\pi x)\operatorname{sinc}\left(\pi \dfrac{x}{a}\right), & -a < x < a \\ 0, & \text{其他} \end{cases} \tag{9-20}$$

使用式(9-7)和式(9-8),对 $a=2$ 和 $a=3$,滤波器响应(图 9-11)为

$$H_{\text{L},a=2}(f) \approx 0.4953 + 0.5678\cos\left(\pi\frac{f}{f_S}\right) - 0.0631\cos\left(3\pi\frac{f}{f_S}\right) \tag{9-21}$$

$$H_{\text{L},a=3}(f) \approx 0.5263 + 0.5903\cos\left(\pi\frac{f}{f_S}\right) - 0.1422\cos\left(3\pi\frac{f}{f_S}\right) +$$

$$0.0256\cos\left(5\pi\frac{f}{f_S}\right) \tag{9-22}$$

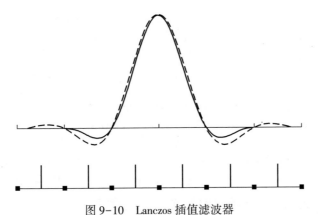

图 9-10 Lanczos 插值滤波器

注:$a=2$(实线) 和 $a=3$(虚线)。方块标记为插值数据组($m=2$)。

垂直线是原数据组。Lanczos 滤波器提供的乘子见图 9-9。

据报道,Lanczos 插值滤波器用在各种软件程序中,如 FastStone、Image Viewer、Mplayer、Lightware、Panarama Tools 和 Picasa。

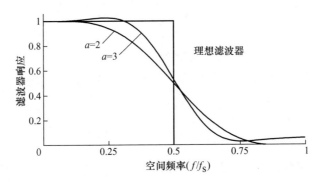

图 9-11   Lanczos 插值器响应与理想滤波器响应的比较

注:随着 a 提高,Lanczos 滤波器的响应接近理想滤波器的。Lanczos 滤波器响应对乘子值很敏感。

9.3.3 像素复制

最简单的电子变焦是在水平方向和垂直方向相等地复制像素(图 9-12)。当用 2 倍变焦时,1×1 的图像会显示为 2×2 的图像,以此类推。

rect 函数的傅里叶变换是 sinc 函数。一般来说,如果 E_{zoom} 像素被复制,则有

$$H_{Ezoom}(f) = E_{zoom}\frac{\mathrm{sinc}\left(\pi\dfrac{f}{f_S}\right)}{\mathrm{sinc}\left(\pi\dfrac{f}{E_{zoom}f_S}\right)} \qquad (9-23)$$

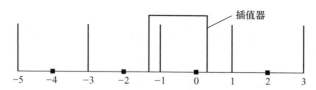

图9-12   插值器只用一个数据单元估算零位置的值

注:它是一个 rect 函数。下标值相当于图9-3的值。由于是偶函数,输出移动了0.5个数据单元。

当在观测者空间绘图时,有效场景像素的尺寸会增大(图9-13)。显然,随着有效像素的尺寸增大,它变得更明显:显示的图像看起来成为块状,这是不可接受的,会通过滤波消除[3-7],最简单的滤波方法是双线性插值。

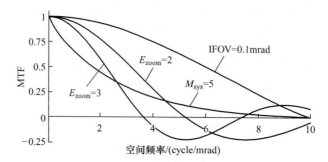

图9-13   在观测者空间显示的场景像素 MTF(MTF$_{optics}$ = 1)

对 E_{zoom} = 2,滤波器响应(图9-14)为

$$H_{2\times replication}(f) = \cos\left(\pi\,\frac{f}{2f_S}\right) \qquad (9-24)$$

3 倍像素复制可视作一个 3 分支奇数滤波器。新的采样频率是原频率的 3 倍。其响应为

$$H_{3\times replication}(f) = \frac{1}{3} + \frac{2}{3}\cos\left(2\pi\,\frac{f}{3f_S}\right) \qquad (9-25)$$

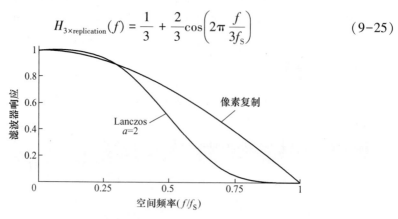

图9-14   进行像素复制后,2 倍电子变焦与 Lanczos 插值滤波的对比

9.3.4　线性插值

如 9-15 所示,线性插值使用两个相邻数据的平均值估算零点位置的值。

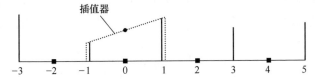

图 9-15　插值器用两个数据单元创建零点的值(圆点)

注:它是一个三元函数。图中数字对应图 9-8 的值。

三元函数的傅里叶变换是 sinc 函数[①]。一般来说,线性插值滤波器的响应为

$$
\text{MTF}_{\text{linear}}(f) = \left[\frac{\sin\left(\pi \dfrac{f}{f_{\text{S}}}\right)}{E_{\text{zoom}}\sin\left(\pi \dfrac{f}{E_{\text{zoom}}f_{\text{S}}}\right)} \right]^2 \tag{9-26}
$$

$E_{\text{zoom}} = 2$ 时,线性插值是一个系数为 0.25、0.5、0.25 的 3 分支滤波器,产生的滤波器响应为

$$
H_{\text{linear}}(f) = 0.5 + 0.5\cos\left(\pi \frac{f}{f_{\text{S}}}\right) \tag{9-27}
$$

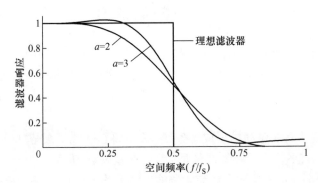

图 9-16　对比理想插值器、2 倍像素复制、线性插值($E_{\text{zoom}} = 2$)和 Lanczos 插值滤波器

注:滤波值大于奈奎斯特频率时会出现混叠。

f_{N} 以上的频率响应会破坏图像。通常,像素复制会使图像看起来像块状(像素化)。所以要使用线性插值。Lanczos 滤波器看起来更好,它保留了低频响应(较

---

① 译者注:原文中的 sinc² 有误,应去掉上标 2。已改正。

高的 MTF),同时减少了带外(高于f_N)信号。

9.3.5　双线性插值

　　双线性插值是在水平方向和垂直方向都用线性插值获得新数据(图9-17)。这种滤波认为是可分离的,因此式(9-26)适用于水平和垂直方向。对2倍电子放大:

$$\mathrm{MTF}_{\mathrm{bilinear}}(u,v) = \left[0.5 + 0.5\,\cos\!\left(\pi\,\frac{u}{u_\mathrm{S}}\right)\right]\left[0.5 + 0.5\,\cos\!\left(\pi\,\frac{v}{v_\mathrm{S}}\right)\right] \qquad (9\text{-}28)$$

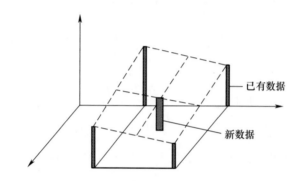

图9-17　双线性插值(连接四个数据单元的表面不一定是平的)

9.4　线−线插值

　　线−线插值用于将场景线数换算成显示器要求的线数。例如,采用180个像元和2:1隔行扫描的 EMUX 系统要求把360条红外信号线转换为480条显示器线(相当于$E_{\mathrm{zoom}}=1.33$)。插值算法通常按信号保真的思想设计[3-7],但权重不相等也会影响噪声。

　　图9-18说明将3条线扩展成4条线(等于将360线扩展成480线)的简单线性插值。这种方法不会明显降低像质,但会改变噪声功率。令σ_1、σ_2、σ_3和σ_A、σ_B、σ_C和σ_D分别表示3条输入线和4条输出线的均方根噪声值。表9-1给出了输出噪声的方差。

　　按照这种方案,每条线都有不同的噪声水平,在噪声变化时难以建模。如果这种插值法对N_{ave}条线取平均并复制这些线,则噪声会按$1/\sqrt{N_{\mathrm{ave}}}$减小。通过取平均,在降低噪声的同时也会遭受降低 MTF 和像质的损失。适当的线−线插值方案是在保持像质和不对噪声特性带来有害影响之间寻求平衡。

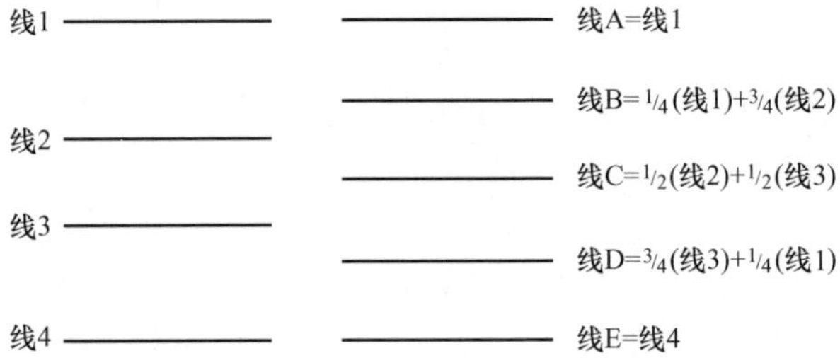

图 9-18　线–线插值法(用几何方法(线性插值)由 3 条线创建 4 条线)

表 9-1　输出噪声方差

输 出	输出噪声方差
线 A	$\sigma_A^2 = \sigma_1^2$
线 B	$\sigma_B^2 = \dfrac{1}{16}\sigma_1^2 + \dfrac{9}{16}\sigma_2^2$
线 C	$\sigma_C^2 = \dfrac{1}{4}\sigma_2^2 + \dfrac{1}{4}\sigma_3^2$
线 D	$\sigma_D^2 = \dfrac{9}{16}\sigma_3^2 + \dfrac{1}{16}\sigma_1^2$

9.5　降噪算法

降噪算法在提高信噪比的同时,也会在图像中引入有害的人为因素,包括 MTF 劣化(由噪声带宽压缩和像素平均引起)和数据延迟(由帧平均和递归滤波引起)。

图 9-19 给出一个提供降噪的递归滤波器,该滤波器将上一帧的数据叠加到当前帧上。一帧图像中的每个像素的输出为

$$y_n = (1 - a)x_n + ay_{n-1},\ 0 \leqslant a < 1 \tag{9-29}$$

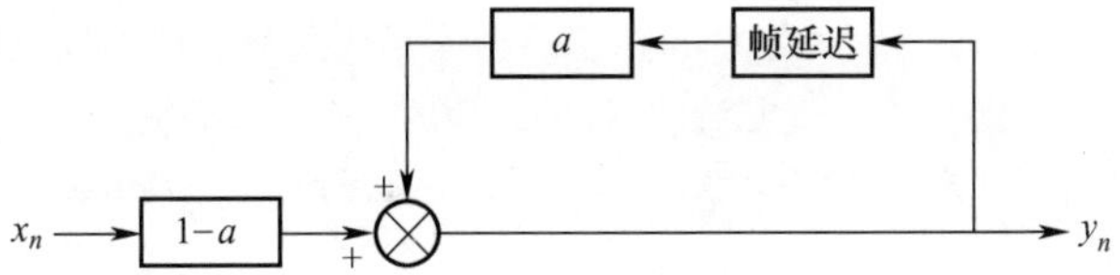

图 9-19　递归滤波器

假设两帧之间的图像没有移动,则 y_n 接近 $x_n(y_n \approx x_n)$,滤波对图像亮度几乎没有影响。但是,噪声源以正交相加,稳态时达到:

$$\sigma_y^2 = (1 - a)^2\sigma_x^2 + a^2\sigma_y^2 \tag{9-30}$$

或

$$\sigma_y^2 = \frac{1-a}{1+a}\sigma_x^2 \tag{9-31}$$

用递归滤波器模拟对 N 帧求平均的滤波器，其中

$$N = \frac{1+a}{1-a} \tag{9-32}$$

随着反馈变量 a 提高，取均值的效果增加。但是随着 a 提高，前一帧的权重更大，观察图像运动的能力降低。

z 变换得到

$$H_{(z)} = \frac{1-a}{1-az^{-1}} \tag{9-33}$$

滤波器响应为

$$|H(f)| = \frac{1-a}{\sqrt{1+a^2-2a\cos\left(\dfrac{2\pi f}{F_R}\right)}} \tag{9-34}$$

图 9-20(a)给出了滤波器响应随着各种反馈因子的变化。图 9-20(b)表示目标在零帧出现瞬间的滤波器输出。随着反馈变量 a 的提高，达到稳态需要的时间更长。图 9-20 还指出，运动目标[9]的边缘达不到满值。

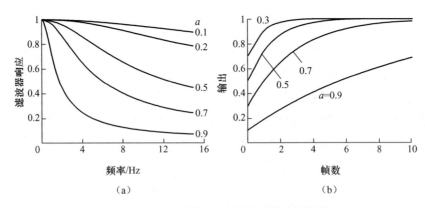

图 9-20　递归滤波器（只在帧的整数处有数据）
(a)对 F_R = 60Hz 的频率响应；(b)输出是反馈变量 a 的函数。

9.6　图像恢复

理想的图像恢复会产生一个与场景相同的图像。例如，如果

$$\text{MTF}_{\text{image}} = \text{MTF}_{\text{optics}}\text{MTF}_{\text{detector}}\text{MTF}_{\text{motion}}\text{MTF}_{\text{scene}} \tag{9-35}$$

则理想恢复的图像为

$$\mathrm{MTF_{restored}} = \mathrm{MTF_{scene}} = \frac{\mathrm{MTF_{image}}}{\mathrm{MTF_{optics}MTF_{detector}MTF_{motion}}} \qquad (9-36)$$

噪声[10]和伪信号量限制着恢复图像的能力。如果不知道子系统的精确 MTF,恢复的图像可能比原图像差。如果 MTF 没有得到准确定义或 MTF 值很小(用小数字除以小数字是有问题的),恢复图像会更加困难。湍流不包括在上述公式中。虽然为湍流指定了一个平均 MTF(式(6-15)),但它不足以恢复图像。湍流补偿[10-11]要复杂得多。

9.7　图像增强

边缘增强算法会提高高频的 MTF。最简单的边缘增强器是反锐化滤波器(图9-4),它在奈奎斯特频率处对 MTF 的提高最大(图 9-21)。虽然对于所有 $F\lambda/d$ 值 MTF 提高的百分率一样,但随着 $F\lambda/d$ 降低,MTF 提高的幅度增大。距离性能与 CTF 的积分成正比,这说明距离性能在 $F\lambda/d = 0$ 时提高最多,在 $F\lambda/d$ 接近 2 时显著降低。但是随着升压力度的提升,高频噪声也会增加。因此,Vollmerhausen 和 Hodgkin 表示[11]:"升压处理对性能的提升几乎没用。"

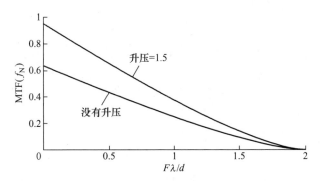

图 9-21　在升压 = 1.5 时,在奈奎斯特频率处的 MTF 提高(反锐化 $a_{un} = 0.27$)

9.8　最后一句话

许多系统都提供 12bit、14bit 甚至 16bit 的灰度信息。需要用这个分辨率探测最低目标对比度,同时保持大场景动态范围。问题是阴极管显示器有大约 8bit 的线性动态范围,而平板显示器只有 6bit 左右。因此,必须压缩高分辨率(灰度)图像以适合显示器的动态范围。如果整个场景被均匀压缩,目标细节便容易淹没在显示器灰度中而"消失"。局部区域处理(LAP)也称为局部区域对比度增强(LACE),能保持目标周围的高对比度。局部区域处理能让人们看见阴影中的细节。对比度增强算法会显著提高[12-13]像质(图 9-22)。

(a)   (b)

图 9-22　典型的图像改善[13]

(a)原来的 MWIR 图像;(b)LAP 图像。

对比度增强通常用于特写,图像要增强到让目标细节清晰可见(图 9-23),但目标获取任务可能无法从中受益。探测、识别或辨清结果表明,由于不需要内部细节,使用各种算法并没有提高距离性能。DuBosq 和 Fanning[15]针对各种对比度算法研究过对目标辨清性能的好处,结果表明几乎没有提高。

大多数数字滤波器都没有进行过定性评估,但是通过先不使用滤波器处理图像然后使用滤波器处理图像的方法,定量评估过它们的效率:如果图像显得更好,则说明是好滤波器。当然,它取决于场景。能凸显采样伪像的条靶图和普通图像看起来不一样。其余算法的表现只能通过观察个别代表性输入的系统输出来推断。为了方便对比,建议使用标准目标靶[16]。因为系统并非空间不变的,在观察其他目标时,对系统性能的预测最多也只是推测性的。

参 考 文 献

[1] There exists a variety of texts on digital filter design. See, for example, Digital Signal Processing, A. V. Oppenheim and R. W. Schafer, Prentice-Hall, New Jersey (1975).

[2] H. V. Kennedy, "Miscellaneous modulation transfer function (MTF) effects relating to sampling summing," in Infrared Imaging Systems: Design, Analysis, Modeling, and Testing II, G C. Holst, ed. , SPIE Proceedings Vol. 1488, pp. 165-176 (1991).

[3] G. C. Holst, Sampling, Aliasing, and Data Fidelity, Chapter 6, JCD Publishing, Oviedo, FL (1997).

[4] R. W. Schafer and L. R. Rabiner, "A digital signal processing approach to interpolation," Proceedings of the IEEE, Vol. 61(8), pp. 692-702 (1973).

[5] W. F. Schrieber and D. E. Troxel, "Transformation between continuous and discrete representations of images: a perceptual approach," IEEE Trans PAMA, Vol. -7(2), pp. 178-186 (1985).

[6] A. Friedenberg, "Resolution loss caused by display lines replication and interpolation," in Thermosense XXI,

D. Andresen and M. Strojnik, eds. , SPIE Proceedings Vol. 2552, pp. 521-530 (1995).

[7] I. Ajewole, "A comparative analysis of digital filters for image decimation and interpolation," in Applications of Digital Image Processing VIII, SPIE Proceedings Vol. 575, pp. 2-12 (1985).

[8] E. Grimberg, "Real time control of uncooled microbolometer camera transfer function," in Infrared Imaging Systems: Design, Analysis, Modeling & Testing XV, SPIE Proc. Vol. 5407, p. 168-180 (2004).

[9] N. S. Kopeika, A System Engineering Approach to Imaging, Chapter 18, SPIE Press (1998).

[10] K. Schutte, A. W. M. van Eekeren, J, Dijk, P. B. W. Schwering, M. van Iersel, and N. J. Doelman, "An overview of turbulence compensation," in Electro-Optical Remote Sensing, Photonic Technologies, and Applications VI, SPIE Proceedings Vol. 8542, paper 854200 (2012).

[11] A. W. M. van Eekeren; K. Schutte, J. Dijk, P. B. W. Schwering, M. van Iersel, and N. J. Doelman, "Turbulence compensation: an overview," in Infrared Imaging Systems: Design, Analysis, Modeling, and Testing XXIII, SPIE Proceedings Vol. 8355, paper 83550Q (2012).

[12] R. Vollmerhausen, V. Hodgkin, "Range performance benefit of contrast enhancement," in Infrared Imaging Systems: Design, Analysis, and Testing XVIII, SPIE Proc. Vol. 6543, paper 65430B (2007).

[13] D. R. Wade, D. R. Droege, S. Gaulding, and M. Greiner, "Objective evaluation of IR image enhancement algorithms," in Thermosense XXVII, SPIE Proceedings Vol. 5782, pp 59 -70 (2005).

[14] T. Pace, H. Lee, D. Manville, D. Vogel, M. Walker, G. Cloud, and J. A. Puritz, "Real-time image enhancement for vehicle mounted and man portable display systems," in Display Technologies and Applications for Defense, Security, and Avionics, SPIE Proceedings Vol. 6558, paper 65580B, (2007).

[15] T. W. Du Bosq and J. D. Fanning, "Limitations of contrast enhancement for infrared target identification," in Infrared Imaging Systems: Design, Analysis, Modeling, and Testing XX, SPIE Proceedings Vol. 7300, paper 73000G (2009).

[16] A. R. Weiss, U. Adomeit, P. Chevalier, S. Landeau, P. Bijl, F. Champagnat, J. Dijk, B. Göhler, S. Landini, J. P. Reynolds, and L. N. Smith, "A standard data set for performance analysis of advanced IR image processing techniques," in Infrared Imaging Systems: Design, Analysis, Modeling, and Testing XXIII, SPIE Proceedings Vol. 8355, paper 835512 (2012).

第10章

探测器响应率

在第 2 章"成像系统设计"中讨论过各种探测器。大多数探测器的品质因数（FOM）都以传统半导体的光谱响应和工作性能为基础。传统半导体材料的响应率 $R_{e-M}(\lambda)$ 单位为 A/W，转换成材料的量子效率（光电子/光子）为

$$\eta_M(\lambda) = \frac{hc}{q\lambda} R_{e-M}(\lambda) \qquad (10-1)$$

式中：h 为普朗克常数，$h = 6.626 \times 10^{-34}$ J·s；c 为光速，$c = 3 \times 10^8$ m/s；q 为电子电荷，$q = 1.6 \times 10^{-19}$ C。

以微米为单位测量波长：

$$\eta_M(\lambda) = \frac{1.24}{\lambda} R_{e-M}(\lambda) \qquad (10-2)$$

光谱带宽经常受滤波器限制。通常，制造商会提供滤波器/探测器的量子效率：

$$\eta(\lambda) = t_{filter} \eta_M(\lambda) \qquad (10-3)$$

将探测器响应与滤波器透过率分开有助于深入了解探测器的设计和确定非场景光子（在 12.1.5 节"非场景光子"中讨论）的影响。致冷探测器的滤波器放在杜瓦瓶里以减少非场景光子。根据探测器材料和应用的不同，滤波器分为低通、带通和高通滤波器。

10.1 滤波器透过率

摄像系统（指可见光、近红外、短波红外系统）的输出取决于探测器材料、大气条件和背景反射率。这些变量在第 13 章"大气效应"和第 14 章"目标特征"中讨论。对于红外系统，目标在温度 T 时产生的光电子数为

$$n_{PE} = \int_0^\infty \frac{\tau_{filter}(\lambda) \eta_M(\lambda) M_q(\lambda, T) A_D t_{int}}{4F^2} \tau_{optics}(\lambda) T_{atm}(\lambda, R) \, d\lambda \qquad (10-4)$$

第 11 章描述各种变量。上限变成较小的探测器带隙或滤波器截止波长（用 λ_2 代替 ∞），下限通常用滤波器的起始波长表示（用 λ_1 代替 0）。大气窗口很容易变化，对特定场景，可以改变滤波器特性来优化信噪比（在 12.5 节"信噪比优化"[①]中讨

---

① 译者注：原文为 12.5.8 节，有误，已改正。

论）。光学系统的透过率 $\tau_{\text{optics}}(\lambda)$ 在探测器/滤波器带通波段（ $\lambda_1 \sim \lambda_2$ ）上最大。

超高斯滤波器（指数大于 2）的响应可近似于低通、带通和高通滤波器的响应。这些滤波器的透过率为

$$\tau_{\text{filter low pass}}(\lambda) = \tau_{\text{L}} + \tau_0 \exp\left(- \left|\frac{\lambda}{\lambda_{\text{low}}}\right|^G\right) \tag{10-5}$$

$$\tau_{\text{filter band pass}}(\lambda) = \tau_{\text{L}} + \tau_0 \exp\left(- \left|\frac{\lambda - \lambda_{\text{P}}}{\lambda_{\text{W}}}\right|^G\right) \tag{10-6}$$

$$\tau_{\text{filter high pass}}(\lambda) = \tau_{\text{L}} + \tau_0 \left[1 - \exp\left(- \left|\frac{\lambda}{\lambda_{\text{high}}}\right|^G\right)\right] \tag{10-7}$$

式中： τ_{L} 为滤波器漏光（通常设为零）。

滤波器的阶数 $G > 30$ 时，该滤波器像一个理想滤波器，带通宽度 $\lambda_{\text{W}} = (\lambda_{\text{high}} - \lambda_{\text{low}})/2$ ，峰值 $\lambda_{\text{P}} = (\lambda_{\text{high}} + \lambda_{\text{low}})/2$ 。 λ_{high} 和 λ_{low} 是滤波器的 $1/\text{e}$ 边缘（图 10-1）。如果阶数 G 大，则 $\lambda_{\text{high}} \approx \lambda_2$, $\lambda_{\text{low}} \approx \lambda_1$ 。由低通滤波器的对称性可得

$$\tau_{\text{filter high pass}}(\lambda) = \tau_{\text{L}} + \tau_0 \left[1 - \exp\left(- \left|\frac{\lambda - \lambda_{\text{max}}}{\lambda_{\text{high}} - \lambda_{\text{max}}}\right|^G\right)\right] \tag{10-8}$$

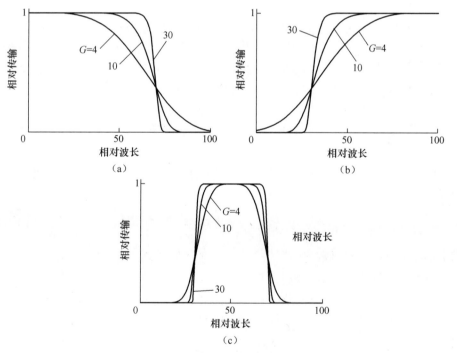

图 10-1　G 为 4、20 和 30 时的滤波器光谱透过率

(a) $\lambda_{\text{low}} \approx 70$;(b) $\lambda_{\text{high}} = 30, \lambda_{\text{max}} = 100$;(c) $\lambda_{\text{peak}} = 50, \lambda_{\text{W}} = 20$ 。

注：低通滤波器和高通滤波器合起来构成一个带通滤波器。

10.2　经典半导体

理想光子探测器的光谱响应率为

$$R_{\text{e-M}}(\lambda) = \begin{cases} \dfrac{\lambda}{\lambda_{\text{G}}} R_{\text{G}}, & \lambda \leqslant \lambda_{\text{G}} \\ 0, & \text{其他} \end{cases} \tag{10-9}$$

式中：λ_{G} 为相当于带隙的波长，在以 eV 为单位测量带隙能量 E_{G} 时，波长单位为 μm，于是 $\lambda_{\text{G}} = 1.24/E_{\text{G}}$；$R_{\text{G}}$ 为 λ_{G} 处的峰值响应。

但实际光子探测器没有突变，而是趋于下面关系：

$$R_{\text{e-M}}(\lambda) = \begin{cases} \dfrac{\lambda}{\lambda_{\text{P}}} R_{\text{P}}, & \lambda \leqslant \lambda_{\text{P}} \\[2mm] R_{\text{P}} \sqrt{1 - \dfrac{3}{4}\left(\dfrac{\lambda - \lambda_{\text{P}}}{\lambda_{\text{C}} - \lambda_{\text{P}}}\right)^2}, & \lambda_{\text{P}} < \lambda \leqslant \lambda_{\text{P}} + 1.1574(\lambda_{\text{C}} - \lambda_{\text{P}}) \\[2mm] 0, & \lambda > \lambda_{\text{P}} + 1.1574(\lambda_{\text{C}} - \lambda_{\text{P}}) \end{cases}$$
$$\tag{10-10}$$

式中：截止波长 λ_{C} 为响应率降低到其最大值的 50% 时的波长。

注意，峰值响应率出现在比截止波长短的波长（$\lambda_{\text{P}} < \lambda_{\text{C}}$）处。理想探测器的 λ_2 是由禁带能量确定的。对实用探测器，$\lambda_2 = \lambda_{\text{P}} + 1.1547(\lambda_{\text{C}} - \lambda_{\text{P}})$。带通滤波器产生下限 λ_1。式(10-1)或式(10-2)将响应率转换为量子效率。

10.3　新型半导体

传统半导体的响应率随着波长提高，但用肖特基栅二极管(SBD)时会降低，其响应率为

$$R_{\text{e-M}}(\lambda) = C_{\text{S}}\left(1 - \dfrac{\lambda}{\lambda_{\text{C}}}\right)^2 \tag{10-11}$$

式中：C_{S} 是肖特基发射常数(eV^{-1})；$\lambda_{\text{C}} = 1.24/\Phi_{\text{B}}$，$\Phi_{\text{B}}$ 为势垒高度。

对典型 PtSi 肖特基栅二极管，$\Phi_{\text{B}} \approx 0.22\text{eV}$，$C_{\text{S}} \approx 0.35~\text{eV}^{-1}$。作为一个下降函数，量子效率在 $4\mu\text{m}$ 处大约为 1%，在截止波长（$\lambda_{\text{C}} \approx 5.6\mu\text{m}$）处为 0。

量子阱探测器的响应率由高斯分布近似为

$$R_{\text{e-M}}(\lambda) = R_{\text{P}}\exp\left(-4(\ln 2)\dfrac{\lambda - \lambda_{\text{P}}}{\lambda_{\text{W}}}\right)^2 \tag{10-12}$$

式中：λ_{W} 为响应率曲线的半峰全宽(FWHM)。

LWIR 探测器的峰值波长通常为 $8 \sim 10\mu\text{m}$，带宽 λ_{W} 为 $1 \sim 1.5\mu\text{m}$。峰值响应率

取决于探测器,但可以在 $0.5 \sim 2 A/W$ 之间变化。

10.4　热探测器

热探测器(也称为非致冷探测器)的光谱响应率[1-2]取决于吸收膜和探测器结构。为了方便,把它们视作没有光谱特征的宽带探测器。滤波器限制光谱响应:

$$R_{e-M}(\lambda) = 常数 \tag{10-13}$$

提高带宽可以改善低响应率。LWIR 区的光谱带宽为 $7.5 \sim 14 \mu m$,这个大光谱范围给光学设计增加了复杂性(需要有效的减反射膜和色差控制)。大气吸收可能会抵消宽光谱响应的优势。非致冷探测器在窄光谱带的表现不佳(如 MWIR)。

10.5　比探测率

虽然凝视阵列探测器的性能由量子效率决定,但值得回顾响应率的历史定义法。比探测率 D^* 是将响应率与探测器噪声相结合的探测器材料的品质因数。它是为传统半导体开发的,按单位带宽归一化:

$$D_{BB}^* = \frac{\sqrt{A_D \Delta f_e}}{NEP} = \frac{R_{BB}\sqrt{A_D}}{\langle i_{sys}\rangle} \quad (cm \cdot \sqrt{Hz}/W) \tag{10-14}$$

D^* 的单位也是 Jones,表示它的意义与 Jones 先生在 1953 年定义的 D^* 的意义相同。下标 BB 表示它参考的是理想黑体。噪声等效功率(NEP)取决于探测器温度和偏压。

比探测率 D^* 是为红外探测器开发的量纲。在只有散粒噪声时,D_{BB}^* 接近理论最大值,探测器在背景受限(BLIP)性能下工作。注意,当遮住红外孔径后,探测器接收环境辐射($T \approx 293 K$)。热成像系统可以在背景受限性能下工作。可见光区在 293K 基本不存在背景光子,因此,可见光传感器是放大器或多路传输器噪声受限的。

光伏探测器 BLIP 的 D^* 为

$$D_{BLIP-PV}^* = \frac{\lambda}{hc}\sqrt{\frac{\eta}{2E_q}} \tag{10-15}$$

式中: E_q 为入射到探测器上的总积分半球光子通量密度

$$E_q = \int E_q(\lambda, T_B) d\lambda \tag{10-16}$$

光导器件具有产生-复合噪声,因而 D^* 较低。当观察半球时

$$D_{BLIP-PC}^* = \frac{\lambda}{2hc}\sqrt{\frac{\eta}{2E_q}} \tag{10-17}$$

D^* 随着探测器对应的立体张角缩小而提高,立体角由冷屏的设计和位置决定。如果全平面角为 θ (图 10-2),则有

$$D^*(\theta) = \frac{D^*_{180}}{\sin \frac{\theta}{2}} \qquad (10\text{-}18)$$

对于小立体角,冷屏的 F 数为 $F_{CS} \approx \theta \,(\text{rad})$,且

$$D^*(\theta) \approx 2D^*_{180}F_{CS} \qquad (10\text{-}19)$$

立体角的最大值为 πrad,所以式(10-19)可简化为式(10-15)或式(10-17)。一般来说,光学设计根据系统的限制和想要的工作性能来决定 F 数,然后以匹配的 F 数制造探测器/冷屏组件。F 数不匹配的问题在 12.1.5 节"非场景光子"[①]中讨论。

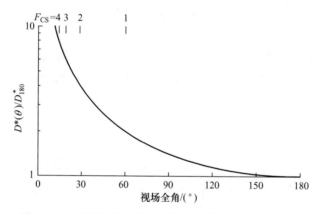

图 10-2　D^* 是冷屏全角和 F 数的函数(见附录"F 数")

参 考 文 献

[1] C. Li, G. D. Skidmore, C. Howard, C. J. Han, L. Wood, D. Peysha, E. Williams, C. Trujillo, J. Emmett, G. Robas, D. Jardine, C. F. Wan, and E. Clarke, "Recent development of ultra small pixel uncooled focal plane arrays at DRS," in Infrared Technology and Applications XXXIII, B. F. Andresen, G. F. Fulop, and P. R. Norton, eds. , SPIE Proceedings Vol. 6542, paper 65421Y, (2007).

[2] N. Guérineau, B. Harchaoui, M. Caes, A. Durand, and P. Castelein, "Hyperspectral study of a 320x240 uncooled microbolometer array," in Optical Design and Engineering, L. Mazuray, P. J. Rogers, and R. Wartmann, eds. , SPIE Proceedings Vol. 5249, pp. 433-440 (2004).

---

① 译者注:原文为 12.5.4 节,有误,已改正

辐射度学

辐射度学描述从辐射源到探测器的能量或功率传递关系。在辐射源尺寸远大于探测器的投影面积时,辐射源是可分辨的,可以说系统正在观察一个扩展辐射源,或者探测器被扩展源照射。随着辐射源尺寸缩小,衍射会限制像的尺寸。实际响应与理想响应的比率为目标尺寸函数(TSF)。随着辐射源尺寸趋于一个点,目标尺寸函数趋于一个常数值,该常数称为点可见度因子,或平方功率值,或光学形状因子。

从辐射源发出的能量经过大气衰减,由光学系统聚焦到探测器上,然后由探测器转换为可测量的电信号。普朗克黑体辐射定律描述辐射源的光谱光子通量。扫描系统的功率单位通常为瓦(W);凝视系统的功率单位通常为每秒的光子数photon/s。

太阳、月亮或星光以可见光、近红外和短波红外光谱段照亮场景。在有反射率差时可以探测到目标。可见光系统可以在人眼的整个光谱响应范围对光谱光子出射度积分,产生光度学单位(如 lm)。虽然大多数红外成像系统响应的是辐射通量差,但用等效温差 ΔT 确定目标与其相邻背景的光子通量差比较方便。

使用光导或光伏探测器的红外成像系统对"热"或"冷"并不敏感(它们不是温度计),但对物体发出的辐射很敏感。为了方便,通常将目标相对于其周围背景表示为"热(的)"或"冷(的)"。对 MWIR 和 LWIR 系统而言,术语"热"有误导性。所有物体发出的辐射都在"热"区。"热"指的是目标比其相邻背景热,"冷"意味着目标比其相邻背景冷。选择将"热"物体显示为"白色"、将"冷"物体显示为"黑色"是随机的。让电路极性反向,就可以形成"白热"或"黑热"目标。用"黑热"时,热物体相对中性背景呈黑色或者深灰色。随着物体越来越热,它在显示器上会变得越来越黑。用"白热"时,随着目标的表观温度与背景相比越来越高,目标会显得越来越白。输出也可以映射成伪彩色。为了与人的感觉保持一致,通常将"冷"物体表示为蓝色,将"热"物体表示为红色。

系统输出并不推测辐射源的信息,只是推测会提供同一输出的某温度的等效黑体的信息,不管使用哪个输出单位(V、A 或其他任意单位)都是这样,所以这些单位本身对进行系统间的比较并没有太大意义。因此,仅基于个别数字就对比系统响应是不妥的。

11.1 辐射传输

多年来,表达辐射传输的术语和符号已经改变。表 11-1 给出了目前用的术语。下标 q 表达与光子有关的量,下标 e 表示辐射能量(W)。由于光谱内容很重要,所有公式都是波长的函数(如辐射度的单位为 $\text{photon}/(\text{s}\cdot\text{m}^2\cdot\text{sr}\cdot\mu\text{m})$)。偏导数强调所有量都是增量值。

表 11-1   目前用的辐射度学术语

辐射能量	Q_q			光子
辐射通量(功率)	Φ_q	单位时间的能量变化	$\dfrac{\partial Q_q}{\partial t}$	photon/s
辐射强度	I_q	通常从一个点源辐射到一个立体角的能量	$\dfrac{\partial \Phi_q}{\partial \Omega}$	$\text{photon}/(\text{s}\cdot\text{sr})$
辐射出射度	M_q	从一个表面辐射出的能量	$\dfrac{\partial \Phi_q}{\partial A_S}$	$\text{photon}/(\text{s}\cdot\text{m}^2)$
辐射照度	E_q	入射到一个表面的能量	$\dfrac{\partial \Phi_q}{\partial A_S}$	$\text{photon}/(\text{s}\cdot\text{m}^2)$
辐射亮度	L_q	从单位面积辐射到单位投影立体角的能量	$\dfrac{\partial^2 \Phi_q}{\partial A_S \partial \Omega}$	$\text{photon}/(\text{s}\cdot\text{m}^2\cdot\text{sr}\cdot\mu\text{m})$

光子辐射亮度同时含有计算入射到系统的光子通量所需要的面积和立体角的概念[1],它是从增量面积为 ∂A_S 的辐射源向增量立体角锥 $\partial \Omega$ 辐射的增量光子通量 $\partial \Phi$(图 11-1):

$$L_q(\lambda) = \frac{\partial^2 \Phi_q}{\partial A_S \partial \Omega} \quad (\text{ph}/(\text{s}\cdot\text{m}^2\cdot\text{sr}\cdot\mu\text{m})) \tag{11-1}$$

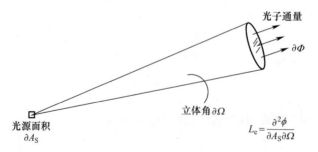

图 11-1   用增量值定义光子辐射亮度

注:本书使用傍轴近似。$\partial A_S \to A_S$、$\partial \Omega \to \Omega$、$\partial \Phi \to \Phi$。

对朗伯辐射源,光子辐射亮度在半球上积分,得到光子出射度:

$$M_q(\lambda,T) = \pi L_q(\lambda,T)\,(\mathrm{ph}/(\mathrm{s}\cdot\mathrm{m}^2\cdot\mu\mathrm{m})) \tag{11-2}$$

11.2　普朗克黑体定律

一个热力学温度为 T 的理想黑体,其光谱辐射出射度可由普郎克黑体辐射定律描述:

$$M_e(\lambda,T) = \frac{c_1}{\lambda^5}\left(\frac{1}{e^{(c_2/\lambda T)}-1}\right)(\mathrm{W}/(\mathrm{m}^2\cdot\mathrm{sr}\cdot\mu\mathrm{m})) \tag{11-3}$$

式中:c_1 为第一辐射常数,$c_1 = 3.7418\times10^8\,\mathrm{W}\cdot\mu\mathrm{m}^4/\mathrm{m}^2$;$c_2$ 为第二辐射常数,$c_2 = 14388\mu\mathrm{m}\cdot\mathrm{K}$。

光谱光子出射度等于光谱辐射出射度除以一个光子的能量(hc/λ),即

$$M_q(\lambda,T) = \frac{c_3}{\lambda^4}\left(\frac{1}{e^{(c_2/\lambda T)}-1}\right) \tag{11-4}$$

式中:c_3 为第三辐射常数,$c_3 = 1.88365\times10^{27}\,\mathrm{ph}\cdot\mu\mathrm{m}^3/(\mathrm{s}\cdot\mathrm{m}^2)$;$h$ 为普朗克常数,$h = 6.626\times10^{-34}\mathrm{J}\cdot\mathrm{s}$;$c$ 为光速,$c = 3\times10^8\mathrm{m}/\mathrm{s}$。

图 11-2 和图 11-3 分别给出了光谱光子出射度的对数坐标和线性坐标。MWIR 区的光子数大约是 LWIR 区光子数的 1/20,但仍然有足够的光子数,可以产生很好的图像。MWIR 和 LWIR 地面辐射源在可见光、近红外和短波红外区不能提供足够的光子通量。这些光谱区的目标和背景必须有光照(阳光、月光、星光或人工光)。

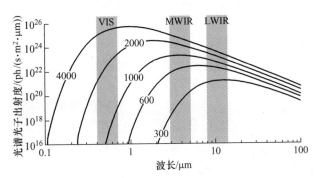

图 11-2　普朗克光谱光子出射度(对数坐标)
注:T 为 300K,600K,…,4000K。

当辐射入射到物体时,一部分被透过,一部分被吸收,一部分被反射。能量守恒定率要求:

$$\Phi_{\mathrm{transmitted}} + \Phi_{\mathrm{absorbed}} + \Phi_{\mathrm{reflected}} = \Phi_{\mathrm{incident}} \tag{11-5}$$

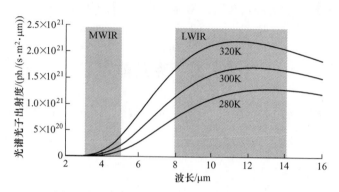

图 11-3　普朗克光谱光子出射度(线性坐标)

用比率表达为

$$\tau(\lambda) + \alpha(\lambda) + \rho(\lambda) = 1 \qquad (11-6)$$

式中：$\tau(\lambda)$、$\alpha(\lambda)$ 和 $\rho(\lambda)$ 分别为透射率、吸收率和反射率。发射率、反射率和吸收率可以用麦克斯韦(Maxwell)方程求出，代表理想材料的特征值。实际材料会偏离理想特征值，因此用发射率、反射率和吸收率表征。

实际黑体只发出式(11-4)描述的一部分辐射。实际光子出射度与其理论最大值($M_{BB}(\lambda,T)$)之比即为发射率：

$$\varepsilon(\lambda,T) = \frac{M_{actual}(\lambda,T)}{M_{BB}(\lambda,T)} \qquad (11-7)$$

发射率的范围因表面质量而不同，在完美镜面的 0 到理想黑体的 1 之间。根据基尔霍夫定律，当物体与其环境达到热平衡时，吸收率等于发射率：

$$\alpha(\lambda,T) = \varepsilon(\lambda,T) \qquad (11-8)$$

这便是通常说的"好的吸收体就是好的发射体"。

为了数学上方便，假设目标和背景在有表观温差时的发射率都为 1。发射率的影响在第 12.6 节"太阳闪烁"[①]中简述。

11.3　相机公式

相机公式是用 $M_e(\lambda,T)$ 和探测器响应率 $R_e(\lambda)$ 导出的(单位为 A/W)[2]。因为大多数焦平面阵列都产生光电子，所以下面公式使用 $M_q(\lambda,T)$ 和量子效率 $\eta(\lambda)$。由于

$$\eta(\lambda) = \frac{hc}{\lambda q} R_e \qquad (11-9)$$

---

① 译者注：原文为 12.10 节，有误，已改正。

后边的所有公式都可使用 $M_e(\lambda,T)$ 或者 $M_q(\lambda,T)$,相机的输出是一样的(单位为 A)。

$$R_e(\lambda)M_e(\lambda,T) = \eta(\lambda)M_q(\lambda,T)q \tag{11-10}$$

光电子数取决于光敏面积。矩形探测器的光敏面积为 $d_H d_V$,但像素的面积为 $d_{CCH}d_{CCV}$。区别在于填充因子(见 3.2 节"填充因子")。分析人员要确保在辐射度公式中用的是光敏面积而不是像素面积。对非正方形光敏面积,只计算等效正方形的面积,使用 $A_D = d_{eff}^2 = d_H d_V$。

如果成像系统与辐射源(面积为 A_S)的距离为 R_1(图 11-4),则入射到光学系统(面积为 A_O)的辐射通量为:

$$\Phi_{lens} = L_q \frac{A_O}{R_1^2}A_S \tag{11-11}$$

> 立体角是球面面积除以半径的平方。当使用小角近似(式(11-11)及其他公式)时,用平面面积近似球面面积(在附录"F 数"中讨论)。

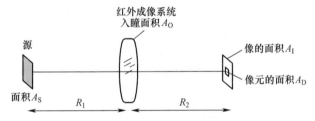

图 11-4　直接观察辐射源的成像系统

注:光学系统用一个薄透镜近似(图 5-2(b))。

如果距离 R_1 大,就要加上大气透过率参数 $T_{atm}(\lambda,R_1)$。为了简化公式,忽略 $T_{atm}(\lambda,R_1)$ 和波长依赖关系,则到达像平面的轴上辐射通量为

$$\Phi_{image} = L_q \frac{A_O}{R_1^2}A_S \tau_{optics} \tag{11-12}$$

式中:τ_{optics} 为包括窗口在内的系统光学透过率,$\tau_{optics} = \tau_{lens-1} \times \cdots \times \tau_{lens-N} \times \tau_{window}$。

如果使用一个卡塞格林光学系统(图 5-2(a)),要确保将它的有效透过率 $\tau_{cass} = 1 - (D_{obs}/D)^2$ 包含在内。带限滤波器的透过率包含在探测器/滤波器组件中,$\eta(\lambda) = \eta_M(\lambda)\tau_{filter}(\lambda)$。采用扩展辐射源时,光源图像大于探测器的面积 $(A_i \gg A_D)$,入射到探测器的光子通量是两个面积的比值,即

$$\Phi_{detector} = \Phi_{image} \frac{A_D}{A_i} \tag{11-13}$$

对傍轴光线应用小角近似(见式(11-11)后的说明),其立体角为

$$\frac{A_S}{R_1^2} = \frac{A_i}{R_2^2} \tag{11-14}$$

光子通量变为

$$\Phi_{\text{detector}} = \frac{L_q A_O A_D}{f^2 (1 + M_{\text{optics}})^2} \tau_{\text{optics}} \tag{11-15}$$

利用单透镜公式,光学放大倍率 $M_{\text{optics}} = R_2/R_1$,其中 R_1 和 R_2 与焦距 f 的关系为

$$\frac{1}{R_1} + \frac{1}{R_2} = \frac{1}{f} \tag{11-16}$$

本书省略了光学课本中的符号转换关系。R_1 和 R_2 被视作正量。

假设一个圆孔并定义 F 数为 $F = f/D$(见附录"F 数"中的讨论):

$$\Phi_{\text{detector}} = \frac{\pi}{4} \frac{L_q A_D}{F^2 (1 + M_{\text{optics}})^2} \tau_{\text{optics}} \tag{11-17}$$

通常目标总是远离成像系统,$R_1 \gg R_2$,而且 $M_{\text{optics}} \to 0$。探测器/滤波器组件产生的光电子数与探测器的量子效率 η 成正比。所有变量都是波长的函数,且辐射源的光子辐射亮度取决于温度。忽略大气透过率(在第 13 章"大气效应"中讨论)的影响,在积分期间 t_{int} 的累积光电子总数为

$$n_{\text{PE}} = \int_0^\infty \frac{\eta(\lambda) M_q(\lambda, T) A_D t_{\text{int}}}{4F^2} \tau_{\text{optics}}(\lambda) \, \mathrm{d}\lambda \tag{11-18}$$

通常,积分的上、下限会依据量子效率光谱响应而改变。在推导式(11-18)时做了三个重要假设:①计算 F 数时假设曲形主表面为平面(在附录"F 数"中讨论);② $R_1 \gg R_2$;③轴上探测器。文献[3]推导出了不受这些假设限制的通用公式。文献[4]给出了详细的辐射度计算过程,但大多数分析人员都使用式(11-18)。

11.3.1 红外辐射源

图 11-3 说明的是地面物体的红外光子出射度,关注的是辐射源(温度为 T_T)与相邻背景(温度为 T_B)之间的信号差。目标与其相邻背景在同一距离时,下列公式是正确的。目标出射度包含温度为 T_{AE} 时环境辐射的自发射和反射:

$$\Delta M_q = [\varepsilon_T M_q(\lambda, T_T) + \rho_T M_q(\lambda, T_{AE})] - [\varepsilon_B M_q(\lambda, T_B) + \rho_B M_q(\lambda, T_{AE})] \tag{11-19}$$

为简化建模,设发射率为 1,则反射率为 0。为了简化公式,令 $M_q(\lambda, \Delta T) = M_q(\lambda, T_T) - M_q(\lambda, T_B)$,则有

$$\Delta n_{\text{PE}} \approx \int_{\lambda_1}^{\lambda_2} \frac{\eta(\lambda) M_q(\lambda, \Delta T) A_D t_{\text{int}}}{4F^2} \tau_{\text{optics}}(\lambda) \, \mathrm{d}\lambda \tag{11-20}$$

令 $T_T = T_B + \Delta T$,则有 $M_q(\lambda, \Delta T) = M_q(\lambda, T_B + \Delta T) - M_q(\lambda, T_B)$ 。 进行泰勒级数展开并保留第一项(小 ΔT),得到与 ΔT 成函数关系的相机公式:

$$\Delta n_{PE} \approx \int_{\lambda_1}^{\lambda_2} \frac{\eta(\lambda) A_D t_{int} \partial M_q(\lambda, T_B) \Delta T}{\partial T} \tau_{optics}(\lambda) d\lambda \qquad (11-21)$$

偏导数称为热导数(图 11-5)。 在 LWIR 区,热导数对 λ_1 和 λ_2 的具体值不太敏感。 在 3~5μm 区的变化大,说明 ΔT 的概念可能对 MWIR 系统无效。

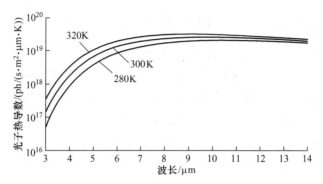

图 11-5　光子热导数是背景温度的函数

虽然想要的信号是 Δn_{PE} ,但背景信号也产生光电子。电子存在电荷阱里,但电荷阱只能容纳有限的电子数,这对积分时间造成限制。产生的背景光电子数为

$$\Delta n_{PE-BRGND} \approx \int_{\lambda_1}^{\lambda_2} \frac{\eta(\lambda) M_q(\lambda, T_B) A_D t_{int}}{4F^2} \tau_{optics}(\lambda) d\lambda \qquad (11-22)$$

理想情况下,积分时间应该能调整,以便 $\Delta n_{PE-BRGND}$ 保持在阱容的 50% 左右,这使目标光电子比背景高(热)或低(冷)。随着背景温度降低,必须延长积分时间才能达到 50% 的阱容。图 11-6 给出的值对所选参数是独有的。 在 $T_B <254K(-$

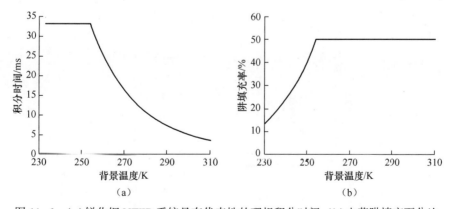

图 11-6　(a)锑化铟 MWIR 系统具有代表性的理想积分时间;(b)电荷阱填充百分比

19℃)时,帧速(30Hz)限制着最大积分时间(33ms)。许多系统都根据预期背景温度设定了固定积分时间。

式(11-22)仅考虑了背景光电子,其他源(暗电流、外壳、高温光学系统的辐射)也产生填充电荷阱的光电子。如果把其他源都包括在内,就必须缩短积分时间 t_{int}(在12.1.2节"暗电流"和12.1.5节"非场景光子"中讨论)以容纳额外的光电子。

11.3.2　可见光、近红外和短波红外辐射源

当波长小于3μm时,针对地面温度的黑体辐射率基本为0。但目标和背景被同一光源(阳光、月光、夜间辉光、星光或人工光源)照射。图11-7分别说明阳光、月光和星光在地球表面的光子入射,其光谱特征主要受大气吸收影响。目标和背景是通过反射率差区分的。如果在同一距离:

$$\Delta n_{PE} \approx \int_{\lambda_1}^{\lambda_2} \frac{\eta(\lambda)\left[\rho_T(\lambda) - \rho_B(\lambda)\right]\pi L_{q\text{-}ill}(\lambda)A_D t_{int}}{4F^2}\,\tau_{optics}(\lambda)\tau_{atm}(\lambda,R)\mathrm{d}\lambda$$

$$(11-23)$$

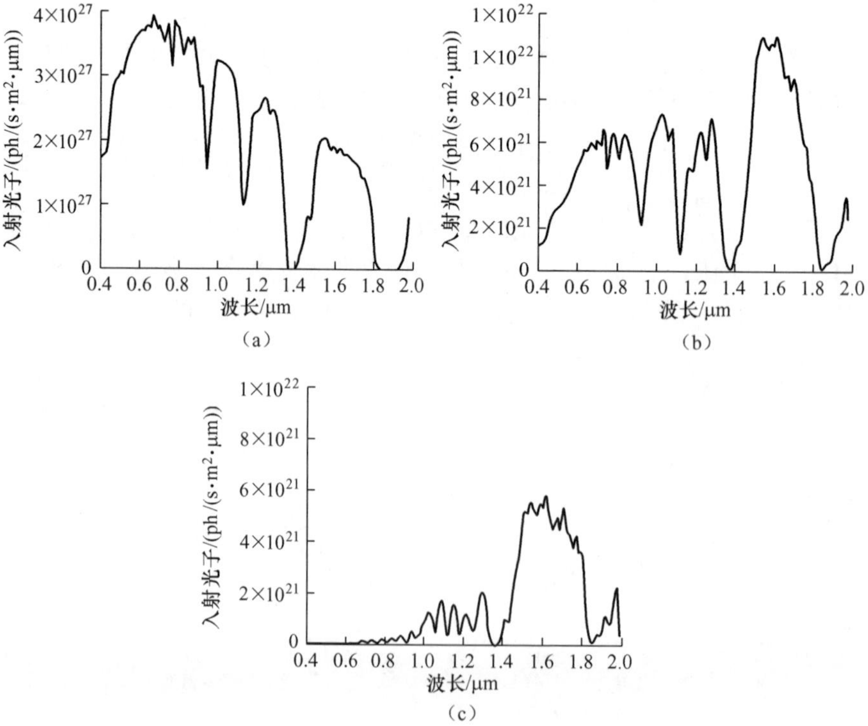

图 11-7　阳光、月光和星光在地球表面的光子入射

(a)地表的直射阳光(在头顶上)。忽略吸收后,阳光大致近似于5778K的黑体辐射源;

(b)地表的直射月光(在头顶上);(c)地表的星光。

式中: $\rho_{\text{T}}(\lambda)$、$\rho_{\text{B}}(\lambda)$ 分别为目标和背景的光谱反射率(在 14.3 节"可见光、近红外和短波红外区的目标"中讨论)。

辐射源 $L_{\text{q-ill}}(\lambda)$ 可能不是一个理想黑体[5]。虽然数学上用式(11-23)比较方便,但在实验室测量系统响应很难,因为实验室没有近似这些自然光源的辐射源。图 11-8 是经常用于标定可见光传感器(0.4~0.7μm)的 D6500 辐射源,它在可见光范围基本稳定,但在近红外或短波红外区稳定性不佳(图 11-9)。

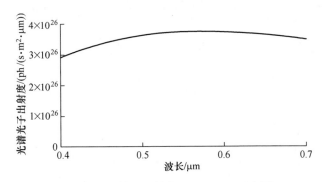

图 11-8　D6500 黑体的出射度($T=6500$K,对比图 11-2)

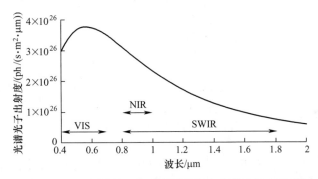

图 11-9　针对 CIE A 源,用线性坐标描绘的普朗克光谱光子出射度($T=6500$K)

T 数有时对评估不同可见光系统的光学设计很有用,它等于 F 数除以光学透过率的平方根:

$$T_{\#} = \frac{F}{\sqrt{\tau_{\text{optics}}}} \tag{11-24}$$

主要用于光学透过率没有光谱特征时的可见光系统,即

$$\Delta n_{\text{PE}} \approx \int_{0.4}^{0.7} \frac{\eta(\lambda)\left[\rho_{\text{T}}(\lambda) - \rho_{\text{B}}(\lambda)\right]M_{\text{q-ill}}(\lambda)A_{\text{D}}t_{\text{int}}}{4T_{\#}^2}\, \mathrm{d}\lambda \tag{11-25}$$

11. 4　点源

随着辐射源面积趋近于零,该源变成一个理想点源。虽然几何光学预测其像的尺寸也趋近于零,但衍射和像差会限制最小像的尺寸。实际系统输出差取决于弥散圆直径与像元的相对尺寸。如果辐射源对应的立体角(A_S/R_1^2)远小于像元对应的立体角(A_D/R_{22}),则这个辐射源被视作点源。

探测器像元会接收 DAS 以内的点源光子通量和相邻背景的光子通量,在图 11-10 中, A_{DAS} 是像元在物空间的投影面积。A_{DAS} 的光子通量为

$$L_{DAS}A_{DAS} = \left[L_q(\lambda, T_T) \frac{A_S}{A_{DAS}} + L_q(\lambda, T_B)\left(1 - \frac{A_S}{A_{DAS}}\right) \right] A_{DAS} \qquad (11-26)$$

当 $A_S = A_{DAS}$ 时, $L_{DAS} = L_q(\lambda, T_T)$,当 $A_S = 0$ 时, $L_{DAS} = L_q(\lambda, T_B)$,这表示从目标像素向背景像素的变化。

当 $A_S \ll A_{DAS}$ 时,有

$$L_{DAS}A_{DAS} \approx \left[L_q(\lambda, T_T) \frac{A_S}{A_{DAS}} + L_q(\lambda, T_B) \right] A_{DAS} \qquad (11-27)$$

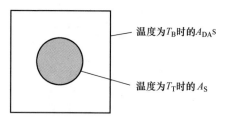

图 11-10　DAS 投影面积内的小目标

注:探测器像元接收来自目标和背景的辐射。

可分辨辐射源向点源的变化是一个渐变过程。Poropat[6] 预测的是这些中间值上的距离性能。随着 A_S 趋近于 0,用源的辐射强度 $I_q(\lambda)$ 表示 $L_q(\lambda, T_T)A_S$ 是合适的,单位为 photon/(s・sr・μm)。从临近像素减去背景像素得到

$$\Delta L_{DAS}A_{DAS} \approx L_q(\lambda, T_T)A_S = I_q(\lambda) \qquad (11-28)$$

衍射和像差会限制可能达到的最小像尺寸。图 11-11 说明三种情况:①无衍射时的几何图;②弥散圆直径等于像元直径;③弥散圆直径大于像元直径。图 11-12 说明图 11-11 描述的关系。直线 A 是与图 11-11(a)相同的理想情况。曲线 B 说明衍射弥散圆面积约等于像元面积的系统(图 11-11(b))。曲线 C 是衍射产生的弥散圆直径大于像元直径的情况。

如图 11-12 所示,对于曲线 B 和 C,只有一部分信号落在像元上。代表这个部分的分数称为点可见度因子(PVF),也称为弥散圆效率、平方功率[7] 和光学形状因

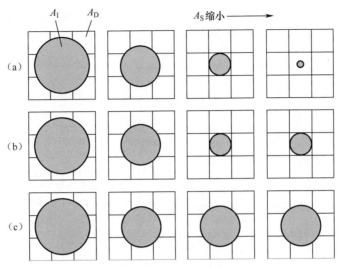

图 11-11　不同像的尺寸

(a)无衍射;(b)弥散圆直径等于像元尺寸;(c)弥散圆直径大于像元尺寸。
注:图中所示的是 100%填充因子的探测器阵列。

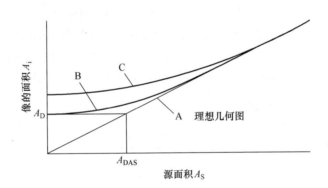

图 11-12　图 11-11 中三种情况下的像尺寸与源尺寸之间的关系

子[8]。相应地,修改式(11-28)得到

$$\Delta L_{DAS} A_{DAS} \approx PVF\, L_q(\lambda) \tag{11-29}$$

点源在远离成像系统的位置,因此加上大气透过率是合理的。同样,$M_{optics} \to 0$, $R_1 \to R$, $R_2 \to f$,则有

$$\Delta n_{PE} \approx \int_{\lambda_1}^{\lambda_2} \eta(\lambda) PVF\, I_q(\lambda)\frac{A_0}{R^2} t_{int} \tau_{optics}(\lambda) T_{atm}(\lambda,R)\,d\lambda \tag{11-30}$$

式中:A_0/R^2 为从目标看传感器的立体张角。

PVF 受调相效应影响[7]。像在像元中间时,PVF 最大;弥散圆中心在像元之间时,PVF 最小。最小 PVF 取决于像元的中心间距和填充因子。式(7-5)给出了旋转对称的 MTF。从空中看衍射图形就像一个礼帽，因此称为礼帽函数（somb）（也称为贝森克（Besinc）函数和 Jinc 函数）：

$$\mathrm{somb}(\rho) = \frac{2\mathrm{J}_1(\pi r)}{\pi r}, \quad r^2 = x^2 + y^2 \qquad (11\text{-}31)$$

令 PVF=分子/分母。分子（式（11-32））是按像元面积计算的，其中 x_o 和 y_o 表示像元与衍射图形中心的相对位置。衍射图形是径向对称的，因此，$x = r\cos\theta/(F\lambda)$，$y = r\sin\theta/(F\lambda)$。

$$分子 = \int_{-d_V/2}^{d_V/2} \int_{-d_H/2}^{d_H/2} \left[\mathrm{somb}(x + x_\mathrm{o}, y + y_\mathrm{o}) \right]^2 \mathrm{d}x\mathrm{d}y \qquad (11\text{-}32)$$

$$分母 = \int_{-\infty}^{\infty} \int_{0}^{2\pi} \left[\mathrm{somb}\left(\frac{x}{F\lambda}, \theta\right) \right]^2 \mathrm{d}r\mathrm{d}\theta \qquad (11\text{-}33)$$

对式（11-33）积分得到 $4(F\lambda)^2/\pi$ 的总体积。如果像元尺寸相比于弥散圆尺寸是固定的，则平方功率值保持不变。等效地，对每个 $F\lambda/d$ 值，PVF 是一个常数，$u_\mathrm{D}/u_\mathrm{o}$ 是一个常数。图 11-13 说明针对弥散圆直径在正方形像元中心的 PVF。对衍射受限光学系统，点扩散函数是无数个同心圆。要收集所有能量，需要一个无限大的探测器。等效地，$F\lambda/d \to 0$ 和 PVF $\to 1$。因此，对任何合理尺寸的探测器，都有 PVF<1。Beyer 等[7]提供了许多轴上（图 11-13）和离轴弥散圆直径的图形。Andersen[9]计算过平方（正方形像素）能量和包围圆（圆形像素）能量，其中，圆像素的直径等于正方形像素的边长。由于正方形面积较大，它的平方功率①比包围圆功率略大一点。Andersen 的轴上平方功率与 Beyer 的匹配。点源的信噪比在 12.4 节"NEI"②中讨论。

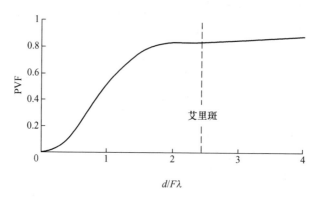

图 11-13　对位置居中的弥散圆的直径，PVF 与像元尺寸的函数关系（单位 $F\lambda$）。

注：像元尺寸等于艾里斑尺寸时（$d=2.44\,F\lambda$），会出现一个小平顶[7]。像差可能会降低 PVF。

---

① 译者注：原文为 ensquared PVF，似乎不对。另外，本书中的 ensquared energy 和 ensquared power 为同一概念，因此统一成平方功率。

② 译者注：原文为 12.8 节，有误，已改正。

11.5　光度学

光度学研究的是从辐射源到探测器的辐射传递关系,其中的辐射单位按人眼的光谱灵敏度归一化。光谱极限通常为 $0.38\sim0.7\mu m$。辐射源的发光出射度为

$$M_v = 683 \int_{0.38}^{0.72} V(\lambda)\, E_e(\lambda,T)\, \mathrm{d}\lambda \quad (\text{lx 或 lm/m}^2) \tag{11-34}$$

式中:$V(\lambda)$ 是在 $0.555\mu m$ 处归一化为 1 的人眼光适响应度[10],1W 产生 683lm。

目前,光学界有许多光度学单位(CGS、MKS 和 English)[11]。光适响应 $V(\lambda)$ 和暗适响应 $V'(\lambda)$ 的近似值为

$$\begin{cases} V(\lambda) = 1.019\exp\left[-285.4(\lambda-0.559)^2\right] \\ V'(\lambda) = 0.992\exp\left[-321(\lambda-0.503)^2\right] \end{cases} \tag{11-35}$$

把式(11-35)用于式(11-34)时,对 $1500\sim20000K$ 的黑体源,误差不到 1%[12]。使用本章提供的公式,可以和辐射学计算一样准确地进行光度学计算。

11.6　归一化

归一化是使多个测量结果尽可能接近一个通用标量的过程[13]。归一化对确保进行恰当的对比是必不可少的。图 11-14 说明系统光谱响应与两个不同辐射源之间的关系。系统输出取决于输入的光谱特征和成像系统的光谱响应。

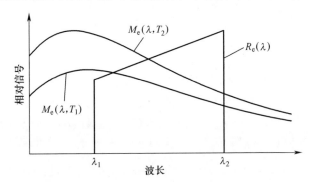

图 11-14　具有不同光谱输出的两个辐射源可以产生不同的系统输出

注:T_2 比 T_1 的辐射通量更多。可以看出 T_2 的系统输出更高。

如果"相同"系统有不同的光谱响应,那么系统的输出也会有变化(图 11-15)。式(11-18)对系统 1 在 $[A_2,A_4]$ 区间积分,对系统 2 在 $[A_1,A_3]$ 区间积分。由于光谱不匹配,$\Delta n_{\text{PE-sys-1}} \neq \Delta n_{\text{PE-sys-2}}$。例如,虽然同为 LWIR 系统,但光谱响应范围为 $8\sim12\mu m$ 的成像系统与工作在 $7.5\sim11.5\mu m$ 的系统相比可能有不同的响应率。系

统可以制造得看起来一样,或者通过选择合适的辐射源或大气条件使系统能提供更好的性能。

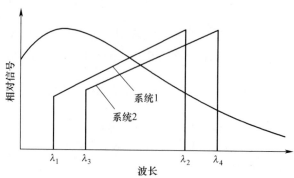

图 11-15　在观察同一辐射源时,光谱响应不同的系统会产生不同的输出

有时候,讨论平均响应率或平均透过率是很有用的。"平均"一词代表一个函数的平均值。如果 $f(x)$ 由 $g(x)h(x)$ 加权,则 $[a,b]$ 区间的 $f(x)$ 平均值为

$$f_{\text{ave}} = \frac{\int_a^b f(x)g(x)h(x)\,\mathrm{d}x}{\int_a^b g(x)h(x)\,\mathrm{d}x} \qquad (11\text{-}36)$$

再次利用该方法得到

$$g_{\text{ave}} = \frac{\int_a^b g(x)h(x)\,\mathrm{d}x}{\int_a^b h(x)\,\mathrm{d}x} \qquad (11\text{-}37)$$

于是

$$\int_a^b f(x)g(x)h(x)\,\mathrm{d}x = f_{\text{ave}}g_{\text{ave}}\int_a^b h(x)\,\mathrm{d}x \qquad (11\text{-}38)$$

式(11-38)的数学计算是正确的,但平均值取决于它们的计算顺序。也就是说,如果先用式(11-36)计算 g_{ave} ,然后用式(11-37)计算 f_{ave} ,平均值是不一样的。不管顺序如何,式(11-38)都有效。用这种方法,平均光学透过率可写为

$$\tau_{\text{optics-ave}} = \frac{\int_{\lambda_1}^{\lambda_2} \tau_{\text{optics}}(\lambda)\eta(\lambda)M_{\text{q}}(\lambda,\Delta T)\,\mathrm{d}\lambda}{\int_{\lambda_1}^{\lambda_2} \eta(\lambda)M_{\text{q}}(\lambda,\Delta T)\,\mathrm{d}\lambda} \qquad (11\text{-}39)$$

对远距离路径,要增加 $T_{\text{atm}}(\lambda,R)$ 项。式(11-39)表明,平均响应取决于辐射源的光谱特性(如辐射源的温度)、环境条件和它与探测器光谱响应率的关系。扩展源的辐射学公式可写为

$$\Delta n_{\mathrm{PE}} \approx \tau_{\mathrm{optics-ave}} \int_{\lambda_1}^{\lambda_2} \frac{\eta(\lambda) M_{\mathrm{q}}(\lambda, \Delta T) A_{\mathrm{D}} t_{\mathrm{int}}}{4F^2} \, \mathrm{d}\lambda \qquad (11\text{-}40)$$

一般并不允许单独计算每个变量的平均值,即

$$f_{\mathrm{ave}} = \frac{\int_{\lambda_1}^{\lambda_2} f(\lambda) \, \mathrm{d}\lambda}{\lambda_2 - \lambda_1} \qquad (11\text{-}41)$$

只有当该参数与所关注光谱区的波长无关时,这种近似才成立。随着 $\Delta\lambda$ 减小,该近似变得更准确;对带宽非常窄的系统(如激光系统),这种近似是准确的。

参 考 文 献

[1] C. L. Wyatt, Radiometric System Design, Chapter 3, Macmillan Publishing Co. New York, NY (1987).

[2] G. C. Holst, Electro-Optical Imaging System Performance, 5th edition, Chapter 3, JCD Publishing Company, Winter Park, FL (2008).

[3] C. C. Kim, "Foote's Law and its application to cameras," in Infrared Imaging Systems: Design, Analysis, Modeling, and Testing XXVII, Proc. SPIE vol. 9820, paper 98200J (2016).

[4] C. J. Willers, Electro-Optical System Analysis and Design: A Radiometry Perspective, SPIE (2013).

[5] D. Kryskowski and G. H. Suits, "Natural sources," in Sources of Radiation, G. J. Zissis, ed., pp. 151-209. This is Volume 1 of The Infrared and Electro-Optical Systems Handbook, J. S. Accetta and D. L. Shumaker, eds., co published by Environmental Research Institute of Michigan, Ann Arbor, MI and SPIE Press, Bellingham, WA (1993).

[6] G. V. Poropat, "Effect of system point spread function, apparent size, and detector instantaneous field of view on infrared image contrast of small objects," Opt Eng, Vol. 32(10), pp. 2598-2607 (1993).

[7] L. M. Beyer, S. H. Cobb, and L. C. Clune, "Ensquared power for circular pupils with off-center imaging," Applied Optics, Vol. 30(25), pp. 3569-3574 (1991).

[8] J. M. Lloyd, "Fundamentals of electro-optical imaging system analysis," in Electro-Optical Systems Design, Analysis, and Testing, M. C. Dudzik, ed., pg. 18. This is Volume 4 of The Infrared and Electro-Optical Systems Handbook, J. S. Accetta and D. L. Shumaker, eds., co published by Environmental Research Institute of Michigan, Ann Arbor, MI and SPIE Press, Bellingham, WA (1993).

[9] T. B. Andersen, "Accurate calculation of diffraction-limited encircled and ensquared energy," Applied Optics, Vol 54 (25), pp. 7525-7533 (2015).

[10] The photopic response curve can be found in many textbooks. See, for example, W. J. Smith, Modern Optical Engineering, second edition, pp. 222-227, McGraw-Hill, New York (1990).

[11] G C. Holst and T. S. Lomheim, CMOS/CCD Sensors and Camera Systems, pp. 21-25, JCD Publishing, Oviedo, FL (2007).

[12] J. M. Palmer, "Radiometry and Photometry" in Handbook of Optics, Vol. III, p 7.11, McGraw, 2001.

[13] F. E. Nicodemus, "Normalization in radiometry," Applied Optics, Vol. 12(12), pp. 2960-2973 (1973).

第 12 章

信噪比

在目标到显示器的信号链中的任一环节都可以定义信噪比。信号通常是目标与背景之间的信号差,但经常省略"差"字;同样,噪声是一个均方根值,但也经常省略"均方根"一词,只简单表达为

$$\mathrm{SNR} = \frac{\Delta \text{信号}}{\mathrm{RMS} \text{噪声}} \tag{12-1}$$

对中波红外和长波红外系统,信号差与目标–背景之间的绝对温差有关。目标和背景通常在同一距离,但也不绝对,比如观察飞机时,背景是天空或云层。这种情况下,目标的大气透过率大于背景的透过率。当目标与其相邻背景在同一距离时,下列成像公式是成立的。电子数为

$$\Delta n_{\mathrm{PE}} \approx \int_{\lambda_1}^{\lambda_2} \frac{\eta(\lambda) M_{\mathrm{q}}(\lambda, \Delta T) A_{\mathrm{D}} t_{\mathrm{int}}}{4F^2} \tau_{\mathrm{optics}}(\lambda) \tau_{\mathrm{atm}}(\lambda, R) \mathrm{d}\lambda \tag{12-2}$$

对于小 ΔT 有

$$\Delta n_{\mathrm{PE}} \approx \int_{\lambda_1}^{\lambda_2} \frac{\eta(\lambda) A_{\mathrm{D}} t_{\mathrm{int}}}{4F^2} \frac{\partial M_{\mathrm{q}}(\lambda, T_{\mathrm{B}}) \Delta T}{\partial T} \tau_{\mathrm{optics}}(\lambda) \tau_{\mathrm{atm}}(\lambda, R) \mathrm{d}\lambda \tag{12-3}$$

对可见光、近红外和短波红外系统,信号差与目标–背景之间的反射率差有关。光电子数为

$$\Delta n_{\mathrm{PE}} \approx \int_{\lambda_1}^{\lambda_2} \frac{\eta(\lambda) [\rho_{\mathrm{T}}(\lambda) - \rho_{\mathrm{B}}(\lambda)] M_{\mathrm{q\text{-}ill}}(\lambda, T) A_{\mathrm{D}} t_{\mathrm{int}}}{4F^2} \tau_{\mathrm{optics}}(\lambda) \tau_{\mathrm{atm}}(\lambda, R) \mathrm{d}\lambda$$

$$\tag{12-4}$$

对于点源有

$$\Delta n_{\mathrm{PE}} = \int_{\lambda_1}^{\lambda_2} \eta(\lambda) \mathrm{PVF} I_{\mathrm{q}}(\lambda, T_{\mathrm{T}}) \frac{A_{\mathrm{O}}}{R^2} t_{\mathrm{int}} \tau_{\mathrm{optics}}(\lambda) \tau_{\mathrm{atm}}(\lambda, R) \mathrm{d}\lambda \tag{12-5}$$

大气在吸收场景光子的同时,会再次把它辐射出去。再辐射光子在背景信号中有平移,一部分光子会进入电荷阱。平移可以消除,但与路径辐射相关的散粒噪声无法消除。同样,散射到视线中的光子对噪声也有贡献。为了简便,在下面几节中假设大气是透明的,即 $\tau_{\mathrm{atm}}(\lambda, R) = 1$。

噪声可以是时间变化(一个像元的输出变化)或空间变化(多个像元的输出变

化)造成的。在红外区,所有物体都发出可测量的辐射。散粒噪声与目标、背景、大气、光学系统、滤波器、系统外壳和冷屏的辐射有关。环境温度下的物体在可见光、近红外和短波红外区发射的光子基本为零。对这些系统,目标和背景被自然光或人工光照射。散粒噪声仅来自目标和背景。电子噪声是在探测器之后产生的。所有系统的电子噪声都包括暗电流散粒噪声、读出噪声、多路传输器和模/数转换器噪声。常见的空间噪声是固定模式噪声(FPN)。

将所有噪声分量结合起来,再将信噪比(式(12-1))设为 1(一直认为是最低可测量信号),然后使等效信号成为选用的量度(表 12-1)。选用的量度因应用、用户需求或设计要求而不同。由于相机公式是在波长上积分,需要做一些数学处理和/或假设才能获得想要的量度。定义探测器输出端的信噪比会得到 NEDT 或 NEE,定义入瞳处的信噪比会得到 NEI 或 $NE\Delta\rho$。早期的性能模型根据观察者感受到的信噪比预测目标捕获距离。这些噪声等效值给出了目标可探测性的下限,随着下限值提高,越来越难以探测到低对比度目标。

系统优化涉及许多因素。知道是什么问题限制着系统性能很重要,这样才能做出明智的改进。量化噪声源对系统分析人员来说是一个挑战,不仅需要计算合适的量度(表 12-1),用图表描绘出各种噪声源更具启发性。许多噪声值都是积分时间和 n_{PE} 的函数。将一个变量描绘成光电子数的函数曲线时,该曲线称为光子传递曲线(PTC)。

表 12-1　各种系统噪声的量度

NEE	噪声等效电子数
$NE\Delta\rho$	噪声等效反射率差
NEDT	噪声等效温差
NEI	噪声等效发光强度
NEFD	噪声等效通量密度(和 NEI 一样)

许多文献都在论述探测器特性和噪声源。针对凝视阵列的噪声建模[1-4]取决于所用的特定读出电路,如源跟随器电路、直接注入电路、缓冲直接注入电路或电容互阻放大电路。这些噪声源是多路传输器的设计者所关心的,必要时会增加到系统模型中。对系统分析来说,将读出噪声当作单一量可能就足够了。探测器/多路传输器制造商通常会提供这个参数。与工作在可见光波段的探测器有关的噪声源见文献[7~11]。针对建模目的的噪声源分以为三类:

(1)"标准"噪声源:这些噪声源能用数学解析式描述,多数课本里都有介绍。

(2)可量化噪声源:这些噪声源的精确值是未知的,其中包括固定模式噪声、放大器噪声和多路传输器噪声,这些准确参数可以通过制造商或实验获得。

(3)特殊噪声源:这是一些不能用简单统计方程描述的噪声源,包括 $1/f$、颤噪声和瞬变效应。虽然不是噪声源,但它可能包含非线性数字图像处理伪像、非线性相移效应和混叠信号。

12.1　常见噪声源

对光伏器件,探测器输出端的噪声(e-RMS)为

$$\langle n_{\text{sys}} \rangle = \sqrt{\langle n_{\text{shot}}^2 \rangle + \langle n_{\text{mux}}^2 \rangle + \langle n_{\text{ADC}}^2 \rangle + \langle n_{\text{FPN}}^2 \rangle} \tag{12-6}$$

非场景光子也产生散粒噪声。这些非场景光子有光学系统发出的光子、外壳光子、冷屏(CS)光子和冷滤波器(CF)光子。非场景噪声(e⁻RMS)为

$$\langle n_{\text{NS}} \rangle = \sqrt{\langle n_{\text{optics}}^2 \rangle + \langle n_{\text{housing}}^2 \rangle + \langle n_{\text{CS}}^2 \rangle + \langle n_{\text{CF}}^2 \rangle} \tag{12-7}$$

总噪声(e⁻RMS)为

$$\langle n_{\text{total}} \rangle = \sqrt{\langle n_{\text{sys}}^2 \rangle + \langle n_{\text{NS}}^2 \rangle} \tag{12-8}$$

所有这些噪声都可能主导系统噪声。因此,理解各种噪声源之间的关系很重要。随着信号强度提高,主导噪声会变化。

12.1.1　散粒噪声

散粒噪声与随机产生的电子有关。虽然与电子有关,但散粒噪声有时也称为光子噪声。由于电子的离散性质,电子噪声似乎遵循泊松统计,其方差等于平均值,即

$$\langle n_{\text{shot}}^2 \rangle = \langle n_{\text{photon}}^2 \rangle + \langle n_{\text{dark}}^2 \rangle = n_{\text{photon}} + n_{\text{dark}} \tag{12-9}$$

注意,可以从信号中去除暗电流电子,但去不掉暗电流散粒噪声。

12.1.2　暗电流

暗电流是热产生的电子流。对探测器进行冷却能减少这种电流。通常制造商会提供暗电流密度 J_{D}。暗电流为

$$i_{\text{dark}} = J_{\text{D}} A_{\text{pixel}} = J_{\text{D}} d_{\text{CCH}} d_{\text{CCV}} \tag{12-10}$$

暗电流电子数[15-16]与积分时间呈线性关系,即

$$n_{\text{dark}} = J_{\text{D}} d_{\text{CCH}} d_{\text{CCV}} \frac{t_{\text{int}}}{q} \tag{12-11}$$

"07定律"是一个对测得的 HgCdTe 暗电流数据的经验拟合[17-18]。给定探测器截止波长 λ_{c} 和探测器温度,用"07定律"能预测出 HgCdTe 的暗电流密度。

12.1.3　多路传输器噪声

凝视阵列的多路传输器很复杂。噪声成分包括量化噪声、kTC 噪声、放大器噪声、注入效率以及电荷转移无效。相关的二次采样技术可使一些噪声源最小。这

些噪声源的函数形式可以参见文献[2-10]。为方便系统建模,将多路传输器噪声考虑为固定值,该值由制造商提供。多路传输器噪声也称为本底噪声。

12.1.4　量化噪声

模/数转换器会产生离散的输出电平。一系列模拟输入会产生同样的输出。这个不确定性(或误差)产生的有效噪声用下式求出:

$$V_{noise} = \frac{V_{LSB}}{\sqrt{12}} \tag{12-12}$$

式中: V_{LSB} 为与最低有效位相关的电压。

对一个 N 位模/数转换器, $V_{LSB} = V_{max}/2^N$, V_{max} 取决于系统增益。相关噪声(e^- RMS)为

$$\langle n_{ADC} \rangle = \frac{N_{max}}{2^N \sqrt{12}} \tag{12-13}$$

图 12-1 说明三个增益设置值的 N_{max} 。在最低增益处, N_{max} 等于电荷阱容 N_{well} 。由于 N_{max} 随着增益变化, $\langle n_{ADC} \rangle$ 也随着增益变化。

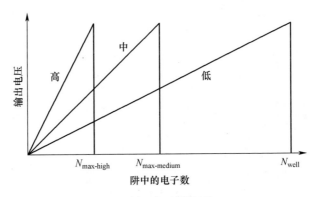

图 12-1　高、中、低增益的 N_{max}

例 12-1　总噪声

一个阵列的本底噪声为 $20e^-$ RMS,阱容为 50000 个电子,采用 8 位模/数转换器。那么总噪声是多少? 大多数系统都使用 12 位、14 位或 16 位的模/数转换器。选用一个 8 位转换器来说明 $\langle n_{ADC} \rangle$ 对性能的影响。

最低有效位代表 $50000/2^8 = 195$ 个电子。量化噪声为 $195/\sqrt{12} = 56.3e^-$ RMS。满阱时的总噪声为

$$\langle n_{sys} \rangle = \sqrt{\langle n_{PE}^2 \rangle + \langle n_{mux}^2 \rangle + \langle n_{ADC}^2 \rangle}$$
$$= \sqrt{50000 + 20^2 + 56.3^2}$$

$$= 231(\text{e}^- \text{ RMS}) \tag{12-14}$$

满阱时,量子噪声与散粒噪声相比似乎无关紧要(图12-2)。图12-3给出了图12-2数据的信噪比。通常积分时间是设定的,以便背景能填充50%的电荷阱(在12.2.3节"可变积分时间"中讨论)。信号很少是饱和(即信号形成满阱)的。

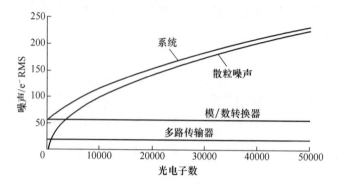

图 12-2　噪声是光电子数的函数

注:在本例中,当光电子数不够5000个时,模/数转换器噪声变得显著。
模/数转换器噪声大于本底噪声。用12位模/数转换器时,$\langle n_{ADC} \rangle = 3.5\,\text{e}^-\text{RMS}$。

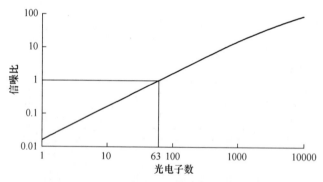

图 12-3　图 12-2 里值的信噪比

注:NEE=63个电子。只有光电散粒噪声时,NEE没有意义(它变为1)。

12.1.5　非场景光子

根据普朗克辐射定律,所有物体都发射光子。光子可能来自各种辐射源[19-20],如光学系统、热滤波器、冷滤波器、冷屏和外壳(图12-4)。非场景光子产生非场景电子,给场景增加杂散光,对噪声有贡献。NVIPM模型将非场景电子称为"外来信号"。由于大多数红外系统放大目标-背景强度差,所以在显示器上看不到杂散光。但杂散光引入散粒噪声。对凝视阵列,部分杂散光会填充电荷阱,这

会限制场景动态范围。非场景光电子总数为

$$n_{NS} = n_{optics} + n_{housing} + n_{CF} + n_{CS} \qquad (12-15)$$

而且 $\langle n_{NS}^2 \rangle = n_{NS}$。对地面物体($T \approx 293K$),在可见光、近红外和短波红外区基本不存在光子,$n_{NS} \approx 0$。

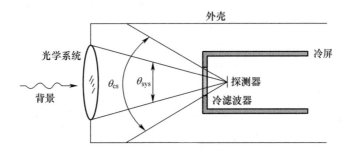

图 12-4　有冷屏的典型红外系统光学布局图

注:冷屏是一个非渐晕场光阑。热滤波器(未画出)也对光子噪声有贡献。

探测器装在冷屏腔里,接收 4π 立体弧度减去腔孔立体角(由冷屏 F 数确定)的辐射。用小角近似确定 F 数(在附录"F 数"中讨论)。冷屏腔产生的光电子数为

$$n_{CS} = \left[4 - \frac{1}{4F_{CS}^2} \right] \int_0^\infty \eta_M(\lambda)\varepsilon_{CS}(\lambda)M_q(\lambda,T_{CS})A_D t_{int} d\lambda \qquad (12-16)$$

可将积分范围变成探测器材料的量子效率 η_M(见式(10-3))有限的那些波长。冷屏是不透光的,发射率 $\varepsilon_{CS}(\lambda) = 1$。通常 $T_{CS} \ll T_B$,n_{CS} 趋向于可忽略。

式(10-7)描述冷滤波器的透过率。冷滤波器的发射率 $\varepsilon_{CF}(\lambda) = 1 - \tau_{filter}(\lambda)$,$F$ 数和冷屏的相同,则有

$$n_{CF} = \frac{\int_0^\infty \eta_M(\lambda)\varepsilon_{CF}(\lambda)M_q(\lambda,T_{CF})A_D t_{int} d\lambda}{4F_{CS}^2} \qquad (12-17)$$

冷滤波器的透过率决定系统的光谱响应。但由于会有漏光,积分范围是探测器材料的量子效率有限的那些波长。通常 $T_{CS} \ll T_B$,使冷屏的辐射可以忽略。

如果系统 FOV(由孔径确定)小于探测器 FOV(由冷屏确定),探测器就会接收到外壳的辐射。等效地,系统 F 数大于冷屏 F 数(见附录"F 数")。当 $F_{CS} < F$ 时,外壳产生:

$$n_{housing} = \left[\frac{1}{4F_{CS}^2} - \frac{1}{4F^2} \right] \int_0^\infty \eta(\lambda)\varepsilon_{housing}(\lambda)M_q(\lambda,T_{housing})A_D t_{int} d\lambda \qquad (12-18)$$

式中:$\eta(\lambda) = \eta_M(\lambda)\tau_{filter}(\lambda)$。

量子效率通常由制造商提供。当 $F_{CS} > F$ 时,冷屏是限制孔径,所有公式中的 F 数都被 F_{CS} 代替。如果 $F_{CS} > F$,光学系统是无效的。冷屏效率 $CS_{eff} = \theta_{sys}/\theta_{CS}$。

式(12-18)可变为

$$n_{\text{housing}} = \frac{1}{4F^2}\left[\frac{1}{\text{CS}_{\text{eff}}^2} - 1\right]\int_0^\infty \eta(\lambda)\varepsilon_{\text{housing}}(\lambda)M_q(\lambda,T_{\text{housing}})A_D t_{\text{int}}\text{d}\lambda \quad (12\text{-}19)$$

图 12-5 说明中括号里的项是冷屏效率的函数。大多数分析人员都假设冷屏效率为 100%。从制造观点来看,可能有 $\text{CS}_{\text{eff}} < 1$。

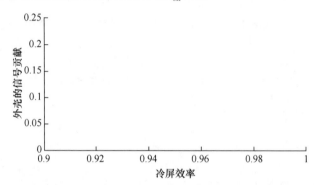

图 12-5　外壳的信号贡献是冷屏效率的函数

注:对 100% 的冷屏效率(理想情况), $\theta_{\text{sys}} = \theta_{\text{CS}}$ 或者 $F_{\text{CS}} = F$, $n_{\text{housing}} = 0$ 。

为了数学表达简便,假设光学系统由一个透镜组成,发射率 $\varepsilon_{\text{optics}}(\lambda) = 1 - \tau_{\text{optics}}(\lambda)$,则有

$$n_{\text{optics}} = \int_0^\infty \eta(\lambda)\varepsilon_{\text{optics}}(\lambda)\frac{M_q(\lambda,T_{\text{optics}})}{4F^2}A_D t_{\text{int}}\text{d}\lambda \quad (12\text{-}20)$$

透镜都有曲率,通常有足够的安装间距,以便使冷反射(杜瓦低温面的反射辐射)极低,从而使反射的辐射可以忽略。当 $T_{\text{optics}} > T_B$ 时, n_{optics} 的影响变大。对经受空气动力加热的导弹来说尤其如此(在 12.2.4 节"热光学系统"中讨论)。

使用相机公式($M_{\text{optics}} = 0$)计算背景产生的辐射:

$$n_{\text{BKGND}} = \int_0^\infty \eta(\lambda)\frac{M_q(\lambda,T_B)A_D}{4F^2}\tau_{\text{optics}}(\lambda)t_{\text{int}}\text{d}\lambda \quad (12\text{-}21)$$

在等温环境中, $T_{\text{optics}} \approx T_B$,于是

$$n_{\text{PE}} \approx n_{\text{BKGND}} + n_{\text{optics}} = \int_0^\infty \eta(\lambda)\frac{M_q(\lambda,T_B)A_D}{4F^2}t_{\text{int}}\text{d}\lambda \quad (12\text{-}22)$$

光学系统接收的每个光子都会再次发射出去,所以在考虑噪声时,探测器接收的是全光谱响应。如果系统有一个防止恶劣环境影响的输出窗口,必须采用图 12-4 的光学结构。输出窗口通常会倾斜 20°,以防止冷反射。

例 12-2　信号和噪声

一个中波红外系统有以下特性: $T_B = 300K, T_{optics} = 300K, \tau_{optics} = 0.8, \eta = 0.8,$ $J_D = 5 \times 10^{-19} A/cm^2, F = 2, d_{CCH} = d_{CCV} = 30 \mu m$,填充因子(FF) = 0.85,使用 8 位的模/数转换器,读出噪声为 2000e⁻ RMS,帧速为 30Hz,阱容为 10^6 个电子。它们对总信号和总噪声的贡献是多少?

如图 12-6 所示,在满阱时,信号填充阱容的 73%,其余阱容被光学系统的自发射和暗电流填充。从阱填充观点来讲,暗电流不是太多。图 12-7 说明,读出噪声居高,必须降低以提高信噪比。提高模/数转换器的位数(如 12 位)能降低它的噪声。

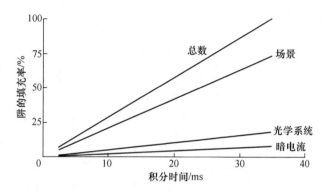

图 12-6　阱填充是积分时间的函数

注:最大积分时间为 33ms(帧速为 33Hz)。图中直线只针对所选系统。

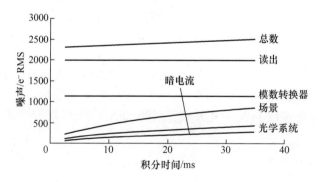

图 12-7　噪声电子数是积分时间的函数

注:图中曲线只针对所选的系统值。在设计良好的系统中,场景散粒噪声应该是主要噪声。

12.1.6　空间噪声

多元探测器阵列主要是空间噪声,有四个已知噪声源[21-23]:探测器响应率非线性(含相关放大器增益变化)、探测器光谱响应的变化、探测器 1/f 噪声和阵列 1/f 噪声。探测器响应率通常不会随着时间发生太大变化,其表现是一个很少变化的图形。这个固定模式噪声可以用基于软件的非均匀性校正(NUC)降至最小。光谱响应的变化很难用数学描述,而且没有有效的校正方法。1/f 噪声的变化十分缓慢,但它毕竟在变化,很难长时间地校正它。1/f 噪声也称为闪烁噪声。

每个探测器/放大器组合都有不同的增益和电平偏移(图 12-8),这些变化产生固定模式噪声(FPN)。对多元线性阵列(图 2-2),每线都有不同的增益和偏置,这种阵列只在垂直方向产生 FPN,在水平方向上则呈现出条纹。单元系统(图 2-1)和纯串行系统(图 2-3)没有 FPN。凝视阵列的每个像元都有不同的响应,导致产生二维 FPN。电子增益/电平归一化(非均匀性校正)能去除 FPN。去除地不彻底会产生残余 FPN 噪声。

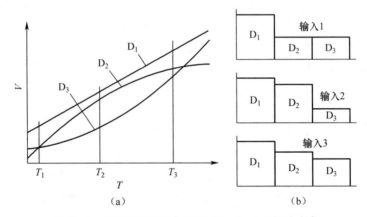

图 12-8   三个不同红外探测器(D_1、D_2、D_3)的响应率

(a)夸大的非线性响应率;(b)针对三个不同背景温度输入的探测器输出。

图 12-9 说明经过两点校正后的标准输出。如果所有像元都有线性响应率,则所有曲线会重合。随着单个像元的响应偏离线性,响应率差变得更加明显[23]。正是这种响应率变化造成了增益/电平校正后的 FPN。

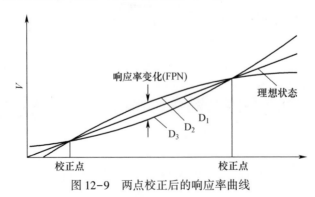

图 12-9   两点校正后的响应率曲线

　　虽然 FPN 被称为固定的,但它通常以十分缓慢的速度变化。1/f 噪声如果未经校正,会产生一个缓慢变化的输出信号,它是一个叠加性 FPN。噪声量取决于 1/f 特性和最后一次校正后收集数据的时间[23-24]。如果系统在开机后仅校正过一次,噪声就会随着时间慢慢提高。这时,测量出的噪声与测量时间成函数关系。

　　经过非均匀性校正后的 FPN 量取决于背景温度和校正温度。这提高了测量复杂性。为了方便建模,建议在最差情况下使用最大值,如图 12-10 所示。一般来说,最大值出现在环境温度(约 273K)时,这大约是进行测量时的温度。

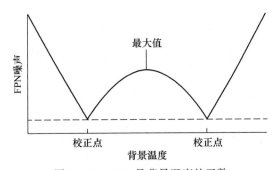

图 12-10　FPN 是背景温度的函数

注:由于成像处理限制和响应率变化,仍然会存在残余(无法校正的)FPN(虚线)。

　　起初, $\eta_M(\lambda)$ 似乎是一个常量,但它在焦平面上随着像元温度变化,这导致一个变化的 FPN。可以取 FPN 的平均值进行分析,但其变化使得测量难以进行。

　　每个像元的输出都能用式(12-2)计算。由于每个像元有不同的量子效率,会产生无法校正的 FPN(图 12-11)。当单像元量子效率随着其温度变化导致热探测器阵列[26-27](图 12-12)的量子效率特别难测量时,会使校正 FPN 变得更加困难。

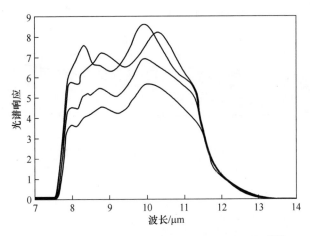

图 12-11　随机选择的 LWIR 焦平面阵列探测器[25]

为方便建模,选用一个平均FPN值获得"平均"性能。注意,测量值可能与建模用的值不一样。

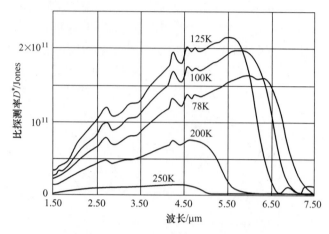

图12-12　铅盐探测器的比探测率 D^* 是探测器温度的函数[27]

对红外系统,阵列上的暗电流变化通常被忽略。对可见光系统,暗电流变化称为固定模式噪声(FPN)。虽然FPN在红外区和可见光区有不同的意义,但通过上下文能看出其合适的定义。有时候,它称为暗信号非均匀性(DSNU),其响应率趋于线性,但在整个探测器阵列上不一样(图12-13)。这种变化称为光电响应非均匀性(PRNU)。随着输入强度提高,输出的变化也增大。PRNU可以用非均匀性校正算法校正,但会存在一些残余PRNU。

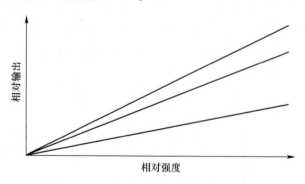

图12-13　三个可见光探测器各自的响应率

12.2　NEDT

原则上,除随机噪声以外,所有噪声源都可以消除,至少可降至可测量值以下。

在随机噪声仅由与光子探测相关的随机事件引起时，$\langle n_{sys}\rangle = \langle n_{PE}\rangle$，则称系统具有背景受限性能(BLIP)。注意,在遮住红外孔径时,探测器会接收环境辐射($T\approx$293K)。热成像系统能在 BLIP 模式工作。由于在 293K 时可见光区基本不存在背景光子,因而可见光传感器受暗电流散粒噪声、放大器噪声或多路传输器噪声限制。

长期以来,只有光子探测器有足够的响应,能支持高分辨率低噪声红外成像系统。因此,科研人员已对这类探测器进行过详细分析,现在用的大多数性能公式都是根据光子探测器的特性开发的。只在有散粒噪声时,BLIP 系统才用 NEDT 表征。NEDT 也称为噪声等效温度(NET)和噪声等效温差(NETD)。NEDT 是一个很好的产品性能验证指标,但不适合用于进行系统间比较,在对比不同设计的成品系统时要谨慎使用,因为它是光谱响应率和积分时间的函数。

将式(12-3)代入式(12-1),设信噪比为 1,求解 ΔT,得到凝视阵列的 NEDT。扫描系统的 NEDT 可见参考文献[28]。

$$\text{NEDT}_{staring} = \frac{4F^2\langle n_{sys}\rangle}{A_D t_{int}\int \eta(\lambda)\frac{\partial M_q(\lambda,T_B)}{\partial T}\tau_{optics}(\lambda)\,d\lambda} \tag{12-23}$$

12.2.1　背景温度

由于热导数(图 11-5)取决于背景温度,NEDT 也是背景温度的函数。因为热导数值随着温度上升而减小,所以 NEDT 随着温度下降而增大(图 12-14)。

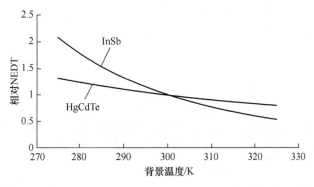

图 12-14　对积分时间固定的 MWIR(InSb)和 LWIR(HgCdTe)传感器,NEDT 是背景温度的函数
注:曲线在 300K 处归一化以便说明温度依赖关系。图中的数值仅针对所选参数。

12.2.2　固定模式噪声

当响应率是非线性时,情况更加复杂。FPN 的大小取决于探测器响应率之间非线性的大小。它在标定点最小,但在其他位置会加大(图 12-10)。图 12-15 说明 BLIP 受限 NEDT 和两点校正后的残余 FPN。如果两点校正对所有输入都是完美的,就不会有残余 FPN。这种非线性效应很难建模,其原因有:①校正点可能是未知的;②FPN 与背景温度的依赖关系可能是未知的。

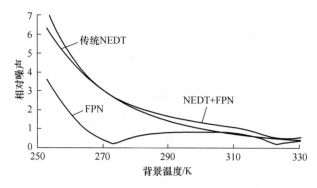

图 12-15　典型 BLIP 受限 NEDT(传统)和两点校正后的残余 FPN[23]

注:有效 NEDT 是传统 NEDT 和 FPN 的平方根和(RSS)值。

12.2.3　可变积分时间

对凝视阵列而言,延长积分时间能提高信噪比或者降低 NEDT。积分时间可以是最大帧时内的任意值。但是为了避免电荷阱饱和,实际积分时间可能短得多。

采用高响应率探测器(如 InSb)的系统会经常调整积分时间,以保持 50%的阱容。随着背景温度降低,光子数会减少,要延长积分时间才能保持 50%的阱容。图 12-16 说明典型 NEDT 与背景温度的函数关系。

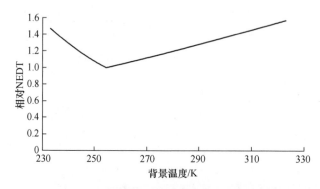

图 12-16　典型 NEDT 与背景温度的函数关系

注:对 MWIR 探测器(InSb)来说,在积分时间可变时,其 NEDT 是背景温度的函数(图 11-6)。在积分时间
与帧时相等时,NEDT 最小。温度低于 254K(-19℃)时,NEDT 也会提高(图 12-14)。

图中曲线仅针对所选参数。

12.2.4　热光学系统

在设计良好的系统中,冷屏的效率接近 100%,因而可以忽略 $n_{housing}$ 。当光学系统安装在高速飞机上、导弹上,或用在高温环境(如工厂和消防)时,它的温度会很高。图 12-17 说明光学系统温度升高对 NEDT 的影响。光电子数增加会使电荷阱饱和,要避免饱和,就要缩短积分时间,但这会对信噪比造成不良影响。

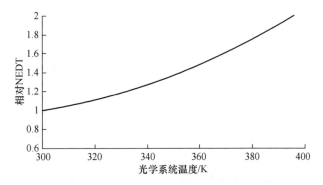

图 12-17　中波红外系统的 NEDT 是热光学系统温度的函数

注:$\tau_{optics}(\lambda)=0.75$。图中曲线仅针对所选参数。

12.2.5　非致冷系统

由第一定律难以预测非致冷系统的 NEDT,因而要将测得的 NEDT 输入性能模型。光伏探测器的积分时间可能变化(在 12.2.3 节"可变积分时间"中讨论),它通常等于非致冷系统的帧时。传感器制造商会提供测得的 NEDT 和实验参数(F 数、光学透过率和帧速)。系统 NEDT 为

$$\text{NEDT}_{sys}=\left[\frac{\text{NEDT}t_{int}\tau_{optics}}{F^2}\right]_{measured}\frac{F^2}{t_{int}\tau_{optics}} \tag{12-24}$$

12.3　噪声等效反射率差

噪声等效反射率差(NE$\Delta\rho$)是可见光系统的性能指标。用 $\Delta\rho$ 代替式(12-4)中的 $\rho_T(\lambda)-\rho_B(\lambda)$ 后,信噪比为

$$\text{SNR}=\frac{A_D\int_{\lambda_1}^{\lambda_2}\eta(\lambda)\Delta\rho M_{q-ill}(\lambda,T)\tau_{optics}(\lambda)t_{int}d\lambda}{4F^2\langle n_{sys}\rangle} \tag{12-25}$$

设信噪比为 1,求解 $\Delta\rho$ 可得

$$NE\Delta\rho = \frac{4F^2\langle n_{sys}\rangle}{A_D\int_{\lambda_1}^{\lambda_2}\eta(\lambda)M_{q\text{-ill}}(\lambda,T)\tau_{optics}(\lambda)t_{int}d\lambda} \qquad (12-26)$$

如果主要噪声源是光电子散粒噪声,则有

$$NE\Delta\rho = \sqrt{\frac{4F^2}{A_D\int_{\lambda_1}^{\lambda_2}\eta(\lambda)M_{q\text{-ill}}(\lambda,T)\tau_{optics}(\lambda)t_{int}d\lambda}} \qquad (12-27)$$

$NE\Delta\rho$ 是在入瞳处针对透明空气确定的。这说明 $\Delta\rho_{scene} = NE\Delta\rho/T_{atm}(R)$。这种简化方法忽略了与路径辐射和大气光谱传输相关的噪声。

将反射率差定为 $\Delta\rho$ 便于数学计算,但与真实目标相关时情况会更加复杂。用式(11-36)提供的方法,平均反射率差为

$$\Delta\rho_{ave} = \frac{\int_{\lambda_1}^{\lambda_2}\eta(\lambda)[\rho_T(\lambda)-\rho_B(\lambda)]M_{q\text{-ill}}(\lambda,T)\tau_{optics}(\lambda)d\lambda}{\int_{\lambda_1}^{\lambda_2}\eta(\lambda)M_{q\text{-ill}}(\lambda,T)\tau_{optics}(\lambda)d\lambda} \qquad (12-28)$$

如果量子效率、辐射出射度和光学系统在感兴趣的光谱区没有明显的光谱特征,则有

$$\Delta\rho \approx \Delta\rho_{ave} \approx \frac{\int_{\lambda_1}^{\lambda_2}[\rho_T(\lambda)-\rho_B(\lambda)]d\lambda}{\lambda_2-\lambda_1} = \overline{\rho_T}-\overline{\rho_B} \qquad (12-29)$$

12.4　噪声等效发光强度

文献[20,29]给出了完整的噪声等效发光强度(NEI)方程组。将式(12-5)代入式(12-1)可得

$$SNR = \frac{\int_{\lambda_1}^{\lambda_2}PVF\,\eta(\lambda)I_q(\lambda)\dfrac{A_O}{R^2}t_{int}\tau_{optics}(\lambda)\tau_{atm}(\lambda,R)d\lambda}{\langle n_{sys}\rangle} \qquad (12-30)$$

NEI 是 SNR = 1 时的辐射源强度。因为波长依从关系,不能用数学解析式表示 NEI。假设没有波长依从关系:

$$NEI = \frac{\langle n_{sys}\rangle}{PVF\,\eta_{ave}(\lambda)\dfrac{A_O}{R^2}t_{int}\tau_{optics\text{-}ave}\tau_{atm\text{-}ave}} \qquad (12-31)$$

可以将信噪比或 NEI 表示为 NEDT 的函数(式(12-24)),但数学上很难处理。如图 11-13 所示,PVF 是 $d/F\lambda$ 的函数。图 11-13 和这里都假设是一个衍射受限光学系统。对一个散粒噪声受限系统,假设背景探测器被一温度为 T_B 的信号照

射。改写背景信号为

$$n_{\text{PE-BKGND}} = \left(\frac{d}{F\lambda}\right)^2 \lambda^2 \int_{\lambda_1}^{\lambda_2} \frac{\eta(\lambda) M_q(\lambda, T_B) t_{\text{int}}}{4F^2} \quad \tau_{\text{optics}}(\lambda) \, \mathrm{d}\lambda \qquad (12\text{-}32)$$

由于背景的散粒噪声为 $\sqrt{n_{\text{PE-BKGND}}}$，信噪比(图 12-18)与下式成比例：

$$\text{SNR} \propto \text{PVF}\left[\left(\frac{d}{F\lambda}\right)^2 + n_{\text{other}}^2\right]^{-0.5} \qquad (12\text{-}33)$$

式中：$\langle n_{\text{other}}^2 \rangle$ 为所有其他噪声(如暗电流、量化和读出噪声等)方差之和。

信噪比峰值相当宽,它在 $1.0 < d/F\lambda < 1.4$ 时大于 98%,最大值出现在 $n_{\text{other}} = 0$ 时。等效地,这时的 NEI 最小。弥散圆中心可以在像素内的任一位置。文献[29]针对通光孔径和遮挡孔径(卡塞格林光学系统),给出了弥散圆中心在像素中心、在像素边缘、在像素角上时的信噪比。Preece 等为 NVIPM 模型开发[30]了一个稳健的红外搜索跟踪模块,它计算所有辐射源尺寸(从点源到扩展源面积)的信噪比。15.2.2 节"平方功率"提供了一个平方功率的例子。

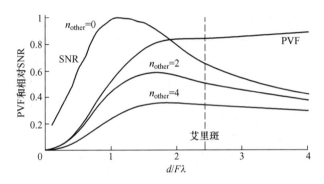

图 12-18　PVF 和三个相对 SNR

注:衍射限艾里斑在像素中心。文献[31-32]给出了 $n_{\text{other}} = 0$ 时同样的 SNR 曲线形状。

12.5　信噪比最优化

NEDT 是在全光谱响应上计算的,但入瞳处的目标-背景温差是经过大气光谱透过率衰减过的。随着光谱带宽提高,NEDT 降低(良好的性能改善)。随着带宽进入大气吸收带,目标特征降低(不良性能的情况)。

图 12-19(a)说明 2km 路径上的典型大气透过率。一个 MWIR 系统有理想的 InSb 光子探测器,其截止波长 λ_2 为 5.5μm,但起始波长 λ_1 在 2.0~5.0μm 之间变化。例如,当 $\lambda_1 = 5$μm 时,探测器光谱响应为 5~5.5μm。随着 λ_1 提高(光谱带宽降低),NEDT 提高(图 12-19(b))。由于热导数随着波长提高而快速提高(图 11-5),在 2~3μm 范围内,光子的贡献小,NEDT 几乎仍然与 λ_1 无关。图 12-19

(c)给出了信噪比。对这样的环境条件和所选距离,图12-19(c)说明系统 λ_2 应该大约为5.1μm而不是5.5μm。虽然积分时间是固定的,但经常要改变它以保持固定的阱容,这也影响波长的选择。

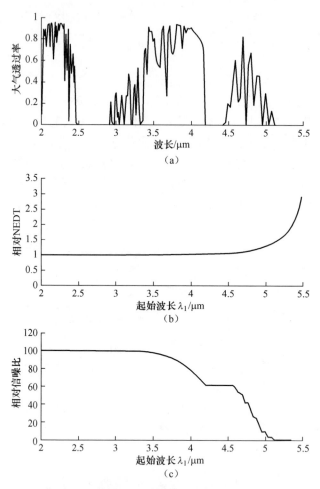

图 12-19 典型 BLIP 信噪比是系统光谱响应的函数(积分时间固定)

(a)2km 路径上的大气透过率(中纬度夏季);(b)NEDT;(c)相对信噪比。

为了进一步说明信号与噪声之间的关系,将 λ_1 固定在2μm,将 λ_2 从2μm提高到5.5μm。随着 λ_2 提高,只有在大气透过率大于0时,总信号才增加。在 CO_2 吸收带 4.2μm 处不会得到更多信号。路径辐射对噪声有贡献。凡是大气吸收辐射源能量的地方,都会发出相同波长的辐射(路径辐射)。探测器接收其光谱响应带内的所有辐射。噪声总会随着光谱带宽而增加。图12-20说明量子效率固定的 InSb 探测器的相对信噪比。随着 λ_2 进入 CO_2 吸收带,信号不再增加,而噪声依然增加,导致信噪比开始下降。在 CO_2 吸收带之后,信号再次增加,然后在接近 MWIR 光谱带末端时开始减少。最大信噪比 9.85 出现在 $\lambda_2 = 4.9\mu m$ 处。

　　为优化信噪比,冷滤波器的透过率 $\tau_{filter}(\lambda)$ 在信噪比提高时应为 1,在信噪比降低时应为 0。图 12-21 说明冷滤波器透过率在 $2 \sim 4.2\mu m$ 和 $4.5 \sim 5.5\mu m$(陷波滤波器或双峰滤波器)为 1 时的信噪比。CO_2 吸收带的透过率为 0。冷滤波器在 $4.2 \sim 4.5\mu m$ 没有辐射(冷滤波器的定义)。使用陷波滤波器时最大信噪比提高到 11.1,这个提高似乎是温和的,它很大程度上取决于大气条件和路径长度。Kantrowita 和 Watkins[33]通过实验证明,陷波滤波器与图 12-21 中用于改善图像的滤波器相同。

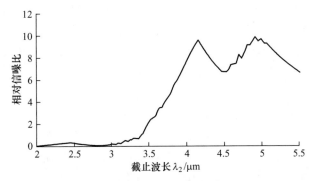

图 12-20　在 2km 路径上 InSb 系统的典型 BLIP 信噪比(积分时间固定)

注:图中值仅针对所选参数。

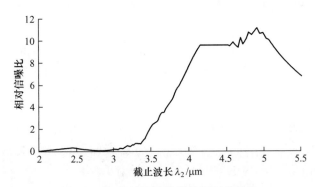

图 12-21　陷波冷滤波器的相对信噪比

　　由于目标和背景的发射率有差异,如果选择合适的波长来增强这一差异,就可突出目标特征,这种方法大量用在遥感领域。Moyer 等[34]研究过 MWIR 的各种光谱带($3.65 \sim 4.15\mu m$,$4.45 \sim 4.95\mu m$,$3.75 \sim 4.85\mu m$)和组合光谱带($3.65 \sim 4.15\mu m$,$4.45 \sim 4.95\mu m$),得到的结论是,对目标(卡车和坦克)和背景(林地)而言,图像没有明显差异,不能说明制造双波段 MWIR 传感器的合理性。他们的研究发现,尽管信噪比在各个波段发生了变化,但目标捕获性能没有明显不同。

12.6 太阳闪烁

大气透过率会改变到达地球的太阳辐射,也随着太阳角度变化,在90°(太阳在头顶直上方)时透过率最大。随着太阳角度减小,路径长度增加,透过率下降。由于水蒸气的作用,LWIR区的阳光强度比MWIR区小一个量级以上。同时,一个300K目标的黑体在LWIR的辐射比MWIR高约6倍。这样,LWIR区的阳光反射可以忽略不计。

太阳闪烁的幅度取决于目标反射率。如果目标发射率为1(反射率为0),那么根据定义,太阳闪烁不存在。图12-22说明太阳全谱在反射率为1时的反射辐射大小。初步看来,太阳反射在MWIR区是一个问题,所以很多系统设计通过提高起始波长来减少太阳闪烁。太阳闪烁是否成为问题视系统应用而定。

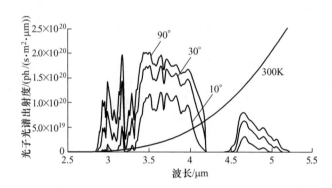

图12-22 太阳在头顶正上方(90°)、30°时和10°时,地面上的阳光谱线

注:用MODTRAN模型计算的1962年标准环境和乡村气溶胶数据条件下的光谱出射度。

图中画出了300K理想黑体的光子光谱出射度($\varepsilon_T=1$)。

随着反射率降低,阳光闪烁的幅度下降。表12-2列出了常用材料的发射率。发射率取决于表面条件(抛光、凹痕或氧化)和表面污染(露水、灰尘、泥巴或油漆)。理想黑体的发射率为1,理想反射体的发射率为0。

表 12-2 典型发射率(对不透光物体,$\varepsilon+\rho=1$)

材料	反射率	发射率	材料	反射率	发射率
皮肤	0.08	0.92	氧化铜	0.22	0.78
油漆	0.06	0.94	轻度氧化铸铁	0.36	0.64
氧化铁	0.17	0.83	铝板	0.84	0.16
普通红砖	0.13	0.87	抛光铜	0.97	0.03

大多数军事目标都经过油漆,这些目标的发射率相当高,因而太阳闪烁很小(图 12-23)。太阳闪烁在平面(如车窗玻璃在 MWIR 区的反射率 $\rho_T \approx 0.04$)上发生,这种闪烁实际上有助于探测。闪烁可能类似于一个点源(见 12.4 节"NEI")。如果背景上有很多太阳闪烁,闪烁就会像杂波(见 12.7 节)。

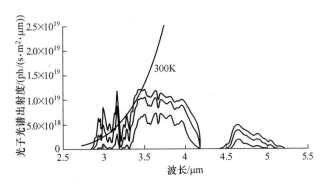

图 12-23　反射的太阳辐射($\rho_T \approx 0.06$)和一个油漆过的 300K 目标(典型发射率为 0.94)在距离 0 处的热发射

注:太阳角度与图 12-22 中的相同。在任何距离条件下,大气传输都会降低这些值。

探测海洋上的舰船时,太阳闪烁是令人讨厌的影响(纯水在 MWIR 区的反射率 $\rho \approx 0.03$)。如在第 13 章"大气效应"中讨论的,MWIR 系统可能在高湿环境下更有用。这当然包括船舰探测。但是考虑到太阳闪烁时,MWTR 系统就失去了优势。太阳闪烁相对于太阳角度、观察角度、目标角度和目标形状的多变性使它非常难以用太阳反射来解释。一般来说,简单地改变观察角度就可以把阳光反射降到最小。

12.7　信号-杂波比

杂波是干扰目标探测、识别和辨清的空间、光谱和时间方面的场景变化。本节研究空间杂波。目标探测能力随着背景杂波的增加而降低。Richwine 等[35]把杂波当作一个噪声项增加到模型中,并将其结果称为信号-杂波比(SCR,简称信杂比),可表示为

$$SCR = \frac{A_D}{4F^2} \frac{\int_{\lambda_1}^{\lambda_2} \eta(\lambda) M_{q\text{-ill}}(\lambda, \Delta T) \tau_{\text{optics}}(\lambda) t_{\text{int}} \tau_{\text{atm}}(\lambda, R) d\lambda}{\sqrt{\langle n_{\text{sys}}^2 + n_{\text{clutter}}^2 \rangle}} \tag{12-34}$$

虽然概念上是合理的,却不清楚如何计算杂波的电子数。Kowalczyk 和 Rotman[36]研究过各种杂波量度,包括边缘概率、边缘强度、峰值信号、图像(热)熵、边缘(热)熵和对称度。目标结构的相似性(TSSIM)在目标面积和背景面积之间的亮

度、对比度和结构之间提供了[37]一个简单对比。在人眼视觉系统高度适合提取结构信息这一假设下，目标–背景之间的结构信息的相似性指标能为图像中的杂乱程度提供良好估计。结果表明，与其他杂波指标相比，TSSIM指标更适合于量化光电杂波。

Schmieder和Weathersby[38]将杂波分类为高、中和低三个区。他们认为"设计人员只需要充分估计背景的杂乱状态就可以将其工作点归在三个区之一里"。他们用实验模拟了一个北美或欧洲的乡村景观，并将信杂比定义为

$$\mathrm{SCR} = \frac{T_{\mathrm{T-max}} - T_{\mathrm{B}}}{\sigma_{\mathrm{clutter}}} \qquad (12-35)$$

式中：$T_{\mathrm{T-max}}$为目标最高温度；T_{B}为背景温度，其中

$$\sigma_{\mathrm{clutter}} = \sqrt{\frac{1}{N}\sum_{i=2}^{N}\sigma_i^2} \qquad (12-36)$$

式中：σ_i为一个方格单元里的像素值的均方根值。方格的边长大约是目标最小尺寸的2倍。场景由N个相邻方格组成。

理想情况下，式（12-37）（或一个类似公式）应该对其尺寸近似于目标尺寸的杂波给予较大权重。尽管Schmieder和Weathersby使用式（12-36），但更合理的是使用下式

$$\mathrm{SCR} = \frac{\Delta T_{\mathrm{RMS}}}{\sigma_{\mathrm{clutter}}} \qquad (12-37)$$

式中

$$\Delta T_{\mathrm{RMS}} = \sqrt{(T_{\mathrm{T}} - T_{\mathrm{B}})^2 + \sigma_{\mathrm{T}}^2} \qquad (12-38)^{①}$$

Schmieder和Weathersby不使用式（12-36），而是建议改变目标辨认准则（在20.6节"杂波"②中讨论）。是否要把杂波当做目标特征的一部分，或者通过提高观测者阈值而提高感知目标的难度，要取决于分析人员。在这一点上好像改变辨认等级比较合适。

12.8　三维噪声模型

三维噪声模型[39]为分析不同噪声源提供了基本框架。该模型将噪声分为8个分量，建立了时空噪声与三维坐标系的关系。这种方法可以全面描述红外成像系统所有噪声源的特征，包括随机噪声、固定模式噪声、条纹噪声、雨滴噪声、$1/f$噪声和其他人为噪声。这种噪声分析方法的优势是，通过将噪声分成一组易控制的

---

① 译者注：原文中的ΔT_{RSS}应为ΔT_{RMS}。已改正。

② 译者注：原文为20.5节，有误，已改正。

分量,简化了对复杂现象的理解。该方法简化了将复杂噪声因素列入模型公式的过程。三维噪声模型是为描述热成像系统的噪声开发的,但它能适用于所有成像系统。

三维数据立方(图 12-24 中的数据立方)包含了所有时空噪声。T 维是时间维度,表示成帧顺序,另外两个维度提供空间信息。根据红外成像系统的设计,水平维度表示扫描系统的时间信息和凝视系统的空间信息。对凝视系统而言,m 和 n 表示像元的位置。对并行扫描系统,m 表示像元的位置,n 表示数字化的模拟信号。

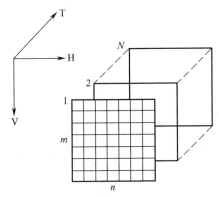

图 12-24　三维噪声模型坐标系(数组 N_{TVH} 包含 $m \times n \times N$ 个单元)

表 12-3 将噪声分量分成时间分量和空间分量。表 12-4 列出了 7 个噪声分量和一些对并行扫描和凝视阵列系统的噪声分量有贡献的因素。从数学完整性上考虑,噪声模型有 8 个分量,第 8 个分量是全局平均值 S。由于全局平均值是一个数字,其方差为 0。根据系统设计和工作原理,这些分量中的任意一个都可能是主要噪声。这些分量的噪声源不同,其存在和大小取决于成像系统的具体设计,而且不是所有分量都会出现在每个成像系统中。某些噪声源(如颤噪声)比较难以描述,因为它们出现的形式不同。"读出电子噪声"是对凝视阵列可能存在的人为噪声的总称,这种噪声会出现在水平或垂直方向。表 12-4 在两个方向都列有电子噪声,表示它可能出现在其中任意方向。三维分量中考虑了不能用数学解析式表达的系统人为噪声。数据组 N_{TVH} 的标准差通常是个数字值,当除以系统响应率(数字计数 $/ \Delta T$)后,每个 σ 都变成一个噪声温度。时空噪声 σ_{TVH} 是系统噪声。每个 σ 的单位都是均方根噪声温度,但"均方根"一词很少用。

表 12-3　三维噪声说明

噪声分量	像素变化	行变化	列变化	帧变化
时间	σ_{TVH}	σ_{TV}	σ_{TH}	σ_{T}
空间	σ_{VH}	σ_{V}	σ_{H}	$\sigma_{\text{S}} = 0$

表 12-4　三维噪声模型中的 7 个噪声分量

三维噪声分量	说　明	并行扫描	凝视阵列
σ_{TVH}(时空噪声)	探测器的随机时空噪声	随机 $1/f$ 噪声	随机
σ_{VH}(空间噪声)	没有帧间变化的空间噪声	非均匀性	FPN 非均匀性
σ_{TH}(时间列噪声)	有帧间变化的列均值变化 (雨滴噪声)	电磁干扰	读出电子电路
σ_{TV}(时间行噪声)	有帧间变化的行均值变化 (条纹噪声)	行处理 瞬态 $1/f$ 噪声	读出电子电路
σ_{V}(固定行噪声)	积分时间固定的行均值变化 (水平行)	探测器的增益/电平变化 行间插值	读出电子电路 行间插值
σ_{H}(固定列噪声)	积分时间固定的列均值变化 (垂直行)	扫描噪声(480×n 阵列)	读出电子电路
σ_{T}(帧噪声)	帧间强度变化(闪烁)	帧处理	帧处理

注:读出噪声影响水平方向或垂直方向,但不会同时影响两个方向。

　　模型中的 FPN 用 σ_{VH}、σ_{V} 和 σ_{H} 表示,目前只预测 σ_{TVH},其余噪声分量必须通过测量和估算来决定。在图 12-25 中,FPN 和随机噪声在单个帧上看起来很像,但随机噪声有帧间变化,而 FPN 没有。图 12-26 说明水平和垂直条带,图 12-27 说明经常在凝视阵列中看到的行噪声和列噪声。

　　整个阵列的噪声温度为

$$\sigma_{\text{array}} = \sqrt{\sigma_{\text{TVH}}^2 + \sigma_{\text{TV}}^2 + \sigma_{\text{TH}}^2 + \sigma_{\text{VH}}^2 + \sigma_{\text{T}}^2 + \sigma_{\text{V}}^2 + \sigma_{\text{H}}^2 + \sigma_{\text{S}}^2} \qquad (12\text{-}39)$$

　　随着模型的演变(NVTherm→NVThermIP→NVIPM)、测量技术的提高和系统设计的升级,各种均方根噪声温度之间的关系也发生了变化,总体来说,图像质量可以用下式表示

$$k\sigma_{\text{TVH}}^2 \sqrt{\beta_1 + \cdots + \beta_i \frac{\sigma_i^2}{\sigma_{\text{TVH}}^2} + \cdots} \qquad (12\text{-}40)$$

式中的每个 β 都是人眼视觉系统对部分噪声源的判读。NVThermIP 模型的输入是分数 $\sigma_i/\sigma_{\text{TVH}}$。大多数系统的时间噪声得到最大限度地降低,则

$$\sigma_{\text{array}} \approx \sigma_{\text{TVH}} \sqrt{1 + \frac{\sigma_{\text{VH}}^2}{\sigma_{\text{TVH}}^2} + \frac{\sigma_{\text{V}}^2}{\sigma_{\text{TVH}}^2} + \frac{\sigma_{\text{H}}^2}{\sigma_{\text{TVH}}^2}} \qquad (12\text{-}41)$$

这并不意味着不应该考虑时间分量。如果时间分量大,就得检查系统设计,时

图 12-25　有随机噪声和/或 FPN 的图像

注:仅用单帧数据无法从 σ_{VH} 分离出 σ_{TVH}。

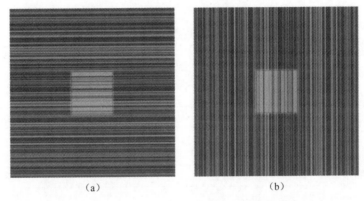

(a)　　　　　　　　　　　　　　　　(b)

图 12-26　(a)有水平条带(σ_{TV} 或 σ_V)的图像;(b)有垂直条带(σ_{TH} 或 σ_H)的图像

注:仅用单个帧无法从 σ_V 分离出 σ_{TV},也无法从 σ_H 分离出 σ_{TH}。

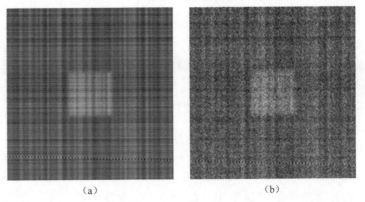

(a)　　　　　　　　　　　　　　　　(b)

图 12-27　(a)含 σ_{VH} 和/或 σ_V 和 σ_H 噪声的图像;(b)含所有噪声的图像

间噪声分量对系统性能的影响尚不明确。

在 σ_V 比 σ_{TVH} 小时,将通用模块系统视为低噪声系统。使用内部温度基准平衡增益与电平的扫描阵列是中等噪声系统。虽然使用 TDI 探测器的扫描系统比通用模块系统的 σ_{TVH} 低,但行噪声较大。二代扫描系统是中等噪声系统,非致冷系统是高噪声系统,因为 FPN 很明显。

NVTherm Sept 2002 模型的文件将表 12-5 的建议值列为典型性能参数。表 12-6 和表 12-7 给出了 NVThermIP 文件列出的值。如果 σ_{TVH} (mK)已知,那么可以用下边给出的比率估算 NVIPM 模型其他输入的结果。

表 12-5　NVTherm Sept 2002 文件的建议值

相对噪声	扫描系统	凝视阵列
σ_{VH}/σ_{TVH}	0	0.2~0.4
σ_V/σ_{TVH}	1.1~1.4	0.2~0.4

表 12-6　NVThermIP 给扫描系统的建议值

相对噪声	低噪声	中等噪声	高噪声
σ_{VH}/σ_{TVH}	0	0	0
σ_V/σ_{TVH}	0.25	0.75	1.0
σ_H/σ_{TVH}	0	0	0

表 12-7　NVThermIP 给凝视阵列的建议值

相对噪声	低噪声	中等噪声	高噪声
σ_{VH}/σ_{TVH}	0.2	0.5	1~2
σ_V/σ_{TVH}	0.2	0.5	1~2
σ_H/σ_{TVH}	0.2	0.5	1~2

当 FPN 为加性噪声时,其响应率可能是信号强度(与信号相关的噪声)的函数,响应率不同会产生乘性噪声(图 12-13)。为了方便数学计算,将乘性 FPN 表示为电荷载流子总数的分数。考虑散粒噪声、残余 FPN 和倍乘性 FPN,如果 U 是 FPN 的比值或非均匀性,则

$$\langle n_{sys} \rangle \approx \sqrt{n_{PE} + \langle Un_{PE}^2 \rangle + \langle n_{FPN}^2 \rangle} \qquad (12-42)$$

有效 NEDT($NEDT_{eff}$)与 U 成比例(图 12-28)。低噪声系统的 σ_{VH} 对系统性能影响很小。

图 12-29 说明,在积分时间固定时,对三种乘性非均匀性噪声来说,有效 NEDT 是背景温度的函数。如果积分时间变化,高温背景的光电子数趋于稳定(图 12-16 中 $T_B > 254K$)。这时,$NEDT_{eff}$ 看起来和图 12-16 的形状很像,只是整个曲线因 U 值而向上偏移。

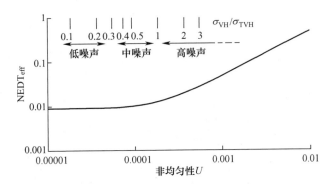

图 12-28　对典型 InSb 传感器,有效 NEDT 是乘性非均匀性的函数
注:$T_B = 300K$。$NEDT_{eff}$ 取决于系统参数,硬件限制趋于将非均匀性校正限制在 $U = 0.0002$。

选择 LWIR 区的一个原因是在这个光谱区能获得更多光子。这是一个利弊参半的选择,因为焦平面阵列的 FPN 与光电子数成比例。由于非均匀性是一个乘性因子,与 MWIR 波段相比,LWIR 波段的 FPN 较大,所以与同类 MWIR 系统相比,LWIR 系统要有更好的非均匀性校正。

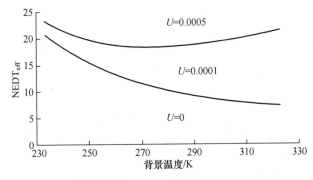

图 12-29　对于有乘性噪声的 MWIR 传感器,系统噪声是背景温度的函数
注:积分时间固定。比较 $U = 0$ 曲线与图 12-14。

如果针对每个输入强度重新调整非均匀性校正,则可以认为 FPN 是个叠加噪声。只有 σ_{VH} 时,NEDT 定义为

$$NEDT_{eff} = \sigma_{TVH} \sqrt{1 + \frac{\sigma_{VH}^2}{\sigma_{TVH}^2}} \qquad (12\text{-}43)$$

NVThermIP 模型(表 12-7)列出了低噪声、中噪声、高噪声的 σ_{VH}/σ_{TVH} 比值分别为 0.2、0.5 和 1~2, 表 12-7 说明它们对有效 NEDT 的影响分为低、中、高。在 $\sigma_{VH}/\sigma_{TVH} < 0.4$ 时,FPN 对 $NEDT_{eff}$ 的影响可以忽略。

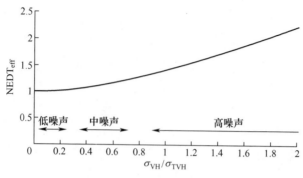

图 12-30   有效 NEDT 是叠加噪声的函数

12.9   噪声系数

噪声系数(也叫噪声因数)是乘性噪声,它是一个方便的数学方法,可以将所有噪声源合在一起考虑:

$$\sigma_{\text{array-NF}} = N_{\text{F}} \sigma_{\text{TVH}} \tag{12-44}$$

或

$$\langle n_{\text{total}} \rangle = N_{\text{F}} \langle n_{\text{sys}} \rangle \tag{12-45}$$

12.10   真实系统

前面的分析说明了积分时间和 FPN 是连续变量。FPN 通过非均匀性校正查找表可以降至最小。图 12-10 说明 FPN 是背景温度和校正点的函数。FPN 随着探测器温度而变(图 12-10)。由于 FPN 随着光谱变化(图 12-11),信号的光谱成分(图 12-19)影响 FPN。最后,乘性噪声随着信号强度和积分时间变化。要覆盖所有条件,需要无数个查找表。大多数系统最多有几个查找表。这样的话,实际值(如 NEDT)会与本章提供的数值有偏差。虽然系统输出可以达到 16 位,但显示器只能显示 8 位,所以明显需要自动增益控制(AGC)。

光子探测器的 NEDT 可以由第一定律计算。因此,NVIPM 模型的输入包括暗电流密度和下游噪声(如读出噪声或多路传输器噪声)。非致冷探测器的 NEDT 不容易计算,因为这些系统的测得 NEDT(σ_{TVH})和其他噪声是用噪声温度输入的。NVIPM 模型输入三个空间温度(σ_{VH}、σ_{V} 和 σ_{H}),并将时间变化设为 0,也可以将空间变化输入为 $\sigma_{\text{VH}}/\sigma_{\text{TVH}}$、$\sigma_{\text{V}}/\sigma_{\text{TVH}}$ 和 $\sigma_{\text{H}}/\sigma_{\text{TVH}}$(与表 12-7 一致)。

参 考 文 献

[1] D. G. Crowe, P. R. Norton, T. Limperis, and J. Mudar, "Detectors," in Electro-Optical Components, W. D. Rogatto, pp. 175-283. This is Volume 3 of The Infrared & Electro-Optical Systems Handbook, J. S. Accetta and D. L. Shumaker, eds. , co-published by ERIM and SPIE Press, Bellingham, WA (1993).

[2] J. D. Vincent, Fundamentals of Infrared Detector Operation and Testing, John Wiley, NY (1990).

[3] E. L. Dereniak and D. G. Crowe, Optical Radiation Detectors, John Wiley, New York (1984).

[4] A. Rogalski, Infrared Photon Detectors, SPIE Press, Bellingham, WA (1995).

[5] A. Rogalski, Infrared Detectors, 2nd ed. , CRC Press (2010).

[6] E. L. Dereniak and G. D. Boreman, Infrared Detectors and Systems, John Wiley, New York (1996).

[7] J. R. Janesick, Scientific Charge-coupled Devices, SPIE Press (2001).

[8] J. R. Janesick, Photon Transfer, SPIE Press, Bellingham WA, (2007).

[9] T. W. McCurnin, L. C. Schooley, and G. R. Sims, "Charge-coupled device signal processing models and comparisons," Journal of Electronic Imaging, Vol. 2(2), pp. 100-107 (1994).

[10] M. D. Nelson, J. F. Johnson, and T. S. Lomheim, "General noise process in hybrid infrared focal plane arrays," Optical Engineering, Vol. 30(11), pp. 1682-1700 (1991).

[11] G. Holst and T. Lomheim, CMOS/CCD Sensors and Camera Systems, 2nd ed. , Chapter 6, JCD Publishing Co. (2011).

[12] G. C. Holst, Electro-Optical Imaging System Performance, 5th ed. Chap 18, JCD Pub. (2008).

[13] J. L. Vampola, "Readout electronics for infrared sensors," in Electro-Optical Components, W. D. Rogatto, pp. 285-342. This is Volume 3 of The Infrared & Electro-Optical Systems Handbook, J. S. Accetta and D. L. Shumaker, eds. , co-published by Environmental Research Institute of Michigan, Ann Arbor, MI and SPIE Press, Bellingham, WA (1993).

[14] N. Bluzer and A. S. Jensen, "Current readout on infrared detectors," OE Vol. 26(3), 241-248 (1987).

[15] G. C. Holst, Electro-Optical Imaging System Performance, 5th edition, pg. 344 JCD Pub (2008).

[16] G. C. Holst and T. S. Lomheim, CMOS/CCD Sensors and Camera Systems, pp. 170-173, JCD Publishing, Winter Park FL (2007).

[17] W. E. Tennant, D. Lee, M. Zandian, E. Piquette, and M. Carmody, "MBE HgCdTe technology: a very general solution to IR detection, described by "Rule 07," a very convenient heuristic," J. of Electronic Materials, Vol. 37, pp 1406-1410 (2008).

[18] W. E. Tennant, "'Rule 07' revisited: still a good heuristic predicator of p/n HgCdTe photodiode performance?" J. Electronic Materials, Vol. 39, pp. 1030-1035 (2010).

[19] Y. Hait and Y. Nemirovsky, "Comparison of NEDT performance of staring and partial-scanning infrared focal plane arrays," Infrared Physics, Vol. 29(6), pp. 971-984 (1989).

[20] B. J. Cooke, B. E. Laubscher, C. C. Borel, T. S. Lomheim, C. F. Klein, "Methodology for rapid infrared multispectral electro-optical imaging system performance analysis and synthesis," in Infrared Imaging Systems: Design, Analysis, Modeling, and Testing VII, SPIE Proc. Vol. 2743, 52-86 (1996).

[21] J. Mooney, "Effect of spatial noise on the MRT of a staring array," AO, Vol. 30(23), 3324-3332, (1991).

[22] N. Bluzer, "Sensitivity limitations of IRFPAs imposed by detector nonuniformities," in Infrared Detectors and Arrays, E. L. Dereniak, ed. , SPIE Proceedings Vol. 930, pp. 64-75 (1988).

[23] D. A. Scribner, M. R. Kruer, K. Sarkady, and J. C. Gridley, "Spatial noise in staring IR focal plane ar-

rays," in Infrared Detector and Arrays, E. L. Dereniak, ed. , SPIE Proc. Vol. 930, pp. 56-63 (1988).

[24] D. A. Scribner, K. Sarkady, M. R. Kruer, and J. C. Gridley, "Test and evaluation of stability in IR staring focal plane arrays after nonuniformity correction," in Test and Evaluation of Infrared Detectors and Arrays, F. M. Hoke, ed. , SPIE Proceedings Vol. 1108, pp. 255-264 (1984).

[25] F. Marcotte, P. Tremblay, and V. Farley, "Infrared camera NUC and calibration: comparison of advanced methods," SPIE Proceedings Vol. 8706, paper 870603 (2013).

[26] L. Rubaldo, A. Brunner, P. Guinedor, R. Taalat, J. Berthoz, D. Sam-giao, A. Kerlain, L. Dargent, N. Péré-Laperne, V. Chaffraix, M-L. Bourqui, Y. Loquet, and J Coussement, "Recent advances in Sofradir IR on II-VI photodetectors for HOT applications," SPIE Proc. Vol. 9755, paper 9755X (2016).

[27] K. Green, S-S. Yoo, and C. Kauffman, "Lead salt TE-cooled imaging sensor development," SPIE Proceedings 9070, 90701G (2014).

[28] G. C. Holst, Electro-Optical Imaging System Performance, 5th ed. , Chapter 18, JCD Pub. (2008).

[29] W. Wan, "Passive IR sensor performance analysis using Mathcad modeling," in Infrared Imaging Systems: Design, Analysis, Modeling, and Testing XX, SPIE Proc. Vol. 7300, paper 730005 (2009).

[30] B. L. Preece, D. Haefner, and G. Nehmetallah, "An imaging system detectivity metric using energy and power spectral densities," in Infrared Imaging Systems: Design, Analysis, Modeling, and Testing XXVII, SPIE Proceedings Vol. 9820, paper 98200Q. (2016).

[31] C. Olson, M. Theisen, T. Pace, C. Halford, and R. Driggers, "Model Development and System Performance Optimization for Staring Infrared Search and Track (IRST) Sensors," in Infrared Imaging Systems: Design, Analysis, Modeling, and Testing XXVII, SPIE Proc. Vol. 9820, paper 98200B (2016).

[32] L. M. Beyer, S. H. Cobb, and L. C. Clune, "Ensquared power for obscured circular pupils with offcenter imaging," Applied Optics, Vol. 30(25), pp. 3569-3574 (1991).

[33] F. T. Kantrowitz and W. R. Watkins, "Bandpass optimization for low-altitude long-path infrared imaging," Optical Engineering, Vol. 33(4), pp. 1114-1119 (1994).

[34] S. Moyer, R. G. Driggers, R. H. Vollmerhausen, and M. A. Soel, "Information difference between subbands of the mid-wave infrared spectrum," Optical Engineering, Vol. 42(8), pp. 2296-2303 (2003).

[35] R. Richwine, A. K. Sood, R. S. Balcerak, and K. Freyvogel. "EO/IR sensor model for evaluating multi-spectral imaging system performance," in Infrared Imaging Systems: Design, Analysis, Modeling, and Testing XVIII, G. C. Holst, ed. , SPIE Proceedings Vol. 6543, paper 65430W (2007).

[36] M. L. Kowalczyk and S. R. Rotman, "Characterization of Backgrounds," in Electro-optical Imaging System Performance and Modeling, L. M. Biberman, ed. , SPIE Press, Bellingham WA (2000).

[37] H. Chang and J. Zhang, "Evaluation of human detection performance using target structure similarity clutter metrics," Optical Engineering, Vol. 45, paper 096404 (2006).

[38] D. E. Schmieder and M. R. Weathersby, "Detection performance in clutter with variable resolution," IEEE Transactions on Aerospace and Electronic Systems, Vol. AES-19(4), pp. 622-630 (1983).

[39] J. D'Agostino and C. Webb, "3-D analysis framework and measurement methodology for imaging system noise," in Infrared Imaging Systems: Design, Analysis, Modeling and Testing II, G. C. Holst, ed. , SPIE Proceedings Vol. 1488, pp. 110-121 (1991).

[40] J. M. Mooney, F. D. Shepherd, W. S. Ewing, J. E. Murguia, and J. Silverman, "Responsivity nonuniformity limited performance of infrared staring cameras," Opt Eng Vol. 28(11), 1151-1161 (1989).

第13章

大气效应

在电磁辐射从辐射源通过大气向接收器传输时(图 13-1),会观察到三个主要现象:①到达传感器的辐射强度会降低;②散射入视场的非场景路径辐射使目标对比度降低;③湍流和气溶胶的前向小角度散射导致图像保真度降低。此外,路径辐射和散射进视场的辐射也会影响噪声水平,这些影响的性质和幅度取决于传感器类型(人眼、成像系统)、传感器特性(光谱响应、灵敏度和空间分辨率)、大气成分和环境条件等。关于大气物理的文献很多,见文献[1-3]。

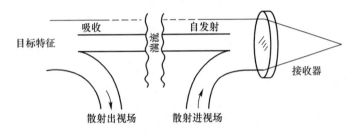

图 13-1　大气效应

注:吸收的场景辐射和散射出视场的场景辐射会减弱目标特征。湍流和气溶胶的前向散射使图像失真。
进入视场的散射会降低目标对比度。部分路径辐射填入电荷阱会提高系统噪声。

大气消光是沿视线的辐射总衰减量,既包括吸收也包括散射。散射只改变辐射的传播方向,散射到视线外的任何辐射都对消光有贡献。由距离 R 处的目标 ΔT 产生的光电子数为

$$\Delta n_{\mathrm{PE}} \approx \int_{\lambda_1}^{\lambda_2} \frac{\eta(\lambda) M_{\mathrm{q}}(\lambda, \Delta T) A_{\mathrm{D}} t_{\mathrm{int}}}{4F^2} \, \tau_{\mathrm{optics}}(\lambda) \tau_{\mathrm{atm}}(\lambda, R) \, \mathrm{d}\lambda \qquad (13\text{-}1)$$

式中:$\tau_{\mathrm{atm}}(\lambda)$ 为单位路径长度的大气辐射透过率(km)。

利用比尔-朗伯(Beer-Lambert)定律,对每个波长有

$$\tau_{\mathrm{atm}}(\lambda, R) = \mathrm{e}^{-\gamma(\lambda) R} \qquad (13\text{-}2)$$

式中:$\gamma(\lambda)$ 为光谱消光系数。

针对红外成像系统,采用一个不常用的衰减系数,即

$$\tau_{\text{IR}}(\lambda) = e^{-\gamma(\lambda)} \tag{13-3}$$

和

$$\tau_{\text{atm}}(\lambda, R) = \tau_{\text{IR}}^R(\lambda) \tag{13-4}$$

然而,描述辐射衰减系数的术语因作者而异。式(13-4)中,τ_{IR} 和 γ 的单位均为 1/km。通常 γ 值较低($0.001 \sim 0.4\text{km}^{-1}$),$\tau_{\text{IR}}$ 值较高($0.65 \sim 0.95\text{km}^{-1}$)。在透明介质中,$\gamma = 0\text{km}^{-1}$,$\tau_{\text{IR}} = 1\text{km}^{-1}$。

由于散射和吸收是各自独立的,

$$\gamma(\lambda) = \sigma_{\text{atm}}(\lambda) + k_{\text{atm}}(\lambda) \tag{13-5}$$

式中:$\sigma_{\text{atm}}(\lambda)$ 为散射分量;$k_{\text{atm}}(\lambda)$ 为吸收分量。

根据 11.6 节"归一化"中描述的方法,红外谱段的光谱平均大气透过率为

$$\tau_{\text{atm-ave}}(R) \approx \frac{\int_{\lambda_1}^{\lambda_2} \eta(\lambda) M_{\text{q}}(\lambda, \Delta T) \tau_{\text{optics}}(\lambda) \tau_{\text{atm}}(\lambda, R) \, \mathrm{d}\lambda}{\int_{\lambda_1}^{\lambda_2} \eta(\lambda) M_{\text{q}}(\lambda, \Delta T) \tau_{\text{optics}}(\lambda) \, \mathrm{d}\lambda} \tag{13-6}$$

则

$$\Delta n_{\text{PE}} \approx \tau_{\text{atm-ave}}(R) = \int_{\lambda_1}^{\lambda_2} \frac{\eta(\lambda) M_{\text{q}}(\lambda, \Delta T) A_{\text{D}} t_{\text{int}}}{4F^2} \quad \tau_{\text{optics}}(\lambda) \, \mathrm{d}\lambda \tag{13-7}$$

平均值对系统的光谱量子效率极为敏感,其关系式对大气光谱透过率也极为敏感,但平均值用得十分频繁。对单位路径长度,

$$\tau_{\text{atm-ave}}(R) = e^{-\gamma_{\text{ave}}} = \tau_{\text{IR}} \tag{13-8}$$

在可见光谱段,有

$$\tau_{\text{atm-ave}}(R) \approx \frac{\int_{\lambda_1}^{\lambda_2} \tau_{\text{optics}}(\lambda) [\rho_{\text{T}}(\lambda) - \rho_{\text{B}}(\lambda)] \eta(\lambda) M_{\text{q-ill}}(\lambda, T) \tau_{\text{atm}}(\lambda, R) \, \mathrm{d}\lambda}{\int_{\lambda_1}^{\lambda_2} \tau_{\text{optics}}(\lambda) [\rho_{\text{T}}(\lambda) - \rho_{\text{B}}(\lambda)] \eta(\lambda) M_{\text{q-ill}}(\lambda, T) \, \mathrm{d}\lambda}$$

$$\tag{13-9}$$

这里的平均透过率也是目标和背景反射率的函数,光电子数的差值为

$$\Delta n_{\text{PE}} = \tau_{\text{atm-ave}}(R) \int_{\lambda_1}^{\lambda_2} \frac{\eta(\lambda) [\rho_{\text{T}}(\lambda) - \rho_{\text{B}}(\lambda)] M_{\text{q-ill}}(\lambda, T) A_{\text{D}} t_{\text{int}}}{4F^2} \quad \tau_{\text{optics}}(\lambda) \, \mathrm{d}\lambda$$

$$\tag{13-10}$$

虽然数学表达方便,但使用均值 $\tau_{\text{atm-ave}}(R)$ 会导致较大误差。常用的假设是

在感兴趣波长范围的系统响应为平光谱,则

$$\tau_{atm-ave}(R) = \frac{\int_{\lambda_1}^{\lambda_2} \tau_{atm}(\lambda, R)\,d\lambda}{\lambda_2 - \lambda_1} = \exp(-\gamma_{ave}R) \qquad (13-11)$$

式中, γ_{ave} 很难确定,但因为简单,经常用到它。随着光谱响应进入大气吸收带,误差增加。利用威布尔分布可以减少部分误差,即

$$\tau_{atm-ave}(R) \approx \exp(-\alpha R^{\beta}) \qquad (13-12)$$

消光取决于所有大气成分,包括气溶胶、污染物、雾、雨和雪。高湿度会导致气溶胶颗粒增大,从而降低透过率,在有盐雾的沿海环境尤为严重。虽然大气在视觉上可能相当透明,但由于水蒸气的分子吸收,热成像系统的性能会明显下降。水蒸气浓度在沙漠地带接近 0,在热带丛林或海面为 $40 \sim 50g/m^3$。

大气变化因季节、位置(大陆、海洋、极地环境和纬度)、一天中的时间、局部气候条件、自然气溶胶、人为气溶胶和污染颗粒而异。在机场附近测量的局部天气条件不见得等于测试点的条件。

热成像系统的工作波长是可见光波长的 $5 \sim 20$ 倍,因而不太受与霾有关的小气溶胶颗粒造成的散射影响。有霾时,热成像系统的损耗较低,能探测远距离目标。中等颗粒的散射对 MWIR 的影响比对 LWIR 的影响严重,所以有中等霾时,LWIR 系统比 MWIR 系统的距离性能好。随着颗粒直径增大(相当于由霾向浓雾变化),可见光、MWIR 和 LWIR 都受到同样影响。

湍流由大气折射率起伏造成,后者由大气密度梯度、温度和湿度梯度以及气压差引起。气溶胶的小角散射,尤其是多次散射,会将场景光子散射到各个方向,因而导致细节模糊。湍流也影响像质。像质在数学上用 MTF 描述,见 6.2.5 节"湍流 MTF"和 6.3 节"气溶胶 MTF"。

路径辐射或大气自发射与辐射源没有关系,即便没有辐射源也能观察到。这一背景辐射的大小随观察方向、高度、位置,一天中的不同时段及气象条件而变。路径辐射会降低信噪比。

无法准确估算大气透过率是导致预测距离与实际距离有差异的主要原因。大气透过率因时因地而异。相距 500m 的两条平行视线会经受不同的微气象条件。尤其对不良环境条件和很长的路径,预测值与实际值的差异可能特别大。

13.1　大气成分

大气由多种气体和气溶胶组成。按浓度(体积百分率)排序,干燥大气中的气体为氮、氧、氩、氖、氦、氪、氙、氢、一氧化二氮及其他微量气体。不定量存在的气体

有臭氧、水蒸气、二氧化碳、一氧化碳和其他微量气体。气溶胶属于悬浮粒子,包括粉尘、灰尘、碳粒、微生物、海盐、水滴(霾或雾)、烟和人为气溶胶(污染物)。不同地方的大气成分浓度不同。例如,茂密的树叶和车辆尾气会改变一氧化碳和二氧化碳的浓度。城镇地区产生的一氧化碳多,污染物也因人口密度和工厂位置而不同。

图13-2所示为典型的大气透过率曲线,其中只考虑了大气吸收。MWIR区的主要吸收体是CO_2,其吸收峰值在4.3μm。这个吸收带在几米路径上就很明显,因此可以认为该路径稍长一些就会使得透过率为0。水蒸气决定着MWIR和LWIR区的波长上、下限,也是LWIR区的主要吸收体。随着水蒸气浓度增加,LWIR区的透过率比MWIR区下降快。这意味着在热带或海洋环境下,MWIR系统性能可能更好一些。但是,选择MWIR或LWIR传感器还取决于传感器的光谱响应和噪声水平。

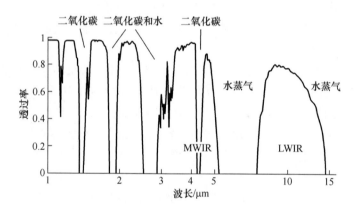

图13-2 1km路径上的典型大气透过率(图中标出了主要吸收带)

13.1.1 水蒸气

虽然水蒸气或绝对湿度是红外波段的主要吸收体,但透过率与绝对湿度并非线性关系。绝对湿度通常不是一个可测量量,而是由标准气象可观察参数计算出的量,它通过下式与相对湿度和绝对温度关联[4]:

$$AH = 13228 \frac{RH}{T} \exp\left[\frac{25.22(T-273.16)}{T} - 5.31 \ln\left(\frac{T}{273.16}\right)\right] \quad (13-13)$$

式中:RH为相对湿度(%),AH为绝对湿度(g/m³)。

图13-3说明了式(13-5)给出的关系。

图13-4说明计算的光谱平均LWIR衰减系数是绝对湿度和气象学距离的函数。没有水蒸气时,有限的消光(小于1)是由气溶胶散射和分子吸收引起的。绝

对湿度虽然不是唯一的消光因素,但可用作指导值。随着绝对湿度提高,在固定气象学距离内,LWIR 透过率会下降。

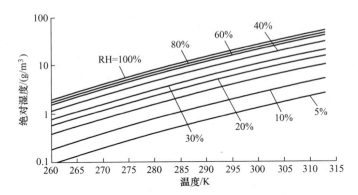

图 13-3　绝对湿度是温度和相对湿度的函数

注:热带地区(高湿高温)的绝对湿度大,极地地区(寒冷、相对湿度低)则不然。

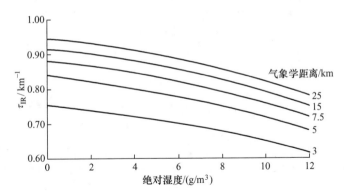

图 13-4　光谱平均 LWIR 衰减系数是绝对湿度和能见度的函数

注:气溶胶浓度和粒子尺寸都包含在气象学距离中。气溶胶散射(由气象学距离确定)和水蒸气均会
影响衰减。LOWTRAN 模型用中纬度夏季气溶胶模型和城镇雾霾模型计算的曲线。

　　绝对湿度因季节而异且每天都在变(图 13-5)。图 13-6 给出欧洲某个环境中衰减系数是绝对湿度函数的曲线。冬季的最高温度约为 10℃(283K),最大绝对湿度为 6g/m³(图 13-6);夏季的温度接近 30℃(303K),绝对湿度可达 15g/m³。

13.1.2　气溶胶

　　图 13-7 说明散射系数是气溶胶粒子尺寸的函数。粒子的散射和吸收取决于粒子的半径、形状、入射辐射的波长、辐射与观察方向的夹角以及复折射率。当粒子直径小于入射波长时,散射正比于 λ^{-4}(瑞利散射)。对由大多数自然产生的低密度气溶胶和人为气溶胶,其尺寸分布有这样的特点,即在可见光区有明显散射,

而在红外区散射很小(平均直径小于 1μm),所以红外系统能在有霾、薄雾和烟的情况下探测目标。

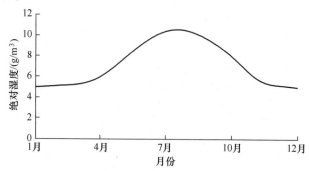

图 13-5　中欧地区的绝对湿度变化

注:沿海地区由于风向从陆-海方向到海-陆方向不断变化,绝对湿度变化很大。

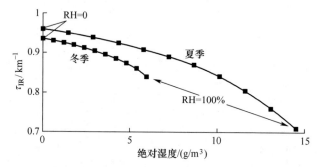

图 13-6　在一个欧洲环境中,平均 LWIR 衰减系数是绝对湿度和季节的函数

注:绝对湿度为 0 时,有限的消光由气溶胶散射和分子吸收引起。相对湿度为 0,10%,20%,…,100%。

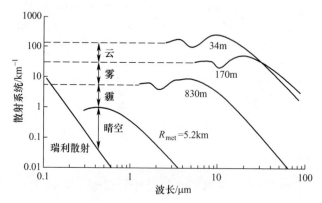

图 13-7　相对散射系数是气象学距离 R_{met}(在 13.3 节讨论)的函数

注:大粒子(直径远大于 λ)的散射系数与波长无关。当波长约等于粒子的平均直径时,从与波长无关向与 λ^{-4} 成正比过渡,曲线的精确形状取决于气溶胶的种类、大小分布和浓度。气溶胶特性见文献[5]。

图 13-8 是图 13-7 所给理论值的实验证明。随着气溶胶颗粒变大,最大散射区移到红外区,而且总是在影响 LWIR 区之前先影响 MWIR 区。在颗粒很大时(在浓雾天和下雨天),对可见光、MWIR 和 LWIR 区的影响一样。

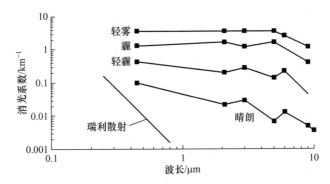

图 13-8　针对不同气溶胶测得的消光(散射加吸收)系数[6]

注:偏离理想 λ^{-4} 依赖关系是因为有吸收。

13.2　大气标准

如果准确知道感兴趣路径上的大气成分,利用分子物理学和气溶胶的消光特性可以计算消光系数。由于天气条件变化很大,且关于一些大气成分的数据很少,因而需要有一个大气建模的工程方法。这个模型应该有多种"标准"天气条件,而且要用实验室和外场数据确认。

LOWTRAN(低光谱分辨率传输)、MODTRAN(中光谱分辨率传输)和 HITRAN(高光谱分辨率传输)三个模型都是为快速计算大气辐射特性开发的。MATISSE 模型提供的结果基本一样,它也是一个场景生成器,可以提供三维大气变化。由于增加了复杂度,MATISSE 的运行时间会持续几分钟。

13.2.1　LOWTRAN、MODTRAN 和 HITRAN 模型

为了研究复杂的大气现象,美国地球物理管理局设在麻省 Hanscom 空军基地的飞利浦实验室(多年后,政府实验室已经更名。地球物理管理局的飞利浦实验室曾用名有空军剑桥实验室和空军地球物理实验室。现在的名称可能还会改)开发了几个标准,以预测不同条件下的透过率/辐射度影响。该实验室开发了 LOWT-RAN、MODTRAN 和 HITRAN 三个模型。

LOWTRAN 模型的分辨率为 20cm^{-1},对大多数宽带成像系统是足够的,它包括 $0.25 \sim 28.5\mu m$ 的光谱信息。该标准于 1971 年开发,经过不断更新,最新版本为 LOWTRAN 7[4],它包含 32 个与地球平行的大气层中,范围从平均海平面到 100km

高空。99.99997%的分子和粒子都在100km以下的大气层。大气不会发生上下翻转,每一层都是水平均匀的。地面到海拔25km的层厚度为1km,25~50km(平流层顶部)的层厚度为5km,最后两层的厚度分别为20km和30km。

由于LOWTRAN用的分子带模型有一定局限性,它已经被MODTRAN代替。HITRAN适合于激光谱线的计算。2016年12月,Ontar公司发布了PcModWin6,能提供与MODTRAN一样的计算结果,并提供线-线计算,因此它又代替了HITRAN。

乡村、城镇和沿海模型是界面层模型,适用于2km以下的大气层。对流层模型适用于边界层以上的对流层,但在能见度特别好的条件下也可用于边界层。在大气剧烈变化条件下很难预估系统性能。例如,在海平面以上3km内[7],水蒸气成分变化很大,导致透过率严重依赖于高度。

MODTRAN模型包括典型(地理和季节)大气模型和气溶胶模型(表13-1和表13-2)。这些代表性选择对比较分析十分好。模型中的值基于多年的平均值,任意一个位置的大气条件都会围绕这个值在很大范围[8]内变化。1962年的美国标准是整个美国大陆的平均值。

表 13-1   MODTRAN 模型的选项

环境模型	气溶胶模型
热带	乡村
中纬度夏季	沿海
中纬度冬季	城镇
亚寒带夏季	沙漠
亚寒带冬季	对流层
1962年美国标准	海军气溶胶模型
用户输入	辐射雾
—	平流雾
—	用户输入

表 13-2   MODTRAN 模型的"标准"环境

位置	气压/Mbar	温度/K	相对湿度/%	绝对湿度/(g/m³)	风速/(m/s)
热带,北纬15°	1013	300	76	19.6	4.1
中纬度,北纬45°,夏季(7月)	1013	294	76	13.9	4.1
中纬度,北纬45°,冬季(1月)	1018	273	77	3.5	10.3
亚寒带,北纬60°,夏季(7月)	1010	287	75	9.1	6.7
亚寒带,北纬60°,冬季(1月)	1013	257	81	1.2	12.4
1962年美国标准	1013	288	46	5.9	7.2

图13-9说明三个不同环境的大气传输变化:MWIR系统在热带环境(图13-9(b))能提供较高的信噪比;LWIR在绝对湿度较低的亚寒带冬季环境能提供较高的信噪比(图13-9(c))。

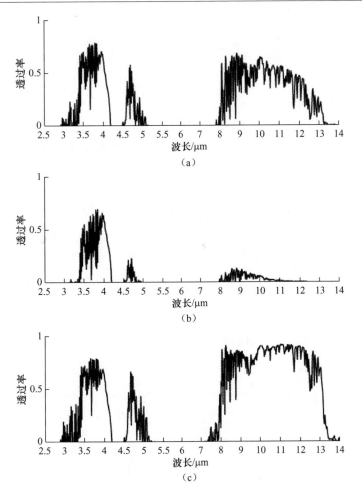

图 13-9　23km 能见度乡村环境的气溶胶(10km 路径,注意横坐标的非线性标尺)

(a)1976 年的大气;(b)热带大气;(c)亚寒带冬季大气。

13.2.2　MATISSE 模型

MATISSE 模型(地球环境和场景仿真先进建模)[9-10]计算一条视线上 0.4～14μm 的大气辐射参数。MATISSE 模型是 Onera 公司开发的,它预测红外透过率和辐射度(和 MODTRAN 模型一样),建立海面(包括波浪效应)的红外图像,以及建立受高、低空云层遮挡影响的、从卫星观察的场景。

13.3　可见光平均透过率

能见度是一个有经验的观测者估计的主观指标,因为观测者在观察非理想目标时具有不同的对比度阈值,所以报告的值很容易变化。例如,假设一个观测者能看见 5mile(1mile=1.609km)处的建筑物却看不到 7mile 处的塔,他可能估计能见度为 6mile。能见度对局部气象条件非常敏感,还取决于相对太阳的观察角度。随着太阳角度接近观测角度,进入视线的前向散射增加,能见度下降。来自地方气象站的报告不一定能代表试验场地的真实情况。

　　气溶胶的大小分布和浓度是根据能见度测量值估算的,随着浓度提高或粒子尺寸增大,能见度下降。能见度的定义是用裸眼刚好能看到并辨清目标的最大距离。白天,物体相对地平线天空是暗的(一个高对比度目标);晚上,目标是一个中等强度的光源。表 13-3 给出了能见度的国际标准,每个等级的取值范围对民事活动足够,但对科研目的则过宽。在美国的公园和荒野,100~164km 的视觉距离很常见,但污染正在降低这个能见度。

表 13-3　能见度国际标准

标准	能见度	标准	能见度
浓雾	0~50m	霾	2~4km
厚雾	50~200m	轻霾	4~10km
中雾	200~500m	晴朗	10~20km
轻雾	500m~1km	很晴朗	20~50km
薄雾	1~2km	极其晴朗	>50km

　　气象学距离是定量的,它消除了观测者的主观性和昼夜差别。Koschmieder 公式将气象学距离[11]定义为

$$R_{met} = \frac{1}{\sigma_{atm}} \ln\left(\frac{1}{C_{TH}}\right) \tag{13-14}$$

式中:C_{TH} 为 50%的观测者能看到目标的阈值对比度。

　　式(13-14)采用散射横截面而不是消光系数,意味着在可见光波长的吸收可以忽略。除了空气被污染的情况,这个观点是正确的。Koschmieder 令 $C_{TH}=0.02$,评估 σ_{atm} 在 $\lambda=0.555\mu m$ 时的值。于是,透过率(在人眼光谱响应范围内求平均)为

$$\tau_{atm-ave}(R) = \exp(-\sigma_{atm}R) = \exp\left(-\frac{3.912}{R_{met}}R\right) \tag{13-15}$$

　　式(13-15)仅适用于可见光区,并已成为一个"标准"。它曾被赋予各种名称,如气象学距离和视觉距离,以区别于"观测者-能见度"。但是,粗心导致在表达气象学距离时用了"能见度"这一术语。为了确保不造成混淆,用"观测者-能见度"表示它是一个估计值。如果只有"观测者-能见度 $R_{vis-obs}$",可通过下式计算气象学距离[1]:

$$R_{met} = (1.3 \pm 0.3)R_{vis-obs} \tag{13-16}$$

大多数计算机程序(如 MODTRAN)使用气象学距离估算粒子浓度。直接的浓度估值应该好于用能见度表达的值。从简单的可观测参数(相对湿度和风速)可以预测到以色列 Beer-Sheva 地区的粒子浓度。向其他地理位置的扩展目前尚属假设。

式(13-15)对可见光系统是合理的,但对近红外和短波红外系统略有不同。在波长小于 3μm 时,σ_{atm} 可用下式(图 13-10)近似:

$$\sigma_{atm}(\lambda) \approx \frac{3.912}{R_{met}}\left(\frac{0.55}{\lambda}\right)^N \tag{13-17}$$

其中

$$N \approx \begin{cases} 1.6, & R_{met} > 20km \\ 1.3, & 6km < R_{met} < 20km \\ 0.585(R_{met})^{1/3}, & R_{met} < 6km \end{cases} \tag{13-18}$$

因为这是一个近似值,在 $R_{met} = 6km$ 和 $R_{met} = 20km$ 存在不连续性。Kim 等[10]细化了指数 N:

$$N \approx \begin{cases} 1.6, & R_{met} > 50km \\ 1.3, & 6km < R_{met} < 50km \\ 0.16R_{met} + 0.34, & 1km < R_{met} < 6km \\ R_{met} - 0.5, & 0.5km < R_{met} < 1km \\ 0, & R_{met} < 0.5km \end{cases} \tag{13-19}$$

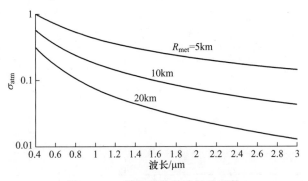

图 13-10　散射系数是波长的函数

13.4　红外平均透过率

MWIR 和 LWIR 透过率主要受大气吸收影响。水蒸气对 LWIR 的影响大于对 MWIR 的影响。二氧化碳是 MWIR 区 4.3μm[①]的主要吸收体。因此,难以指定一个

---
① 译者注:原文为 3.4μm,有误,已改正。

消光系数平均值。

许多研究曾试图从可见光透过率推断红外透过率。图 13-11 说明通过许多数据点(没有显示)的平均曲线。这个平均响应可能对粗略计算和趋势分析可能有用。"好""差"天气的概念一直沿用至今(表 13-4),分析人员必须清楚使用 τ_{IR} 是一种宽带方法,它并没考虑吸收带。吸收带(图 13-2 中的 5.5~7.5μm)的透过率 τ_{IR}^{R} 可能有限。

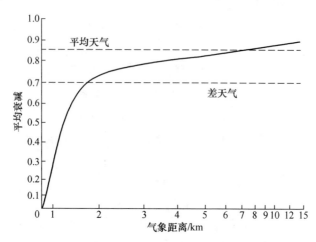

图 13-11　德国 Grafenwöhr 地区 1976 年冬季[14]

注:衰减系数是 LWIR 区的光谱平均值,平均值是 $\tau_{IR}=0.85$/km。将 $\tau_{IR}=0.70$/km 的天气定义为"差"天气。

表 13-4　平均衰减值

天气质量	平均衰减 τ_{IR}/km^{-1}	较好天气所占时间的近似值/%
差	0.70	80
尚可	0.80	65
平均	0.85	50
好	0.90	25
很好	0.95	2

注:这些近似值可用于进行粗略计算。

天气通常要么很好要么很差(图 13-12),很少有表 13-4 中所谓的"平均"日,每天都有很大变化。"平均"值是一个数字量,是为了便于计算和比较不同天气条件下的系统性能。在任一特定时刻,实际值可能都明显不同。非专业观测者容易记住很好或很差的天气,因而不善于估计平均条件,平均值要基于在 5~10 年间收集的数据[15]。虽然表 13-4 的值以欧洲天气(图 13-11)为基准,但也可用作 LWIR 和 MWIR 在世界各地的通用天气条件;尽管它对 MWIR 和 LWIR 消光系数的近似取值不太准确,但的确是通过对比分析说明天气对距离性能影响的方便方法。

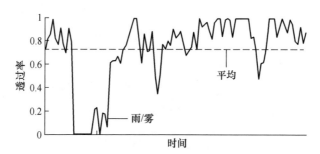

图 13-12　1km 路径上的典型大气透过率

图 13-13 说明 1km、5km 和 10km 路径上的典型大气透过率。起初强吸收体（相对高的消光）影响透过率，然后弱吸收体（相对低的消光）影响透过率。在 MWIR 区，强吸收体出现在 $2.5 \sim 3.4\mu m$ 和 $4.15 \sim 5.5\mu m$ 区。弱吸收体出现在 $3.6 \sim 4.15\mu m$ 区。

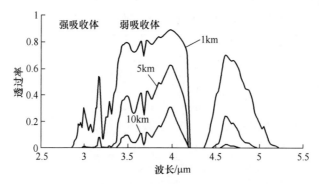

图 13-13　1km、5km 和 10km 路径上的典型大气透过率（平均透过率不只是 $\tau_{\text{atm-ave}}^{R}$）

Austin 等[16] 的结论是，平均透过率可以用威布尔分布近似：

$$\tau_{\text{atm-ave}}(R) \approx \exp(-\alpha R^{\beta}) \qquad (13-20)$$

式中：α、β 为从数据库获得的平均系数（在 13.4.2 节"海军模型"[①]中讨论）。

式（13-17）比比尔定律（式（13-1））好，但当系统光谱响应进入大气吸收带时会引入误差。α 值受强吸收体影响，β 代表弱吸收体影响（图 13-14）。

要进行粗略计算，讨论平均透过率（不考虑系统的光谱响应）比较方便。对一个灵敏度受限系统，信噪比为

$$\text{SNR} \approx \frac{\tau_{\text{atm-ave}}^{R}}{\text{NEDT}} \Delta T \qquad (13-21)$$

---

① 译者注：原文为 13.5.2 节，有误，已改正。

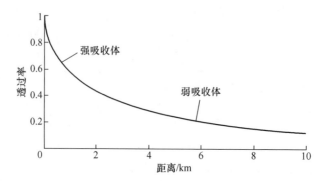

图 13-14   典型 MWIR 透过率(该曲线能用威布尔分布近似)

例 13-1   折中分析

设 $\tau_0 = 0.85\text{km}^{-1}$, $R_0 = 5\text{km}$, $\Delta T_0 = 10\text{K}$ 和 $\text{NEDT}_0 = 0.2\text{K}$。假设要重新设计系统,使 NEDT 降低到 0.15K,可以在哪些方面改善系统?

有三个改善系统性能的选项(针对固定信噪比)。

选项 1:针对固定 ΔT 和 $\tau_{\text{atm-ave}}$,将距离提高到

$$R = \frac{\log\left(\dfrac{\tau_0^{R_0}}{\text{NEDT}_0}\right)}{\log \tau_0} = 6.77(\text{km}) \qquad (13-22)$$

选项 2:针对固定距离和 $\tau_{\text{atm-ave}}$,可探测到温度更低的目标,即

$$\Delta T = \frac{\text{NEDT}}{\text{NEDT}_0}\Delta T_0 = 7.5(\text{K}) \qquad (13-23)$$

选项 3:针对固定距离和 ΔT,可在较差天气中探测到同一目标,即

$$\tau_{\text{atm-ave}} = \tau_0\left(\frac{\text{NEDT}}{\text{NEDT}_0}\right)^{1/R_0} = 0.80(\text{km}^{-1}) \qquad (13-24)$$

13.4.1   MWIR 与 LWIR

自从热成像系统问世以来,就 MWIR 的成像波段是否比 LWIR 更好进行了很多研究和争论。在距离性能分析中涉及的因素包括大气光谱透过率、背景温度、系统的光谱响应、系统 NEDT、系统 MTF、面临的任务(探测、识别或辨清)、目标大小和目标/背景特性。系统分析人员不能仅根据一个变量就做出选择。

大气透过率取决于水蒸气含量、气溶胶和存在的分子种类。随着气溶胶浓度增加和粒子尺寸增大,MWIR 区所受的影响比 LWIR 区的大(图 13-7)。水蒸气对 LWIR 区的影响大于对 MWIR 区的影响。MWIR 区大气透过率是否高于 LWIR 区

大气透过率,取决于能见度与水蒸气浓度之间的关系。只有在水蒸气浓度高且气溶胶浓度低时(长气象学距离),MWIR 区的透过率才比较高。即便这样,对所选的特定传感器,在路径大于 10km 时,MWIR 区的透过率仍然比较好。MWIR 系统必须设计得能利用其高透过率。如果任务是探测 5km 处的目标,则应选择 LWIR 系统(图 13-15~图 13-17)。

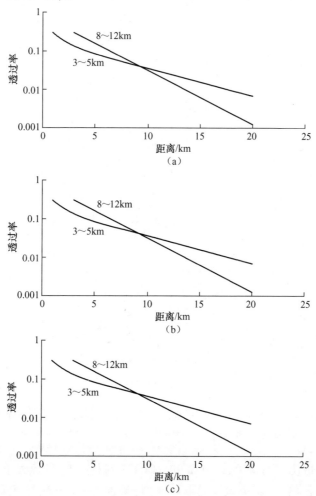

图 13-15　针对典型 MWIR 和 LWIR 传感器,在热带城镇气溶胶条件下的光谱平均大气透过率
(a)气象学距离 7km;(b)气象学距离 12km;(c)气象学距离 25km。

　　没有包括系统响应率的任何大气研究都会对系统有效性得出不同的印象。在吸收带边缘有响应的系统与没有响应的系统相比,路径长度对前者的影响要严重得多。不能简单地说 LWIR 波段优于 MWIR 波段,在得出任何结论之前必须全面确定系统的光谱响应。

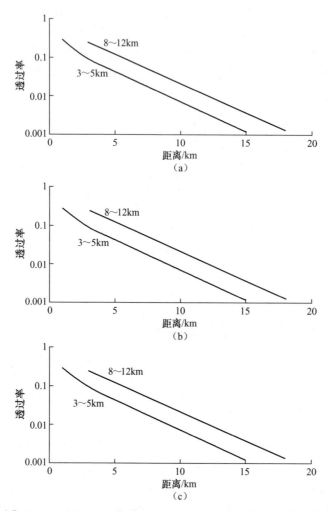

图 13-16 针对典型 MWIR 和 LWIR 传感器,在热带海上气溶胶条件下的光谱平均大气透过率
(a)气象学距离 7km;(b)气象学距离 12km;(c)气象学距离 25km。

距离性能取决于系统设计(MTF 和 NEDT)、目标 ΔT、目标大小和承担的任务(探测、识别或辨清)。对灵敏度受限系统,大气透过率只是一个主要因素。注意:MWIR 和 LWIR 只是一般意义上的概念。我们说一个 $3\sim5\mu m$ 或 MWIR 系统,只是说它的光谱响应在 MWIR 区,并不是指它的精确响应波长。例如,PtSi 和 InSb 都是 MWIR 探测器件,但它们的光谱响应很不同,所以二者的性能有很大差异。大气透过率只是距离性能公式中的一个参数,因而不能作为选择 MWIR 或 LWIR 的唯一依据。在具体传感器设计中,必须进行折中研究,以便确定在各种情况和环境下到底哪一个的性能更好。

因为大气透过率不同,也许一个双色系统(MWIR 和 LWIR)更有优势,一个

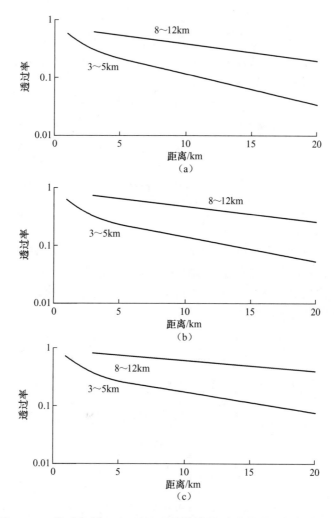

图 13-17　针对典型 MWIR 和 LWIR 传感器,在中纬度乡村冬季环境
气溶胶条件下的光谱平均大气透过率
(a)气象学距离 7km;(b)气象学距离 12km;(c)气象学距离 25km。

"最好的传感器"能提供极好的图像(高 MTF、低噪声、高热对比度),而且能在各种
天气条件和背景温度下以最佳状态全天候工作。Soel 等[21]计算过各种环境中的
大气透过率(类似于图 13-15~图 13-17),得出的结论是大气成分严重影响着传感
器的选择。他们认为"最终选用一个波段而不选另一个是个困难的抉择。对手持
传感器来说,物理属性(尺寸、重量和功耗)始终是重要因素,而性能、可获得性、可
靠性和价格也是重要因素"。

13.4.2　海军模型

美国海军用经验法估算大气平均透过率,使用的是威布尔分布近似[15]
(式(13-17))。海军模型的数据(系数)以大量海平面观察次数为基础,分为三个
地理区域。数据库按观察次数分组(表13-5)。

表 13-5　美国海军的数据库

数据组	观察次数	位　置
R384	384	挪威海、地中海、北大西洋(英格兰附近)、中阿拉伯海、珊瑚海(印度尼西亚附近)
K400	400	芬兰湾、中国东海、黄海、北大西洋(英格兰附近)、阿曼湾、加勒比海
PG720	720	阿曼湾

系数是针对各种百分率确定的(表13-6~表13-8)。例如,70%意味着用这些
值计算的大气透过率低于或等于该数据库中70%的数据。这些预估值对20km以
内的距离是合理的。由于该模型是为海上作战开发的,它只适用于海平面观察。
R384组数据的曲线图如图13-18所示。

表 13-6　R384 组数据的系数

百分率/%	3.4~5μm		8~12μm	
	a	β	a	β
10	0.48351	0.58219	0.14316	0.85943
25	0.56137	0.57989	0.21926	0.88006
50	0.67340	0.57156	0.41487	0.88614
70	0.72825	0.56431	0.52054	0.88492
80	0.75743	0.57004	0.57288	0.88366
85	0.77748	0.57151	0.59310	0.88554
90	0.81578	0.58742	0.63084	0.88640
95	0.98757	0.69721	0.72255	0.92409

表 13-7　R400 组数据的系数

百分率/%	3.4~5μm		8~12μm	
	a	β	a	β
10	0.46450	0.60692	0.13377	0.85766
25	0.51896	0.60212	0.18370	0.87567
50	0.64507	0.56790	0.33349	0.88109
70	0.72821	0.54521	0.50976	0.88056

(续)

百分率/%	3.4~5μm		8~12μm	
	a	*β*	*a*	*β*
80	0.75606	0.54707	0.55940	0.88230
85	0.77212	0.56045	0.58038	0.88297
90	0.80774	0.59999	0.60764	0.88794
95	0.94043	0.68741	0.66784	0.88851

表 13-8　PG720 组数据的系数

百分率/%	3.4~5μm		8~12μm	
	a	*β*	*a*	*β*
10	0.61407	0.51678	0.25399	0.86634
25	0.65818	0.51070	0.33741	0.87033
50	0.71219	0.52933	0.46957	0.87486
70	0.75095	0.53539	0.54834	0.88054
80	0.77125	0.54087	0.59656	0.88092
85	0.78381	0.54936	0.61977	0.88059
90	0.80013	0.56472	0.66070	0.88422
95	0.83305	0.58998	0.71566	0.89030

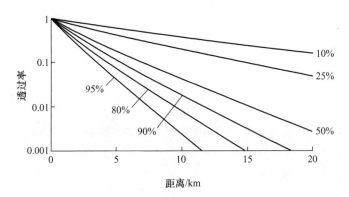

图 13-18　R384 组数据,针对各种百分率的 LWIR 透过率

13.4.3　陆基系统:水平路径

用 MODTRAN 计算的值,将光谱平均透过率拟合到威布尔分布(式 13-17)。MWIR 值(表 13-9)和 LWIR 值(表 13-10)对 20km 以内的地面水平路径有效。

表 13-9 MWIR 威布尔分布近似值

位置	气溶胶		a	β
热带 北纬15°	乡村	23km 能见度	0.4637	0.4795
	乡村	5km 能见度	0.5106	0.6072
	城镇	5km 能见度	0.5278	0.6381
	沿海	23km 能见度	0.4943	0.5995
中纬度 北纬45° 夏季(7月)	乡村	23km 能见度	0.4296	0.4819
	乡村	5km 能见度	0.4766	0.6163
	城镇	5km 能见度	0.4929	0.6465
	沿海	23km 能见度	0.4668	0.6074
中纬度 北纬45° 冬季(1月)	乡村	23km 能见度	0.3259	0.4094
	乡村	5km 能见度	0.3676	0.6619
	城镇	5km 能见度	0.3871	0.6888
	沿海	23km 能见度	0.3672	0.6445

注:针对光谱响应在 3.5~5.3μm、峰值响应在 5μm 的典型 InSb 探测器的光谱平均透过率。

表 13-10 LWIR 威布尔分布近似值

位置	气溶胶		a	β
热带 北纬15°	乡村	23km 能见度	0.4251	0.8593
	乡村	5km 能见度	0.4858	0.8849
	城镇	5km 能见度	0.4874	0.8838
	沿海	23km 能见度	0.4243	0.8762
中纬度 北纬45° 夏季(7月)	乡村	23km 能见度	0.2762	0.8876
	乡村	5km 能见度	0.3441	0.9021
	城镇	5km 能见度	0.3441	0.9021
	沿海	23km 能见度	0.2896	0.8872
中纬度 北纬45° 冬季(1月)	乡村	23km 能见度	0.0630	0.9083
	乡村	5km 能见度	0.1258	0.9430
	城镇	5km 能见度	0.1258	0.9430
	沿海	23km 能见度	0.0760	0.9209

注:针对光谱响应在 8.0~12.5μm、峰值响应在 12μm 的典型 HgCdTe 探测器的光谱平均透过率。

13.4.4 陆基系统:倾斜路径

表 13-11 给出了与高度为函数关系的、水平路径的威布尔分布常量。假设飞机在稳定高度飞行,目标在地面上。倾斜距离 $R=h/\sin\theta$,θ 为俯视角。随着飞机向

前飞,俯视角增大。当飞机在头顶直上方($\theta = 90°$)时,距离最近(斜程最短),这时 $R=h$。对小俯视角($R \approx R_1 + R_2$),透过率为

$$\tau_{\mathrm{atm-ave}}(R) \approx \tau_1 \tau_2 = \exp(-\alpha_1 R_1^{\beta_1}) \exp(-\alpha_2 R_2^{\beta_2}) \qquad (13-25)$$

式中:R_1 和 R_2 的定义如图 13-19 所示。

威布尔系数见表 13-11 的高度 h_1 和 h_2。威布尔分布地面值见表 13-9 和表 13-10。

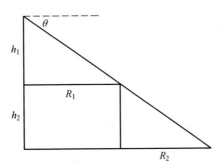

图 13-19 倾斜路径的透过率近似

表 13-11 威布尔高度近似值

环境	稳定高度 /km	典型 InSb(3.5~5.3μm)		典型 HgCdTe(8.0~12.5μm)	
		a	β	a	β
热带 北纬 15° 乡村气溶胶 23km 能见度	0.25	0.4905	0.4329	0.3869	0.8779
	0.50	0.4736	0.4414	0.3608	0.8815
	0.75	0.4525	0.4508	0.3377	0.8860
	1.0	0.4316	0.4687	0.3192	0.8807
	1.5	0.4181	0.4599	0.2863	0.8837
	2.0	0.3960	0.4656	0.2585	0.8810
	2.5	0.3821	0.4643	0.2331	0.8790
	3.0	0.3584	0.4735	0.2084	0.8788
	4.0	0.3355	0.4648	0.1695	0.8767
中纬度 北纬 45° 夏季(7月) 乡村气溶胶 23km 能见度	0.25	0.4599	0.4310	0.2551	0.8912
	0.50	0.4342	0.4438	0.2404	0.8859
	0.75	0.4192	0.4512	0.2271	0.8843
	1.0	0.4089	0.4510	0.2138	0.8936
	1.5	0.3801	0.4656	0.1870	0.8874
	2.0	0.3625	0.4665	0.1695	0.8783
	2.5	0.3470	0.4682	0.1482	0.8831
	3.0	0.3259	0.4775	0.1326	0.8854
	4.0	0.3040	0.4719	0.1076	0.8853

(续)

环境	稳定高度 /km	典型 InSb(3.5~5.3μm)		典型 HgCdTe(8.0~12.5μm)	
		a	β	a	β
中纬度 北纬 45° 冬季(1 月) 乡村气溶胶 23km 能见度	0.25	0.3599	0.4286	0.0637	0.8814
	0.50	0.3380	0.4454	0.0584	0.9004
	0.75	0.3204	0.4600	0.0555	0.8993
	1.0	0.3115	0.4628	0.0530	0.8978
	1.5	0.2909	0.4748	0.0506	0.8799
	2.0	0.2768	0.4796	0.0441	0.9010
	2.5	0.2695	0.4760	0.0420	0.8869
	3.0	0.2508	0.4889	0.0390	0.8802
	4.0	0.2386	0.4767	0.0354	0.8502

注:表中近似值对 20km 以内的水平路径有效。

13.5　天气条件

在预测系统的距离性能时,大气的多变性可能是最难量化的。由于大气的不确定性,无法准确表征具体路径长度的大气特性,导致系统的实际性能会有很大变化。陆基系统面临的大气条件是可以合理表征的,但对机载平台上的系统,很难准确描述其所处环境的大气特性。

13.5.1　雨和雪

在 MODTRAN 模型中,根据经验将雨的散射系数与降雨量 R_{rate} (mm/h)关联:

$$\sigma_{rain} \approx 0.365R_{rate}^{0.63} \tag{13-26}$$

表 13-12 给出了典型降雨量。由于雨滴比波长大,所以衰减系数基本与波长无关。除了大气透过率,雨的透过率为

$$\tau_{atm-ave}(R) \approx \exp(-\alpha R^{\beta})\exp(-\sigma_{rain}R) \tag{13-27}$$

表 13-12　典型降雨量

雨的强度	降雨量 R_{rate}(mm/h)	σ_{rain}
下雾	0.025	0.036
毛毛雨	0.25	0.152
小雨	1.0	0.363
中雨	4.0	0.869
大雨	16	2.082
雷阵雨	40	3.709
大暴雨	100	6.606

雪花的形状有几百种,Libbrecht[22]列出了 35 种最常见的形状(六角板状、枝状、针状、柱状、三棱状等)。用于圣诞装饰的六边形雪花只是常见的一种。雪花的具体形状取决于相对湿度和空气温度。由于散射与雪花的大小和形状有关,所以无法给雪指定唯一的散射系数。

13.5.2　出现概率

天气条件变化大,使得红外透过率变化很大,因此基于年平均值来计算探测概率比较有意义。RAND 公司开发的 WETTA(天气对战术目标捕获的影响)模型[23]提供了欧洲环境的超越概率值。图 13-20 是一条典型曲线。这个半经验模型提供了高度 100m 以下无云(但不一定没雾)条件下的大气透过率。

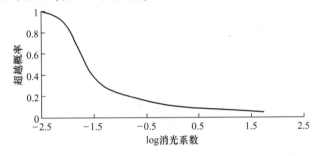

图 13-20　WETTA 模型针对典型欧洲环境的计算值[26]

消光系数是 LWIR 区的光谱平均值。较小的消光值代表较好的大气条件(较高透过率)。

WETTA 模型的使用方式有多种,第一种给出系统为探测某个 ΔT 目标所需的 NEDT 要求。假设一个灵敏度受限系统,其信噪比为 1 便足以探测到目标,要求系统的 NETD 为

$$\text{NEDT} = \Delta T \ e^{-\gamma_{\text{ave}}R} \qquad (13-28)$$

对每一个 γ_{ave} 值,都可以从图 13-20 获得超越概率。NEDT 是概率的函数,其曲线如图 13-21 所示。因为可能有很浓的雾(消光系数很大),所以要求 NEDT 很低,以便在 100% 的时间里探测到目标。

WETTA 模型给出了一个欧洲环境的天气出现概率,对世界其他地区可以采取粗略计算法。大多数天气自然出现的过程都遵守对数正态分布,很多气溶胶模型假设为对数正态分布,所以建议消光系数也服从对数正态分布是合理的:

$$P(\gamma) = \exp\left[-\frac{1}{2}\left(\frac{\log\gamma - \log\gamma_{\text{ave}}}{\log\sigma_{\gamma}}\right)^2\right] \qquad (13-29)$$

曲线拟合得到 $\log\sigma_{\gamma} = 0.198$。图 13-22[①] 的曲线有两个区段:一段是晴天/轻霾区;另一段是浓雾区。式(13-26)适用于每一区段。$\gamma_{\text{ave}} = 0.2$(等效地,$\tau_{\text{atm-ave}} =$

---

① 译者注:原文为图 13-20,有误,已改正。

0.82)近似于晴天/轻霾区。该方法纯粹基于经验。当只有平均消光值时,它提供了一种将探测概率作为天气条件的函数来描绘曲线图的方法。该描图方法(线性标尺与对数标尺)能表现出数据差异(比较图 13-22 和图 13-20)。

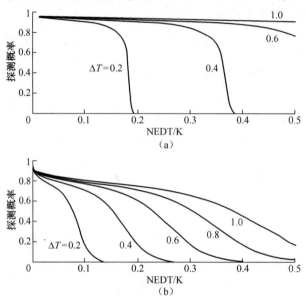

图 13-21 灵敏度受限系统对不同 ΔT 目标的探测概率(SNR = 1)

(a)目标在 500m 处;(b)目标在 5000m 处。

注:探测浓雾($\gamma > 1$)中的目标要求极低的 NEDT。

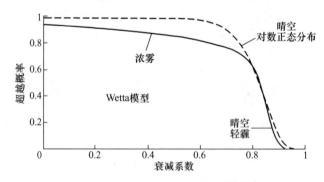

图 13-22 晴天时($\tau_{atm-ave} = 0.82$)的衰减系数

13.6 散射和路径辐射

直观地看,好像妨碍我们视觉感受目标的任何现象都以同样方式影响所有成像。在雾霾天,进入人眼的散射光会降低视觉对比度。这时物体呈现为中性白色,目标特征无法分辨。人眼是这样感受物体的,但成像系统不是。成像系统只是响应辐射差。

13.6.1　红外

距离为 R_T 处的目标发出的光子辐射亮度为

$$L_T = \int \varepsilon_T(\lambda) L_q(\lambda, T_T) \tau_{atm}(\lambda, R_T) d\lambda +$$
$$\int \rho_T(\lambda) L_q(\lambda, T_{AE}) \tau_{atm}(\lambda, R_T) d\lambda + L_{atm-T} + L_{scat-T} \qquad (13-30)$$

式中:第一项是目标的自发射,第二项是目标反射的环境辐射; T_{AE} 为平均周边环境温度和大气温度; L_{atm} 为大气自发射产生的路径辐射亮度; L_{scat} 为散射入视线的辐射。

同样,距离 R_B 处的背景发出的光子辐射亮度为

$$L_B = \int \varepsilon_B(\lambda) L_q(\lambda, T_B) \tau_{atm}(\lambda, R_T) d\lambda +$$
$$\int \rho_B(\lambda) L_q(\lambda, T_{AE}) \tau_{atm}(\lambda, R_B) d\lambda + L_{atm-B} + L_{scat-B} \qquad (13-31)$$

总光电子数为

$$n_{total} = n_{emission} + n_{reflected} + n_{atm} + n_{scat} \qquad (13-32)$$

总散粒噪声的方差为

$$\langle n_{shot}^2 \rangle = n_{emission} + n_{reflected} + n_{atm} + n_{scat} \qquad (13-33)$$

由于吸收等于发射,则

$$L_{atm} = \int [1 - \tau_{atm}(\lambda, R)] L_q(\lambda, T_{atm}) d\lambda \qquad (13-34)$$

如果目标和背景基本在同一距离($R_T = R_B$),则目标视线和背景视线的 L_{atm} 大致相等。由于系统输出差与 $L_T - L_B$ 成比例,从亮度差公式略去 L_{atm} 。散射分量一样,也略去 L_{scat} 。虽然这两个分量都已略去,但还部分地填充电荷阱。如果目标和背景的发射率为 1,式(13-34)简化为相机公式,即

$$\Delta n_{PE} \approx \int_{\lambda_1}^{\lambda_2} \frac{\eta(\lambda) \pi L_q(\lambda, \Delta T) A_D t_{int}}{4F^2} \tau_{optics}(\lambda) \tau_{atm}(\lambda, R) d\lambda \qquad (13-35)$$

MWIR 和 LWIR 区的散射可以忽略($L_{scat} \approx 0$),则

$$n_{total} \approx n_{emission} + n_{atm} \qquad (13-36)$$

散粒噪声的方差为

$$\langle n_{shot}^2 \rangle = n_{emission} + n_{atm} \qquad (13-37)$$

随着大气透过率降低, $n_{emission}$ 降低, n_{atm} 提高,但当 $T_{atm} \approx T_B$ 时,两者之和不变。

如果目标和背景在不同距离,各自的光子辐射亮度会被不同透过率减弱,要同时给两条光路加上不同的路径辐射亮度。显示的亮度差可以是正值、负值或 0。

MWIR 或 LWIR 可能有零差值,但一般来说两者不会在同一距离。

通过改进目标的表面特性可以使辐射亮度差非常小,比如通过选择合适的油漆调整发射度。这种伪装技术可以让目标在红外成像波段看不见[25-26]。当目标和背景不在同一距离时,路径辐射亮度会影响 ΔL 。

对凝视系统,路径辐射亮度会部分地填充电荷阱而产生光子噪声(见 12.5 节"信噪比最优化"),随着传感器光谱响应进入大气透过率低的区域,路径辐射亮度变得更显著。例如,一些有冷滤波器的系统能把光谱响应限制在 $8 \sim 12 \mu m$,其他没有冷滤波器的系统则会对 $2 \sim 12 \mu m$ 波长的信号做出响应,后者会接收水吸收波段 $(5 \sim 8 \mu m)$ 贡献的所有路径辐射亮度。Watkins[26] 和 Hodgkin 和 Maurer[27] 用图像说明了路径辐射亮度对目标可探测性的影响。

NEDT 是一个系统级性能指标($R = 0$)。NVIRM 模型将路径辐射亮度加在系统噪声中(式(13-37)),结果 NEDT 变成距离的函数,计算的零距离处的 NEDT 应当等于实验室测量值。

13.6.2 可见光对比度透过率

目标/背景固有的对比度经过大气传输、路径辐射亮度和散射改变后形成呈现给观测者的对比度。一般来说,可见光区的吸收很小,路径辐射亮度 $L_{atm} \to 0$ 。如果目标和背景在同一距离,两者的散射分量相等,即

$$L_T = \int \rho_T(\lambda) L_q(\lambda, T_{AE}) \tau_{atm}(\lambda, R) d\lambda + L_{scat} \qquad (13-38)$$

$$L_B = \int \rho_B(\lambda) L_q(\lambda, T_{AE}) \tau_{atm}(\lambda, R) d\lambda + L_{scat} \qquad (13-39)$$

人眼有一个内在的自动增益电路,人眼的敏感度取决于固有对比度 $\Delta L/L_B$ 。目标的固有对比度为

$$C_O = \frac{\rho_T - \rho_B}{\rho_B} \qquad (13-40)$$

为简洁起见,公式中去掉波长符号,接收到的对比度为

$$C_{RO} = C_O \tau_{atm}(R) = \frac{e^{-\sigma_{atm}R}(\rho_T - \rho_B) L_q}{e^{-\sigma_{atm}R}\rho_B L_q + L_{scat}} \qquad (13-41)$$

整理式(13-41),可得

$$C_{RO} = C_O \frac{1}{1 + \dfrac{L_{scat}}{\rho_B L_q} e^{\sigma_{atm}R}} \qquad (13-42)$$

式中:L_{scat} 为整个路径上散射进视线的总光量[28]。

由于吸收是可以忽略的(可见光区的合理近似),$L_{scat} \approx (1 - \tau_{atm})L_{sky}$ 。天空辐射亮度 L_{sky} 是观察方向和太阳位置的函数,$\rho_B L_q$ 是背景辐射亮度。为了方便,将总路径辐射亮度称为天空-背景比(SGR),即

$$SGR = \frac{L_{sky}}{\rho_B L_q} \qquad (13-43)$$

接收到的对比度为(图 13-14)

$$C_{RO} = C_O \frac{1}{1 + SGR(e^{\sigma_{atm}(\lambda)R} - 1)} \qquad (13-44)$$

如果散射入视线的光等于散射出的光,则 $SGR = 1$。同样,如果散射十分小(就像在红外区),则 $SGR = 1$,接收到的对比度只是固有对比度减去大气透过率。通常,$\sigma_{atm}(\lambda)$ 由气象距离(式(13-14))确定:

$$C_{RO} = C_O e^{-\sigma_{atm}(\lambda)R} = C_O e^{-\sigma_{atm}R} \qquad (13-45)$$

表观目标辐射度为

$$L_T = e^{-\sigma_{atm}(\lambda)R}(\rho_T L_q - L_{sky}) + L_{sky} \qquad (13-46)$$

随着距离增加或随着散射增加(等效地缩短气象距离),表观目标亮度接近 L_{sky}。随着照射背景的散射光减少,SGR 提高。例如,如果背景是一片森林,只有一部分光照射到背景,则 SGR 变大。相反,如果更多光散射进视线,SGR 就减小。又如,空中有雪,雪的反光又照到背景上,SGR 就小。表 13-13 列出了典型值。SGR 对接收到的对比度有很大影响(图 13-23)。

表 13-13　天空-背景比("典型"SGR = 3.0)

天空	地面	SGR	天空	地面	SGR
晴朗	新雪	0.2	阴天	新雪	1
晴朗	沙漠	0.4	阴天	沙漠	7
晴朗	森林	5	阴天	森林	25

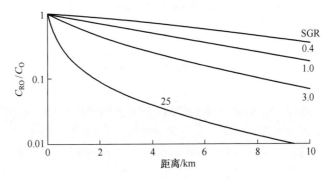

图 13-23　$\sigma_{atm} = 0.17/km$ 时,针对各种 SGR 归一化的接收对比度(这相当于 $R_{met} = 23km$)

13.7　战场遮蔽

一般来说,当波长小于粒子(如雨和雪)直径时,散射与波长无关。对大于粒子的波长,散射与 λ^{-4}(瑞利散射,图 13-7)成比例。对可见光区,小直径粒子的散射在可见光范围(图 13-3)。MODTRAN 有各种含有气溶胶的模型(表 13-1)。随着风速提高,大的灰尘颗粒会在空中飞扬,其散射会降低透过率[29-30],同时提高路径辐射度(发射)。此外,粒子可能有吸收带。黏土的吸收带在 8.2μm 附近,其实际折射率异常分散,接近大气的折射率,导致局部透明(克里斯琴森效应)。直升机螺旋桨会扬起大量灰尘,导致飞行员的能见度几乎为 0。

战场遮蔽是局部的,只有一部分会进入视线。战场上会产生正常情况下其他地方没有的气溶胶。"脏乱的"战场上有炸弹爆炸冲起的尘土和植物、燃烧物的烟灰、伪装烟雾以及来自枪炮口的废气流,其中的很多物质都非常热,会产生路径辐射。

土壤的种类、湿度和植物决定着炸弹爆炸掀起的灰尘量,灰尘的扩散取决于当地气象条件,持续时间部分地由粒子大小决定。重力沉降限制着大粒子尘云的存在时间。

炸弹爆炸掀起的尘烟分为爆发、上升、飘散三个阶段。在爆发阶段,随着炸出弹坑,会有大量碎片、湿土和水向上喷发。在上升阶段,粒子趁着热浮力迅速向上升。最后,灰尘随风漂动并最终消散。这些快速变化的非均匀气溶胶是很难建模的。

光电系统大气效应程序库(EOSAEL)是一个包含了战场气溶胶的计算机代码综合程序库[31]。气溶胶消光系数取决于粒子的分布和浓度。对自然产生的气溶胶(霾、雾等),其浓度可由气象学距离推算;对战场污染物和明显的烟雾屏蔽,其浓度可以用生成方法控制。尘云的均匀性取决于主要由风决定的环境条件。遮蔽物透过率要加到大气透过率上。由于战场遮蔽浓度是变化的,可以将比尔-朗伯定律改写为

$$\tau_{atm-ave}(R) \approx \exp(-\gamma R)\exp(-\alpha_{obs}C\,L_{obs}) \qquad (13-47)$$

式中:α_{obs} 为物质消光系数(m^2/g);C 为浓度(g/m^3)。

该方法的优点是 α_{obs} 为粒子成分、大小和形状的固有特性;浓度与路径长度的乘积 CL_{obs}(通常称为 CL 积)只是视线上的粒子质量。遮蔽路径长度 L_{obs} 通常仅为总路径长度 R 的一小部分,CL_{obs} 取决于烟雾生成方法、与生成器的距离、大气条件和对烟雾消散有最大影响力的风。NVTherIP 模型中的烟雾使用其文件中的推荐值 α_{obs}(表 13-14)。CL_{obs} 乘积的典型值见《国防部手册 178(ER)》[32]和《SNAP 手册》[33]

表 13-14　物质的平均消光系数(m^2/g)

物质	MWIR	LWIR
烟幕油	0.25	0.02
六氯乙烷	0.19	0.03
磷	0.29	0.38

参 考 文 献

[1] B. Herman, A. J. LaRocca, and R. E. Turner, "Atmospheric scattering," Chapter 4 and A. J. LaRocca, "Atmospheric Absorption," Chapter 5, in The Infrared Handbook, Revised Edition, W. L. Wolfe and G. J. Zissis, eds., Environmental Research Institute of Michigan, Ann Arbor, MI (1985).

[2] W. M. Farmer, The Atmospheric Filter, Volumes I and II, JCD Publishing, Winter Park, FL (2001).

[3] C. J. Willers, Electro-Optical System Analysis and Design: A Radiometry Perspective, Chap 4. SPIE Press Volume PM236 (2013).

[4] F. X. Kneizys, E. P. Shuttle, L. W. Abreau, J. H. Chetwynd, Jr., G. P. Anderson, W. O. Gallery, J. E. A. Selby, and S. A. Clough, "Users guide to LOWTRAN 7," Air Force Geophysical Laboratory Report AFGL-TR-88-0177, Hanscom AFB, MA 01731 (1988).

[5] N. S. Kopeika and J. Bordegna, "Background noise in optical communication systems," Proceedings IEEE, Vol. 58(10), pp. 1571-1577 (1970).

[6] J. A. Ratches, W. R. Lawson, L. P. Obert, R. J. Bergemann, T. W. Cassidy, and J. M. Swenson, "Night vision laboratory static performance model for thermal viewing systems," ECOM Report ECOM-7043, Fort Monmouth, NJ (April 1975).

[7] B. W. Rice and G. A. Findlay, "Infrared propagation within a few meters of the sea surface," Applied Optics, 29(34), pp. 5046-5048 (1990).

[8] D. Payne and J. Schroeder, "Sensor performance and atmospheric effects using NVThermIP/NVIPM and PcModWin/MODTRAN models: a historical perspective" in Infrared Imaging Systems: Design, Analysis, Modeling, and Testing XXIV, SPIE Proceedings Vol. 8706, paper 87060G (2013)

[9] P. Simoneau, K. Caillault, S. Fauqueux, T. Huet, L. Labarre, C. Malherbe and B. Rosier, "MATISSE-v1.5 and MATISSE-v2.0: new developments and comparison with MIRAMER measurements," in Infrared Imaging Systems: Design, Analysis, Modeling, and Testing XX, SPIE Proceedings Vol. 7300, paper 73000L(2009).

[10] L. Labarre, K, Caillault, S. Fauqueux, C, Malherbe, A. Roblin, B. Rosier, P. Simoneau, C. Schweitzer, K. Stein, and N. Wendelstein, "MATISSE-v2.0: new functionalities and comparison with MODIS satellite images," in Infrared Imaging Systems: Design, Analysis, Modeling, and Testing XXII, SPIE Proceedings Vol. 8014, paper 80140Z (2011).

[11] W. E. K. Middleton, Vision through the Atmosphere, University of Toronto Press (1958).

[12] I. Dror and N. S. Kopeika, "Statistical model for aerosol size distribution parameters according to weather parameters," in Atmospheric Propagation and Remote Sensing III, W. A. Flood and W. B. Miller, eds., SPIE Proceedings Vol. 2222, pp. 375-383 (1994).

[13] I. I. Kim, B. McArthur, and E. J. Korevaar, "Comparison of laser beam propagation at 785 nm and 1550 nm in fog and haze for optical wireless communications," in Optical Wireless Communications III, E. J. Korevaar, ed., SPIE Proceedings Vol. 4214, pp. 26-37 (2001).

[14] L. M. Biberman, R. E. Roberts, and L. N. Seekamp, "A comparison of electrooptical technologies for target acquisition and guidance; Part 2: analysis of the Grafenwöhr atmospheric transmission data," Paper P-1218, Institute for Defense Analysis, Arlington Virginia (January 1977).

[15] See, for example, L. H. Janssen and J. van Schie, "Frequency of occurrence of transmittance in several wavelength regions during a 3-year period," Applied Optics, 21(12), pp. 2215-2223 (1982) or L. M. Biberman, R. E. Roberts, and L. N. Seekamp, "A comparison of electrooptical technologies for target acquisition and guidance; Part 2: analysis of the Grafenwöhr atmospheric transmission data," Paper P- 1218, Institute for

Defense Analysis, Arlington Virginia (January 1977).

[16] D. E. Austin, K. C. Hepfer, and W. R. Rudzinsky, "Use of NSWCDD weather databases for prediction of atmospheric transmission in common thermal imaging sensor bands," Naval Surface Warfare Center Report # NSWCDD/TR-94/89, Dahgren, VA (1995).

[17] R. Longshore, P. Raimondi, and L. Lumpkin, "Selection of detector peak wavelength for optimum infrared system performance," Infrared Physics, 16, pp. 639-647 (1976).

[18] R. B. Johnson, "Relative merits of the 3-5 and 8-12μm spectral bands," in Recent Developments and Applications of Infrared Analytical Instruments, SPIE Proceedings Vol. 971, pp. 102-111 (1988).

[19] G. A. Findlay and D. R. Cutten, "Comparison of performance of 3-5 and 8-12μm infrared systems," Applied Optics Vol. 28(23), pp. 5029-5037 (1989).

[20] T. Meitzler, G. Gerhart, E. Sohn, and P. Collins, "A comparison of the performance of 3-5 and 8-12μm infrared cameras," in Infrared Imaging Systems: Design, Analysis, Modeling, and Testing V, G. C. Holst, ed., SPIE Proceedings Vol. 2224, pp. 22-29 (1994).

[21] M. A. Soel, R. G. Benson, C. Confer, "InSb vs. QWIP Imaging sensors: A comparison in progress," in Infrared and Passive Millimeter-wave Imaging Systems: Design, Analysis, Modeling and Testing, R. Appleby, G. C. Holst, and D. A. Wilkner, eds., SPIE Proceedings Vol. 4719, pp. 75-94 (2002).

[22] Ken Libbrecht's Field Guide to Snowflakes, Voyageur Press (2006)

[23] "Military weather calculations for the NATO theater: weather and warplanes VIII," RAND Corporation Report R-2401-AF (1980).

[24] V. A. Hodgkin and T. Maurer, "Impact of path radiance on MWIR and LWIR imaging," inInfrared Imaging Systems: Design, Analysis, Modeling, and Testing XVIII, G. C. Holst, ed., SPIE Proceedings Vol. 6543, paper 654300 (2007).

[25] B. McClean and N. Fontana, "The effect of coating properties on contrast radiance of camouflage and uncamouflaged tactical equipment in the 8 - 12 micron region," in Optical, Infrared, and Millimeter Wave Propagation Engineering, SPIE Proceedings Vol. 926, pp. 122-129 (1988).

[26] W. Watkins, "Environmental bugs invade EO systems," in Infrared Imaging Systems: Design, Analysis, Modeling and Testing IV, G. C. Holst, ed., SPIE Proceeding Vol. 1969, pp. 42-53 (1993).

[27] V. A. Hodgkin and T. Maurer, "Impact of path radiance on MWIR and LWIR imaging," in Infrared Imaging Systems: Design, Analysis, Modeling, and Testing XVIII, G. C. Holst, ed., SPIE Proceedings Vol. 6543, paper 654300 (2007).

[28] V. A. Hodgkin and C. L. Howell, "HIL range performance of notional hyperspectral imaging sensors," in Infrared Imaging Systems: Design, Analysis, Modeling, and Testing XXVII, (SPIE Proceedings Vol. 9820, paper)(98200N)(2016).

[29] F. A. Smith, E. L. Jacobs, S. Chari, and J. Brooks, "LWIR thermal imaging through dust obscuration," in Infrared Imaging Systems: Design, Analysis, Modeling, and Testing XXII, SPIE Proceedings Vol. 8014, paper 80140G (2011).

[30] M. Thomas and C. Gautier, "Investigations of the March 2006 African dust storm using groundbased column-integrated high spectral resolution infrared (8 - 13μm) and visible aerosol optical thickness measurements: Mineral aerosol mixture analyses," Journal of Geophysical Research, Vol. 114, paper D14209 (2009).

[31] R. C. Shirkey, "Determination of atmospheric effects through EOSAEL," in Optical, Infrared, Millimeter Wave Propagation Engineering, N. S. Kopeika and W. B. Miller, eds., SPIE Proceedings 926, pp. 205-212 (1988).

[32] Quantitative description of obscuration factors for electro-optical and millimeter wave systems, Department of Defense handbook DoD-HDBK-178(ER), Washington, DC. 20301 (25 July 1986).

[33] Smoke and Natural Aerosol Parameters (SNAP) Manual. 61-JTCG/ME-85-2, Tinker AFB, OK (126 April 1985)

第14章

目标特征

目标是一个要探测、识别或辨清的物体。目标特征是能将目标从背景区别出来的空间、光谱和辐射强度特征。大多数成像系统使用辐射强度差确定目标特征。

背景因所处环境而不同(图14-1)。背景可以是山、海洋、森林、丛林、平原、沙漠、云、天空或雪。从空中观察一辆车时,会有各种背景,如沙、草、水、水泥、沥青或泥土。由于植被随着季节变化,目标特征也随季节变化。同样,一艘船的背景可以是天空或海洋。一架直升机的背景可以是冰冷的天空、云、山脉或者植被,具体背景会因观测者相对直升机的位置而不同。即便目标辐射强度都是固定的,但目标-背景的表观特征在每种情况下都不一样。

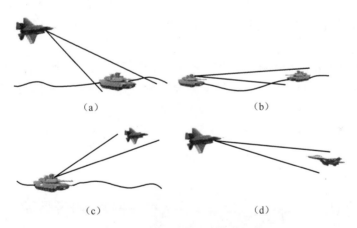

图14-1 背景因所处环境而不同
(a)空-地观察;(b)地-地观察;(c)地-空观察;(d)空-空观察。

关于红外特征,Ratches[1]等有如下表述,这段表述也适用于可见光、近红外和短波红外的特征。仅引用适用的几句:"性能建模中的主要问题之一是要获得准确的目标特征……。一个目标在各种工作条件和环境条件下会有许多不同的特征,这使问题变得更加复杂……。我们不容易描述对应于现实世界的(红外/可见光、近红外、短波红外)所有复杂的目标特征……。因此只使用目标总体特征,如大小和目标与环境平均(温度/辐射强度)差。这样得到的预测结果符合大量实验的结果。但是使用独特目标特征的特定实验结果不见得接近总体预测结果。"

　　环境提示比目标本身能提供更多关于目标的信息。例如,如果一个团斑在移动,它一定是辆车。舰艇不会在天上飞,坦克不会在海里游。环境提示由于太复杂,不能包含在任何模型中,这会导致预测的距离性能与实际距离性能之间有很大变化。

14.1　目标对比度

　　目标特征必须以对最后的图像判读者有用的格式来描述。前几章的公式提供的是输出电子数或 MTF。将电子数转换成数字计数可用于机器视觉系统(测量目标温度或目标强度)和自动目标识别器(辨清目标)。人类观测者感受的是对比度差。可见光系统通常在场景和观测者之间提供 1∶1 的对比度映射,也就是说显示的对比度和场景对比度一样。红外系统显示的对比度取决于系统增益和电平设置。在显示的对比度大于观测者的最小可探测对比度时,就会探测到目标。

　　对比度的定义有若干。Doyle 的公式符合所有定义:

$$C_{\text{Doyle}} = \frac{\sqrt{(\mu_{\text{T}} - \mu_{\text{B}})^2 + (\sigma_{\text{T}} - \sigma_{\text{B}})^2}}{\mu_{\text{T}} + \mu_{\text{B}}} \qquad (14-1)$$

式中:μ_{T}、μ_{B}、σ_{T} 和 σ_{B} 分别为目标均值、背景均值、目标均方根值和背景均方根值。

　　将这些均方根值包括在公式中,说明目标和背景的变化会影响目标探测。根据系统的不同,使用式(14-1)中的部分量或所有量。对红外光谱段,认为目标周边的背景是均匀的,以便使 $\sigma_{\text{B}} \approx 0$,于是可得

$$C = \frac{\sqrt{(\mu_{\text{T}} - \mu_{\text{B}})^2 + \sigma_{\text{T}}^2}}{\mu_{\text{T}} + \mu_{\text{B}}} \qquad (14-2)$$

ΔT_{RSS} 为

$$\Delta T_{\text{RSS}} = \sqrt{\frac{1}{\text{POT}} \sum_{i,j} \left[T_{\text{T}}(i,j) - T_{\text{B}} \right]^2} = \sqrt{(T_{\text{T}} - T_{\text{B}})^2 + \sigma_{\text{T}}^2} \qquad (14-3)$$

　　式(14-3)的和是按 POT(目标所占的像素量)计算的。

　　通常,背景面积是一个等于目标面积的面积。如果目标是长方形,长×宽为 $H_{\text{target}}W_{\text{target}}$,则背景也是长方形($\sqrt{2H_{\text{target}}}$)($\sqrt{2W_{\text{target}}}$)。$\Delta T_{\text{RSS}}$ 方法已经由美国夜视与电子传感器局在林地背景中针对坦克、卡车和自行火炮进行的大量野外试验中得到验证,但对开放结构(机场)或其他背景中的目标还没有得到确认。

　　由于历史原因,NVIPM 模型用热导数计算 NEDT(式(12-23))。这意味着,NVIPM 模型会给出针对数据组 $T_{\text{T}} = 300\text{K}$、$T_{\text{B}} = 300\text{K}$、$\Delta T_{\text{RMS}} = 2\text{K}$ 的 NEDT 有效值,但是针对数据组 $T_{\text{T}} = 300\text{K}$、$T_{\text{B}} = 302\text{K}$、$\Delta T_{\text{RMS}} = 0\text{K}$,却会预测 NEDT = 0。

人眼视觉系统对亮度差敏感。过去总是认为背景比目标亮（$L_B > L_T$），固有对比度 C_0 在 $0 \sim 1$ 之间变化。但是，目标可以比背景亮，而且正、负对比度目标之间的可探测性没有任何差异。固有对比度为

$$C_0 = \frac{\mu_T - \mu_B}{\mu_B} = \frac{|L_T - L_1 B|}{L_B} = \frac{|\Delta L|}{L_B} \qquad (14-4)$$

14.2　红外背景中的目标

红外特征是目标所处环境的一部分。对飞机（图 14-2）来说，它包括尾气羽流、散射的辐射和反射的（地面、太阳与天空）辐射、内部热源和气动加热。根据观测角度和背景，机翼和机身可能会比背景温度高或低。当然，发动机总会比背景温度高。

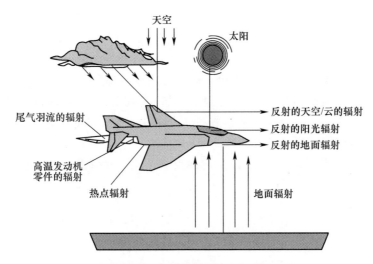

图 14-2　目标特征离不开环境

注：地面、天空、太阳和云层的辐射都会影响目标特征。

天空是很冷的，有效温度只有 20K 左右。如果大气透过率高，天空温度会比较低；随着透过率降低，路径辐射提高，天空温度会比较高。这样，天上的飞机可能在 20K 背景中。同一架飞机，如果接近地平线，可能处在 293K 的背景中。在《红外和光电系统手册》（*Infrared and Electro-Optical Systems Handbook*）[2] 中有大量关于天空辐射的图表。

使用一个目标特征模型前首先要分析场景。目标的内部结构在远距离可能看不见，也不影响探测。但是在较近距离，内部结构可为识别和辨清提供线索，可利用具体目标特征提高辨认等级。表 14-1 给出了一些用于辨清坦克或卡车的目标

特征。由于车与车之间的变化很大,这些详细特征不能包含在任何模型中。

由于无法表征复杂的发热效果、变化很大的环境效果和目标表面条件的变化,所以假设的 ΔT_{RMS} 可能与实际值相差 1/10(0.1 对应 1, 0.5 对应 5)。因此,任何距离性能的计算值都不能当作绝对值,模型只能用于进行合理的比较分析。

表 14-1   对辨清目标有用的红外目标线索

M60/MBT 坦克	"悍马"战车/卡车
后置发动机舱	4 个车轮
6 个小车轮	高温前栅格
3 个转动轮	高温前车盖
后驱动轮	加热的挡泥板
2 个尾气板	热轮胎
尾气管	低温车窗

14.2.1   面积加权 ΔT

业内习惯的做法是,假设目标和背景都能用等效温度的黑体进行建模。这个习惯做法忽略了表面影响(如覆盖有尘土、泥浆或氧化漆)。目标的真实温度可能等于也可能不等于等效温度。这个惯例只说明在所关注的光谱区,目标和背景看起来是有等效温度的黑体。

由于目标特征的复杂性,Ratches 等建议[4]使用一种面积加权目标温度:

$$T_{ave} = \frac{\sum_{i=1}^{N} A_i T_i}{\sum_{i=1}^{N} A_i} \tag{14-5}$$

式中:目标包括 N 个子面积 A_i,每个子面积的温度为 T_i(图 14-3)。

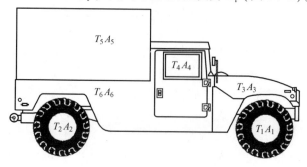

图 14-3   面积加权目标温度

如果背景的平均温度为 T_B ,则面积加权的均值为

$$\Delta T_{awat} = T_{ave} - T_B \tag{14-6}$$

当目标和背景的标准差 σ_T 和 σ_B 均为 0 时,式(14-1)的分子简化为 ΔT_{awat} 。

事实上,除了北约的标准坦克据报道[4]有 $\Delta T = 1.25K$ 之外,并没有标准目标。Friedman 等[5]就车辆问题给出了以下论述:"与 ΔT 关联的目标必须是凭经验获得的,或者是从合适的数据库获得的。根据车辆的种类、条件和朝向,ΔT 值在 0.2~12K 范围内"。系统分析人员必须凭自己的判断选择一个 ΔT_{RMS} 值。这个值基于实验的类似结果或者经验值。经常是系统用户确定 ΔT_{RMS} 。一般认为 MWIR 区和 LWIR 区的 ΔT_{RMS} 相等。

尽管昼夜变化和工作条件会影响目标特征,但为了方便,还是选用面积加权 ΔT 描述目标特征。为方便建模,一般用 ΔT 表示一组车辆的平均值和朝向。针对具体观察角度的面积加权 ΔT 可能会有所不同。要考虑卡车的高温发动机与其总尺寸之间的面积关系。虽然发动机舱可能接近 370K,但平均温度 ΔT 可能只比背景高几 K。

NVThermIP 模型的文件提供了表 14-2 中的指导值。

表 14-2　典型坦克的 ΔT (单位:K)

时间或状态	中欧		西南亚	
	前面	侧面	前面	侧面
夏日白天	1.75	3.00	3.00	3.00
夏日夜间	2.00	4.00	4.50	5.00
静态	1.00	1.50	1.50	1.75
动态	2.50	3.50	2.75	3.75

Gerhart 等[6]评估过 9 个经过不同程度修改的 ΔT 公式,这些量度似乎比面积加权 ΔT 更好,但他们不连续计算目标的可探测性。他们认为:"这种分析表明,用简单的平均参数(如平均值和标准差)描述目标/背景场景,并不足以表征成像传感器在目标有内部纹理和在杂乱背景中有对比度梯度时的性能"。每个量度都唯一地组合了目标/背景平均温度和标准偏差,得出一个修改过的 ΔT 。

14.2.2　昼夜变化

场景的复杂性[7-8]随着昼夜变化,也会随着观察角度和场景内容变化。所有在太阳光谱区有高吸收的材料都会发热。发热温度取决于材料在太阳波长处的吸收系数和它的红外发射率。目标的当前温度是它与其环境进行辐射交换的结果。

---

① 译者注:原文为度(°),有误,已改正。
② 译者注:原文为度(°),有误,已改正。

自然背景(如树、草、岩石和土地)吸收阳光能量后会被动地升温。白天,物体在日出时升温,午后,阳光能量下降,物体开始降温,日落后,背景温度接近大气温度。热惯性低的物体(如草、树叶和土壤表面)的温度往往紧随太阳辐射变化。有云经过时,这些物体会迅速降温。高密度物体(如岩石和树身)的升温和降温速度比较慢。

所有物体在阳光波长处有不同的吸收系数[9-10]、不同的发射率和不同的热惯性,所以它们以不同速度升降和降温,因此目标特征是所有这些参数的函数。吸收的太阳辐射量取决于目标表面的条件(如雨水、露水、灰尘或泥土)。热质量大的物体(如装甲车),其温度往往滞后于环境温度的变化,地面温度会比停放的装甲车的温度变化快,因而可能形成正和负的对比度。

太阳升起时,目标朝东的部分先升温。这时,朝西的部分仍维持低温。同样,东侧的草也升温。早晨看西侧时,会发现西侧的温度低,而其背景的温度已经上升。下午的情况正好相反。东面是阴面,可能已经开始降温,而西面却在升温。图14-4所示为一辆坦克的不同部分的昼夜温度变化。

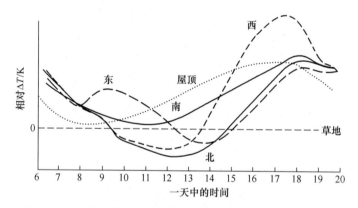

图14-4   北纬地带一辆处在草地背景中的坦克的典型ΔT[11]

注:随着太阳角度变化,不同侧面在升温。

目标温度不会精确停留在一个点上,而是一直在变化中。根据太阳的位置、热容量和环境影响,目标各部分的温度都在以不同速度上升和下降。虽然热交替经常为独特事件,但目标的一些部分通常都有温差。注意,即便$\Delta T_{RMS}=0$,目标在可见光区仍是可分辨的,因为光谱反射率会反映出目标特征。

图14-5所示为SPACE模型预测的典型昼夜变化[12]。在热交替点($\Delta T_{RMS}=0K$)无法探测目标。考虑到热交替问题,大多数野外验证都是在中午或者午夜进行的。

对于固定信噪比,可从灵敏度近似值估算出距离:

$$SNR \approx \frac{\tau_{atm-ave}^{R}\Delta T_{RMS}}{NEDT} \tag{14-7}$$

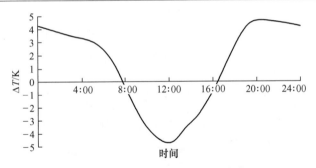

图 14-5　典型的 ΔT 昼夜变化[12]

注：ΔT 会随着季节、位置和阳光辐射变化。该曲线代表在典型的欧洲夏日，坦克前视方向的面积加权平均 ΔT。

在热交替点的距离为 0。用同样的能力通常能探测到正对比度和负对比度的目标（图 14-6）。信噪比低于可测量值的时间长短取决于 NEDT、大气透过率和 ΔT_{RMS}。

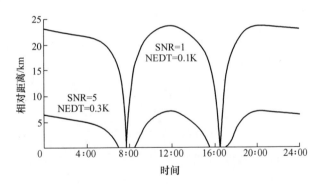

图 14-6　利用图 14-5 的昼夜温度变化数据和 $\tau_{atm-ave}$ = 0.85km 得到的典型性能距离

注：随着 NEDT 或要求的信噪比提高，目标距离接近 0 的时间延长。

把图 14-5 中的数据画成超越概率图（图 14-7），便于理解热交替对距离预测的影响。利用式（14-6）计算的探测概率（假设在 SNR = 1 时出现）如图 14-8 所示。在 NEDT = 0.1K，$\Delta T_{atm-ave}$ = 0.85km 时，最大距离为 23.7km。对这样的昼夜变化，探测距离在 74% 的时间超过 20km，在 89% 的时间超过 15km。当用这个方式画图时，相比于 24h，热交替的时间是极其短暂的。

14.2.3　环境修改

天空经过的云会改变目标特征。持续数日的阴天会使地面和目标达到热平衡，因此会淹没所有目标特征。降雨降雪时阳光的热载荷等于 0，而水的高热导率有助于散热，因而会冲蚀掉场景。

大雨过后的几小时里，目标特征会比较弱。水和泥泞分别会通过冷却和隔离

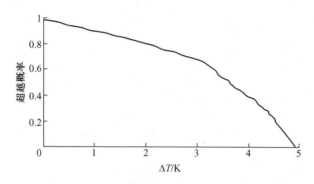

图 14-7   图 14-5 中数据的超越概率曲线(ΔT 超过 4K 的概率为 40%)

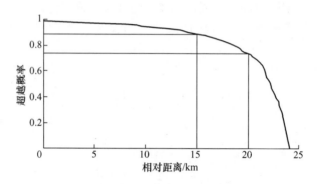

图 14-8   累计探测概率

注:SNR = 1, NEDT = 0.1K, $\tau_{atm-ave} = 0.85km^{-1}$。

减少摩擦发热的可能性。风有助于热传递,中等风力时的目标温度会比无风时低。

14.2.4 主动目标

主动目标会由于燃烧燃料和摩擦而发热。车辆的目标特征取决于它的运行状态(停止、空转或行进)。被动目标(熄火状态)的温度取决于它在阳光波长处的热吸收率和目标反射能量时的红外发射率。被动目标会出现热交替,但主动目标一般没有。

只要发动机在运行,燃料燃烧就会产生热源,这与车辆的运动状态无关。如果发动机是水冷的,则发动机舱的温度通常低于 373K。为了取暖,使热量通过管道输送到乘客车厢,那里也会变暖。由于热传输,发动机舱不再是一块规则的面积,而是有散射边缘的团状。发动机消声器和排气管的温度很高,这些高温区在很远处就能观察到,但这些区域是固定的,可能不在朝着成像系统的方向。例如,一辆卡车的热像图(图 14-9),如果从正前方看发动机舱和散热窗会很清楚,从后面看只能看见小小的排热管。

图 14-9　卡车热像图

注:燃料燃烧使发动机舱、排气管和乘客车厢的温度升高。摩擦使车轮、刹车和车轴发热。

摩擦发热仅发生在车辆行驶过程中。摩擦产生的热量比发动机产生的热量少。轮式车产生的热量在轮胎、减震器、驱动杆、传动器、车轴和差动器上。装甲车产生的热量在履带、车轮、链轮齿、支撑滚轴和减震器上,这些都是摩擦产生的热量。通过摩擦产生的热信号可以把轮式车与履带车区别开。

如果车辆行驶很快或是遇到大风,由燃料生热和摩擦生热产生的温度梯度会降低。如果车辆上装备了武器,射击后的枪管会很热。高速飞机因气动加热也会有目标特征。

14.3　可见光、近红外、短波红外区的目标

可见光、近红外和短波红外区产生的光电子数量与反射率差和照射源的光谱内容成正比。表 14-3 列出了一些目标和背景以及 NVThermIP 和 NVIPM 模型使用的相关反射率。

表 14-3　各种目标和背景

植被	油漆	人造物	布料	土壤
棕色小树枝	亮黑色	沥青	黑色尼龙	阿拉巴马黏土
干草	深棕色	黑色橡胶	棕色麻布	棕色砂
绿叶	灰色	硬纸板	毛巾布	暗色岩石
绿色玉米叶	浅绿色	煤渣块	白棉布	白云石
落叶植被	浅铁锈红	蓝色塑料油布	绿色尼龙	干砂

目标反射率、背景反射率和辐射源光谱输出的大范围光谱变化[15]会造成不同的

目标捕获距离。辐射源的位置[14]和目标相对视线的角度也影响着信噪比。在图 14-10 ~图 14-12 中,目标是迷彩服,背景是小树枝和林地场景、阿拉巴马黏土和沙漠灌木丛。照明是直射太阳、满月和晴朗的星光(图 11-7)。信号为 $[\rho_{\rm T}(\lambda) - \rho_{\rm B}(\lambda)]M_{\rm q-ill}(\lambda)$。负反射率差意味着背景比目标亮。虽然这几个图中的光谱分辨率都低,但显然,随着背景和照明的变化,信号的光谱和强度都在变化。对特殊

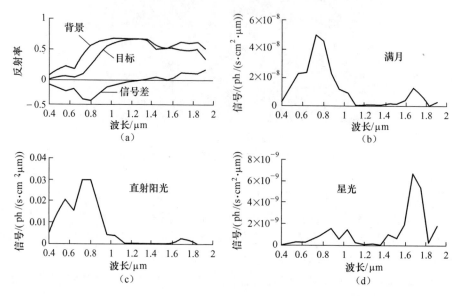

图 14-10　迷彩服目标 vs 小树枝及林地背景(注意信号值的差异)

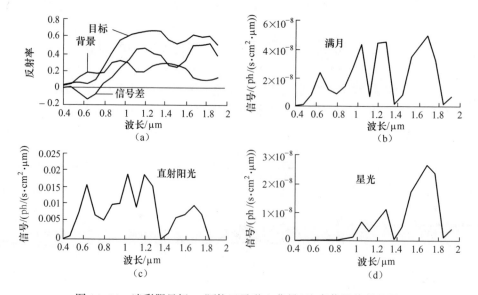

图 14-11　迷彩服目标 vs 阿拉巴马黏土背景(注意信号值的差异)

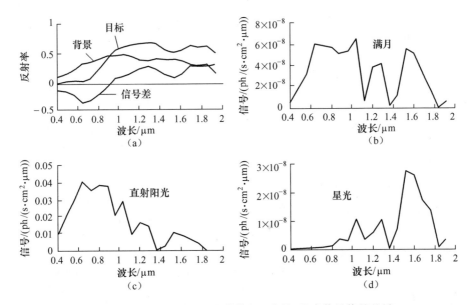

图 14-12　迷彩服目标 vs 沙漠灌木丛背景(注意信号值的差异)

场景要选用特殊传感器。改变场景可能导致要选择不同的传感器。知道背景反射率和光源的光谱输出后,原则上就可以设计[15]迷彩服了。注意,这与将目标和背景都视作宽带发射体的红外区很不相同,其中的目标背景差用 ΔT_{RMS} 表示。

14.4　目标特征建模

预测目标特征的模型有多种,如 PRISM[16](物理上合理的红外特征模型)、SPIRITS[17](目标与场景的红外光谱成像)、IRISIM[18] 和 SE-WORKBENCH[19]。PRISM 适用于地面目标,SPIRITS 是飞机的多面模型。这些模型提供详细的目标辐射度光谱图,光谱图中包含或不包含大气透过率和路径辐射。它们都通过实际野外试验得到定性验证,Conant 和 LeCompte 提供[20]了目标建模的总体方法,Accetta[21]描述了目标特征、背景和大气现象。

参 考 文 献

[1] J. A. Ratches, W. R. Lawson, L. P. Obert, R. J. Bergemann, T. W. Cassidy, and J. M. Swenson, "Night vision laboratory static performance model for thermal viewing systems," ECOM Report ECOM-7043, pg. 2, Fort Monmouth, NJ (1975).

[2] D. Kryskowski and G. H. Suits, "Natural sources," in Sources of Radiation, G. J. Zissis, ed., pp. 139-316. This is Volume 1 of The Infrared and Electro-Optical Systems Handbook, J. S. Accetta and D. L. Shumaker,

eds. , co-published by Environmental Research Institute of Michigan, Ann Arbor, MI and SPIE Press, Bellingham, WA (1993).

[3] ACQUIRE Range Performance model for Target Acquisition Systems, Version 1, User's Guide, US Army CECOM NVESD document, Ft. Belvoir, VA (May 1995).

[4] J. A. Ratches, W. R. Lawson, L. P. Obert, R. J. Bergemann, T. W. Cassidy, and J. M. Swenson, "Night vision laboratory static performance model for thermal viewing systems," ECOM Report ECOM-7043, pg. 3, Fort Monmouth, NJ (1975).

[5] M. Friedman, D. Tomkinson, L. Scott, B. O'Kane, and J. D'Agostino, "Standard night vision thermal modeling parameters," in Infrared Imaging Systems: Design, Analysis, Modeling, and Testing III, G. C. Holst, ed. , SPIE Proceedings Vol. 1689, pp. 204-212 (1992).

[6] G. R. Gerhart, T. Meitzler, E. J. Sohn, and H. Choe, "The evaluation of ΔT using statistical characteristics of the target and background," in Infrared Imaging Systems: Design, Analysis, Modeling, and Testing IV, G. C. Holst, ed. , SPIE Proceedings Vol. 1969, pp. 11-20 (1993).

[7] E. Hirsch, E. Agassi, and N. S. Kopeika, "Comparing statistical and spatial characteristics of urban and rural infrared images, part 1: data analysis," Optical Engineering, Vol. 47, paper 046401 (2008).

[8] E. Hirsch, E. Agassi, and N. S. Kopeika, "Comparing statistical and spatial characteristics of urban and rural infrared images, part 2: background simulation," Optical Engineering, Vol. 47, paper 046402 (2008).

[9] A. J. LaRocca, "Artificial sources," in Sources of Radiation, G. J. Zissis, ed. pp. 108-127. This is Volume 1 of The Infrared and Electro-Optical Systems Handbook, J. S. Accetta and D. L. Shumaker, eds. , copublished by Environmental Research Institute of Michigan, Ann Arbor, MI and SPIE Press, Bellingham, WA (1993).

[10] D. Kryskowski and G. H. Suits, "Natural sources," in Sources of Radiation, G. J. Zissis, ed. pp. 151-157 and 230-285. This is Volume 1 of The Infrared and Electro-Optical Systems Handbook, J. S. Accetta and D. L. Shumaker, eds. , co-published by Environmental Research Institute of Michigan, Ann Arbor, MI and SPIE Press, Bellingham, WA (1993).

[11] F. A. Rosell, "Characterization of the thermal scene," in The Fundamentals of Thermal Imaging Systems, F. A. Rosell and G. Harvey, eds. , pg. 16, NRL Report #8311, Naval Research Laboratory, Washington, D. C. (1979).

[12] J. A. D'Agostino, "The SPACE signature model: principles and applications," in Infrared Image Processing and Enhancement, M. Weathersby, ed. , SPIE Proceedings Vol. 781, pp. 2-9 (1987).

[13] V. Hodgkin, "Impact of spectral nature of signatures on targeting w/broadband imagers," SPIE Proceedings Vol 8706, paper 8706H (2013).

[14] V. A. Hodgkin and C. L. Howell, "HIL range performance of notional hyperspectral imaging sensors," in Infrared Imaging Systems: Design, Analysis, Modeling, and Testing XXVII, SPIE Proceedings Vol. 9820, paper 98200N (2016).

[15] V. A. Hodgkin, J. G. Hixson, T. Corbin, and W. P. Armentrout, "Impact of waveband on target-to-background contrast of camouflage," in Infrared Imaging Systems: Design, Analysis, Modeling, and Testing XXIII, SPIE Proceedings Vol. 8355, paper 835519 (2012).

[16] W. R. Reynolds, "Physically reasonable infrared signature model," Keweenaw Research Center, Michigan Technological University, Houghton, MI 49931.

[17] W. T. Kreiss, A. Tchoubineh, and W. A. Lanich, "Model for infrared sensor performance evaluation: applications and results," Optical Engineering, Vol. 30(11) pp. 1797-1803 (1991).

[18] R. Guissin, E. Lavi, A. Palatnik, Y. Gronau, E. Repasi, W. Wittenstein, R. Gal, and M. Ben-Ezra,

"IRISIM: infrared imaging simulator" in Infrared Imaging Systems: Design, Analysis, Modeling, and Testing XVI, G. C. Holst, ed. , SPIE Proceedings Vol. 5784, pp. 190-200 (2005).

[19] J. Latger, T. Cathala, N. Douchin, and A. Le Goff, "Simulation of active and passive infrared images using the SE-WORKBENCH," in Infrared Imaging Systems: Design, Analysis, Modeling, and Testing XVIII, G. C. Holst, ed. , SPIE Proceedings Vol. 6543, paper 654302 (2007).

[20] J. A. Conant and M. A. LeCompte, "Signature prediction and modeling," in Electro-Optical Systems Design, Analysis, and Testing, M. C. Dudzik, pp. 301-342. This is Volume 4 of The Infrared and Electro- Optical Systems Handbook, J. S. Accetta and D. L. Shumaker, eds. , co-published by Environmental Research Institute of Michigan, Ann Arbor, MI and SPIE Press, Bellingham, WA (1993).

[21] J. S. Accetta, "Infrared search and track systems," in Passive Electro-Optical Systems, S. B. Campana, ed. , pp. 219-290. This is Volume 5 of The Infrared and Electro-Optical Systems Handbook, J. S. Accetta and D. L. Shumaker, eds. , co-published by Environmental Research Institute of Michigan, Ann Arbor, MI and SPIE Press, Bellingham, WA (1993).

第15章

分辨率

分辨率分四种类型:①时间分辨率,表示按时间区分事件的能力;②灰度分辨率,由模/数转换器的设计、本底噪声或显示器能力决定;③光谱分辨率;④空间分辨率。以30Hz帧速工作的成像系统的时间分辨率为1/30s。灰度分辨率是一个动态范围指标。光谱分辨率是系统的光谱通带(如可见光、近红外等)。本章讨论空间分辨率。

空间分辨率提供关于可分辨空间细节的有用信息。有各种各样的分辨率量度[1],但各种定义不能互换。一个成像系统由许多子系统构成,每个子系统都有自己的分辨率量度(表15-1),这些量度可分为模拟量度和采样数据量度。不能用单独一个空间分辨率量度比较所有传感器系统。分辨率量度不涉及灵敏度问题(见第12章"信噪比")。在端到端性能模型中,分辨率和灵敏度是结合在一起考虑的(见第17章"系统性能模型")。

表 15-1　子系统的分辨率量度

子系统	分辨率量度
光学部分	瑞利判据
	艾里斑直径
	弥散圆直径
探测器	像元尺寸
	像元对应的张角
	像元间距
	像素对应的张角
	像素数量
电子系统	数据率
	比特位深度
显示器	显示单元的数量

分辨率的优点是便于估算目标的最大探测距离。这种估算假设有足够的信噪比,且观测者容易探测到目标。给定一个系统的角分辨率单元 R_{sys},要求整个目标宽度 W_{target} 有 N_{res} 个分辨率单元以实现预定的性能水平,到目标的距离为

$$距离 \approx \frac{W_{target}}{N_{res}R_{sys}} \tag{15-1}$$

有多少种分辨率量度就说明有多少种设计,每种设计都会优化一个特定分辨率,每种设计都有自己的优点,任何具体设计都没有固有的对和错。本章中的量度是可测量的,或者是可以用系统参数计算的。人眼观察的分辨率的量度在第 16 章"图像质量"中讨论。

15.1　模拟量度

分辨率的模拟量度可以用点源图像的宽度、MTF 降低到一定水平时两个点源之间的最小可探测间距,或者观测者可分辨的最小细节决定。这些量度假设系统输出就是目标的复制品(一个线性平移不变系统)。

关于光学系统成像能力的文献很多[2]。图像质量量度包括像差斯特列尔(Strehl)比、弥散圆直径或光斑图案。这些量度以多种形式在实际弥散圆图案与衍射限光斑尺寸之间进行对比。随着弥散圆直径增大,图像质量下降,边缘变得模糊。要观察到这种像质下降,需要一个高分辨率传感器。人眼和胶片都具备这种分辨力。但在使用一些电子成像系统时,会因像元大于弥散圆直径而无法看到这种下降(见 15.4 节"$F\lambda/d$")。

15.1.1　光学分辨率

表 15-2 给出了光学分辨率量度。衍射受限光学系统能产生最小的光斑尺寸。衍射量度包括瑞利判据、Sparrow 判据和艾里斑直径。艾里斑是理想光学系统产生的衍射图形的明亮中心,瑞利判据和 Sparrow 判据是区分两个紧邻物体(CSO)的能力的指标。光学像差和焦距限制会使衍射斑直径增大到弥散圆直径。光学设计者通常用光线追踪程序计算弥散圆直径。弥散圆直径的大小取决于它的确定方法(如环圈内能量的一部分)[3]。den Dekker 和 van den Bos[4]对光学分辨率量度有深入研究。

表 15-2　模拟系统的光学分辨率量度

分辨率的各种指标	说　明	测量(通用单位)
瑞利判据	分辨两个点源的能力	$\theta=1.22\lambda/D$(mrad)(计算值)
Sparrow 判据	分辨两个点源的能力	$\theta=\lambda/D$(mrad)(计算值)
艾里斑	点源产生的衍射受限直径	$\theta=2.44\lambda/D$(mrad)(计算值)
弥散圆直径	点源实际产生的最小直径	由光线追踪计算(mrad)
极限分辨率	MTF=0.02~0.05 时的空间频率	测量值或计算值(cycle/mrad)
地面可分辨距离	照片判读者可分辨的最小测试靶(1 个周期)	测试值或计算值(m)
地面分辨率	照片判读者看到的极限特征尺寸的估算值	测量值(m)

15.1.2 美国国家图像可判读性分级标准

对空中侦察和相关图像判读,分辨率用的量度是地面可分辨距离[5-6]。地面分辨率是一个主观术语,它是对所观察目标的极限特征的数值估算,成像系统必须能分辨这些特征。例如,一个系统可能要求有 10cm 的地面分辨率才能辨认高速公路上的白色中分线,要看清放在同一高速路边的花岗岩石块,系统可能只需要 1m 的分辨率。在实验室无法测量地面可分辨距离,因为它取决于到目标的距离,但可以通过合适的分辨率量度计算出来。

美国国家图像可判读性分级标准(IIRS)是一个数字标准,它衡量胶片拍摄的航空图像的可判读性,是用于情报目的的信息资源。它是一组符合心理物理学确定的可判读性分级标准的等间距分布的判读任务(或判据)。每项任务都包括辨认等级(如探测)、物体(如备用轮胎)和参照物(如在一辆中型卡车上)。随着分级值提高,可以从图像提取到更多细节。给定一个具体的 IIRS 值,所有低于这一值的 IIRS 任务均可完成。

当观察包含测试图(如美国空军 1951 年的标准三条靶图)的航空图像时,图像分析人员能确定地面上最小的可分辨周期。这个周期的宽度(一个条靶加一个空格)就是地面可分辨距离(GRD)。它包括系统 MTF 和大气造成的像质下降,而且是海拔高度的函数。地面可分辨距离与 10 级 IIRS 关联[5-6]。

IIRS 在 1991 年经过重大更新,1994 年经过修改[7-12],形成了美国国家图像可判读性分级标准(NIIRS),它是侦察界使用的主要像质标准[13]。该标准已经成为确定成像要求、选择成像系统和确定新系统性能的重要工具。目前的版本取代了过时的设备基准,改正了一些错误。现在,NIIRS 有适用于可见光传感器(表 15-3)和红外传感器(表 15-4)的标准,反映了不同传感器会突出不同的目标特征这一事实。

表 15-3　可见光的 NIIRS 示例

等级	示 例
0	遮挡、像质下降或极差的分辨率致使图像判读工作无法进行
1	探测到中型港口设施 辨别出大型机场上的跑道
2	探测到机场的大型机库 探测到大型建筑物(医院、工厂)
3	探测到火车(但不要求辨认出单节车厢) 辨清港口的大型水面船只
4	辨清大型战斗机 辨清铁路上的铁轨

（续）

等级	示　例
5	辨清雷达是装在汽车上还是拖车上 辨清有轨车辆(如缆车、平板车、厢式货车)
6	辨清中型卡车上的备用轮胎 辨清轿车或箱式旅行车
7	辨清厢式货车上的入口、梯子、通风口 辨清铁轨上的接头
8	辨清轰炸机上的铆钉线 辨清汽车上的雨刮器
9	辨清卡车的牌照号 探测到铁路上的道钉

表 15-4　红外的 NIIRS 示例

等级	示　例
0	遮挡、像质下降或极差的分辨率致使图像判读工作无法进行
1	确定大型机场上的停机坪面积 探测到工业区
2	辨别出大型和小型飞机 探测到中型水面舰上的活动区域
3	探测到大型飞机上不工作的发动机的位置 探测到铺砌面上的单台未工作车辆
4	探测到中型直升机的螺旋桨叶 辨别出火车上的每节车厢
5	辨清无线中继塔上的天线反射盘 辨清潜艇上的导弹发射管
6	辨别出小型和中型直升机 辨清轿车或箱式旅行车
7	辨清 SA-5 导弹的排气管 辨清单个人
8	辨清吉普大小的车上的天线 辨清轻型卡车上的设备
9	辨清小型到中型车辆上的门把手 辨别出人的手指

　　NIIRS 还有一个民用版[14]（表 15-5），这个新类型反映了从军事情报收集向民用信息收集的转化。此外，还有适用于雷达和多光谱系统的 NIIRS[8]。应该将这些表与当前的目标获取和辨认定义（参见第 19 章"目标辨别"）进行对照。NIIRS 是个主观量度，与分辨率间接相关，现在可以用通用图像质量公式（GIQE）从系统参数计算出来。

表 15-5   民用版的 NIIRS 示例

等级	示　例
0	遮挡、像质下降或极差的分辨率致使图像判读工作无法进行
1	辨别出主要陆地类型（城市、森林等） 辨清大的排水系统
2	辨清生长季节的大块农田 辨清道路绿化图形（三叶草等）
3	探测到住宅区的每个房子 辨别出自然森林与果园
4	辨清农场建筑，如车库、粮仓或住宅 探测到吉普穿过草地的辙痕
5	辨清圣诞树种植园 探测到大型动物（如大象、犀牛）
6	根据纹理特征探测到混合种植的麻醉品 探测到经过荒地的足迹
7	辨清已知棉田中成熟的棉花 探测到楼梯的每个阶梯
8	数清单个小猪 辨清单棵小松树苗
9	辨清带刺钢丝栅栏上的单根毛刺 辨清大型竞技动物的耳标

15.2   采样数据系统

随着采样数据系统的出现，引入了一些新的分辨率量度（表 15-6）。探测器阵列经常用像素数量和像元间距确定，这些指标只有在光学系统与探测器阵列组合后才有意义。如果系统的分辨率是由 DAS 决定的，则希望像元越小越好。

表 15-6   采样数据系统的分辨率量度

分辨率量度	说　明	测量（通用单位）
DAS	像元对应的张角	$\alpha_D = d/\mathrm{fl}$（mrad）（计算值）
IFOV	像元接收辐射的角范围	测量 50% 的点（mrad）
奈奎斯特频率	采样频率的 1/2	计算值（cycle/mrad）
PAS	像元中心间距对应的张角	$\mathrm{PAS} = d_{cc}/\mathrm{fl}$（mrad）（计算值）
平方功率 点可见度因子	点源产生的单个像元的输出	计算值或测量值（%）
像素	像元的数量	数值
数据单元	数字数据值的数量	数值
显示单元	显示单元的数量	数值

15.2.1　光斑尺寸比

目前,热像仪采用一种系统方法,通过光斑尺寸比(SSR)确定分辨率,其中包括光学系统的弥散圆直径、像元和图像处理。它是一个关于目标所占的像素量(POT)的指标,用于准确确定目标温度(图 15-1)。

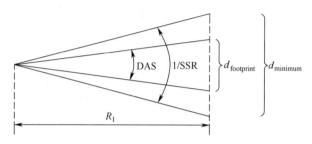

图 15-1　光斑尺寸比的定义

利用小角近似,DAS 在距离 R_1 处的投影为

$$d_{footprint} \approx R_1 DAS \qquad (15-2)$$

考虑到弥散圆直径和图像处理,覆盖面的尺寸会增加,热像仪的覆盖面尺寸为

$$d_{minimum} \approx \frac{R_1}{SSR} \qquad (15-3)$$

通常,$d_{minimum} > d_{footprint}$,1/SSR>DAS。

15.2.2　平方功率

在弥散圆直径比一个像元大或小这两种情况下,前者的像元输出比后者的小(见 12.4 节"NEI")。中心像元的输出与所有像元输出之和的比值为平方功率[3]。平方功率用于点源目标。平方功率也称为点可见度因子(PVF)和弥散圆效率。对任何实验推导值而言,采样相位效应都严重影响其结果。

例 15-1　平方功率

用一个小孔模拟一个点源,小孔的张角是 DAS 的 1/10。小孔像在像元中心时,每个像元的输出如图 15-2(a)所示。用黑布遮光后,每个 LWIR 像元(100%填充因子阵列)的输出如图 15-2(b)所示。那么,平方功率是多少?

从图像(图 15-2(a))中减去背景值(15-2(b)),得到点源产生的信号(图 5-2(c))。

平方功率峰值等于中心像素值除以所有像素值之和,为 57.3%。移动小孔后,调相效应会使平方功率降低。小孔像处在四个相邻像元的中间时,平方功率最小。填充因子下降时,最大值与最小值之差加大。采用低填充因子阵列和小光斑时,光

5	5	6	5	5
5	20	30	20	5
6	30	225	30	6
5	20	30	20	5
5	5	6	5	5

(a)

5	5	5	5	5
5	5	5	5	5
5	5	5	5	5
5	5	5	5	5
5	5	5	5	5

(b)

0	0	1	0	0
0	15	25	15	0
1	25	220	25	1
0	15	25	15	0
0	0	1	0	0

(c)

图 15-2　平方功率

(a)点源像在像元中间时,所有像元的输出;(b)没有目标时所有像元的输出;(c)图(a)与图(b)之差。

斑可能落在像元之间,此时输出为零。为了避免零输出,要有目的地散焦或使用直径更小的光学系统来提高弥散圆直径。

15.3　Schade 的等效分辨率

Schade[16]在 20 世纪 50 年代初为电视系统提出了等效分辨率概念。他将电视画面的表观图像锐度等同于一个等效通带。电视的水平方向是模拟信号。就像 Lloyd[12]报道的,Sendall 修改了 Schade 的等效分辨率(插入了系数 1/2),使得

$$R_{\text{EQ}} = \frac{1}{2N_e} = \frac{1}{2\int_0^\infty |\text{MTF}_{\text{sys}}(u)|^2 \mathrm{d}u} \tag{15-4}$$

式中:R_{EQ} 值无法直接测量,它是一个表达系统总体性能的数学结构。随着 R_{EQ} 减小,分辨率提高。系统分辨率 $R_{\text{EQ-sys}}$ 是一个近似值,可以从系统组件的等效分辨率估算:

$$R_{\text{EQ-sys}} \approx \sqrt{R_1^2 + \cdots + R_N^2} \tag{15-5}$$

Schade 的方法用 MTF 的平方突出 MTF 相对高的空间频率。等效分辨率方法假设系统是模拟的,它忽略了采样相位效应。这个量度是从观测者的响应发展而来,因此包含了人眼的响应。表 15-7 给出了衍射受限光学系统和探测器的等效分辨率。这时没有确定像差光学系统的 R_{EQ}。

表 15-7　Schade 的等效分辨率

空间	衍射限光学系统	探测器
物空间	1.835(λ/D)(mrad)	α(mrad)
像空间	1.835$F\lambda$(mm)	d(mm)

　　注意，Schade 的方法提供了一个小于艾里斑直径的光学分辨率值（d_{airy} = 2.44λ/D）。R_{EQ} 只是一个用于分析系统性能的数学结构。在像空间（下标 im），复合分辨率为

$$R_{EQ\text{-}sys\text{-}im} \approx \sqrt{R_{optics}^2 + R_{detector}^2} = d\sqrt{\left(1.835\frac{F\lambda}{d}\right)^2 + 1} \qquad (15\text{-}6)$$

　　由于 $R_{EQ\text{-}sys}$ 为复合量度，与单项量度（如探测器尺寸）相比，$R_{EQ\text{-}sys}$ 是一个更好的系统性能指标。将 $R_{EQ\text{-}sys}$ 用于式（15-1）可能会获得更真实的距离性能。

　　对小 $F\lambda/d$ 值，$R_{EQ\text{-}sys}$ 接近 d（图 15-3）。对于大 $F\lambda/d$ 值，系统变成光学受限的，等效分辨率提高。从探测器受限系统过渡到光学受限系统是个逐渐过程。近轴定义使 F 数接近 0（在附录"F 数"中讨论）。一般来说，$F\lambda/d<0.41$ 时，系统是探测器受限的，$F\lambda/d>1.0$ 时，系统是光学受限的。$F\lambda/d = 0.41$ 时，艾里斑等于像元尺寸。关于 $F\lambda/d$ 的折中分析见第 21 章。

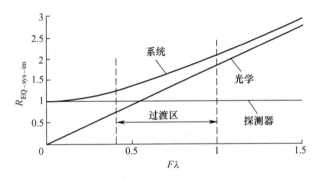

图 15-3　$d=1$ 时，等效分辨率与 $F\lambda$ 的关系

注：在 $F\lambda/d=0.41$ 的左侧，系统是探测器受限的；在 $F\lambda/d=1.0$ 的右侧，系统是光学受限的。

　　图 15-4 ~ 图 15-6 说明波长的影响。图 15-6 说明大多数 LWIR 系统都不是探测器受限的，因此将 DAS 用于式（15-1）会得到乐观的距离（非常大）。

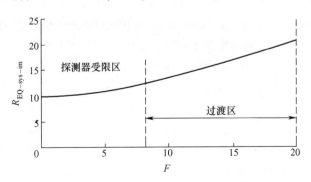

图 15-4　对于典型的 1/2in 格式 CCD 相机（$d=10\mu m$，$\lambda_{ave}=0.5\mu m$），等效分辨率与 F 数的函数关系

注：在 $F=8.2$ 的左侧，系统是探测器受限的；在 $F=20$ 的右侧，系统是光学受限的。

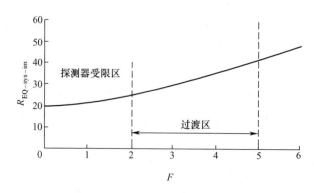

图 15-5　对一个典型 MWIR 传感器($d=20\mu m$,$\lambda_{ave}=4\mu m$),等效分辨率与 F 数的函数关系
注:在 $F=2.05$ 的左侧,系统是探测器受限的;在 $F=5$ 的右侧,系统是光学受限的。

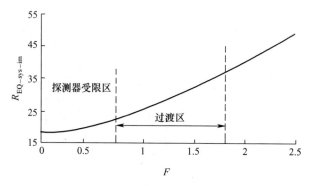

图 15-6　对一个典型 LWIR 传感器($d=18\mu m$,$\lambda_{ave}=10\mu m$),等效分辨率与 F 数的关系
注:在 $F=0.74$ 的左侧,系统是探测器受限的;在 $F=1.8$ 的右侧,系统是光学受限的。

　　探测器尺寸通常是固定的,F 数的范围大,导致 $F\lambda/d$ 值的范围大。一些作者通过对比艾里斑直径和像元(假设是正方形)的直线边长来分析相机的设计,在此,$F\lambda/d=0.41$。虽然这种方法没有错,但它不能直接用于成像技术。同样,Schade 的方法也不能与成像直接关联,但它的确有助于深入分析系统性能。如果系统是探测器受限的,就没有必要大幅度修改光学设计。这一点还将在第 21 章"折中分析"中进一步讨论。

　　我们生活在一个"越小越好"的世界,探测器尺寸在不断缩小,这使系统设计人员可以设计尺寸更小的相机。探测器尺寸减半,意味着分辨率提高 1 倍,但只是当系统在探测器受限区工作时(图 15-7)才是这样。随着 d 减小,必须降低 F 数,才能使系统继续在探测器受限区工作。降低 F 数会给设计人员增加难度。注意,如果 F 数没有按相同比例降低,输出信号就下降。

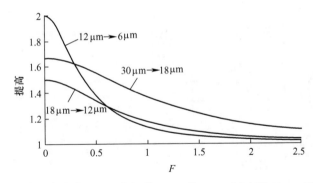

图 15-7　将像元尺寸从 30μm 减小到 18μm,从 18μm 减小到 12μm,再从 12μm

减小到 6μm(λ = 10μm)时,系统分辨率提高的幅度与 F 数的关系

注:F = 0 处的分辨率大约提高了 1.67 倍、1.5 倍和 2 倍(见附录"F 数")

15.4　$F\lambda/d$

$F\lambda/d$ 是探测器截止频率与光学截止频率的比率(u_D/u_O)。在空域,它等效于将衍射限弥散圆直径(艾里斑)和像元尺寸进行对比。表 15-8 总结了两种极限的情况。

表 15-8　光学受限性能与探测器受限性能的比较

$F\lambda/d$	系统性能	空域	频域
<0.41	探测器受限	艾里斑直径远小于像元尺寸	光学截止频率远大于探测器截止频率
>1	光学受限	艾里斑直径远大于像元尺寸	光学截止频率远小于探测器截止频率

从采样观点来看,重要参数[19]是 $F\lambda/d_{CC}$(也称为 $F\lambda/\rho$ 和 Q)。图 15-8 ~ 图 15-10 说明三种不同的情况。Lena 的头像和条靶图都是用 64×64 探测器对场景成像产生的。这些图像是有意放大的,以便在本书印刷过程中人眼 MTF 不会明显影响图像的质量。在正常观察距离,人眼看不见平板显示器的显示单元,因此要根据眼睛的 MTF 效果选择一个合适的观察距离,确保在这个距离看不见图中的像素单元。

在图 15-10 中,光学截止频率等于阵列的奈奎斯特频率(对 100% 填充因子阵列)。如果重构滤波器是理想的(f_N 处的响应为 1,之后为 0),就不会出现混叠信号。真实显示器不是理想的,因此会有一些混叠信号。但当 $F\lambda \geq d$ 时,通常没有伪信号。

在 8.9 节中说明,在成像阵列的奈奎斯特频率处的 MTF_{eye} 较高才能看到明-暗-明-暗图形。传感器能否复现一个奈奎斯特图形取决于 $F\lambda/d$。图 15-11 所示

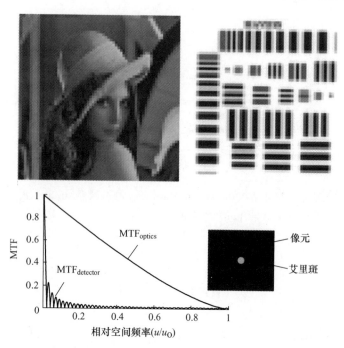

图 15-8 $F\lambda/d = 0.02$,探测器受限型成像系统(图像是用平板显示器重构的)

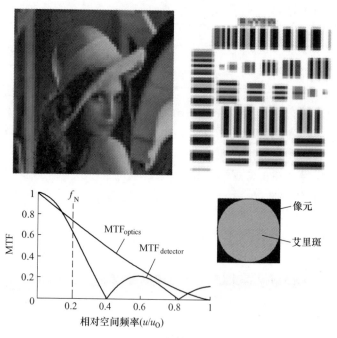

图 15-9 $F\lambda/d = 0.41$,艾里斑直径等于像元尺寸(图像是用平板显示器重构的)

为奈奎斯特频率处的系统 MTF 变化(光学系统、探测器和平板显示器)。当 $F\lambda/d=2$ 时,不能复现奈奎斯特目标。不管 $F\lambda/d$ 值是多少,观测者都要坐得足够近,以便观察阵列的奈奎斯特频率,也要坐得足够远,以便只观察采样频率。

　　这些图说明单个像元和单个点扩散函数(艾里斑)的关系。这个关系对红外搜索跟踪系统(见 12.4 节"NEI")很重要。一个图像是将多个点扩散函数相加后形成的(图 4-2)。在频域中,MTF 决定着图像质量。不要试图从像元/PSF 图形推测像质。

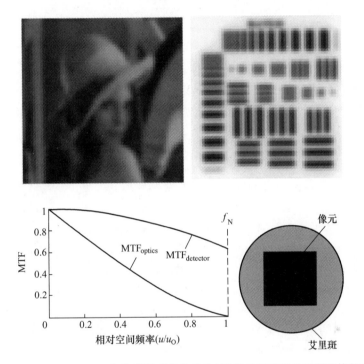

图 15-10　$F\lambda/d=2.0$,光学受限型成像系统(图像是用平板显示器重构的)

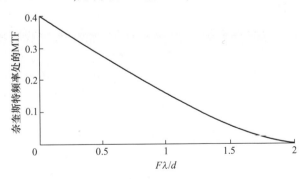

图 15-11　奈奎斯特频率处的 MTF 变化

参 考 文 献

[1] G.C. Holst, Electro-Optical Imaging System Performance, 5th edition, Chapter 13, JCD Publishing, Winter Park, FL (2008).

[2] See, for example, W.J. Smith, Modern Optical Engineering, 2nd Edition, McGraw-Hill(1990).

[3] L.M. Beyer, S.H. Cobb, and L.C. Clune, "Ensquared power for obscured circular pupils with off-center imaging," Applied Optics, Vol.30(25), pp.3569–3574(1991).

[4] A.J. den Dekker and A. van den Bos, "Resolution: A survey," Journal of the Optical Society, Vol.14(3), pp. 547–557(1997).

[5] Air Standardization Agreement: "Minimum ground object sizes for imaging interpretation," Air Standardization Co-ordinating Commitee report AIR STD 101/11(31 December 1976).

[6] Air Standardization Agreement: "Imagery interpretability rating scale," Air Standardization Co-ordinating Committee report AIR STD 101/11(10 July 1978).

[7] K. Riehl and L. Maver, "A comparison of two common aerial reconnaissance image quality measures," in Airborne Reconnaissance XX, W.G. Fishell, A.A. Andraitis, A.C. Crane, Jr., and M.S. Fagan, eds., SPIE Proceedings Vol.2829, pp.242–254(1996).

[8] J.M. Irvine, "National imagery interpretability rating scales(NIIRS): overview and methodology," in Airborne Reconnaissance XXI, W.C. Fishell, ed., SPIE Procedings Vol.3128, pp.93–103(1997).

[9] G.C. Holst, Sampling, Aliasing, and Data Fidelity, pp.311–319, JCD Publishing, Winter Park, FL (1998).

[10] J.C. Leachtenauer, W. Malila, J. Irvine, L. Colburn, and N. Salvaggio, "General image-quality equation: GIQE," Applied Optics, Vol.36(32), pp.8322–8328(1997).

[11] R.E. Hanna, "Using the GRD to set EO sensor design budgets," in Airborne Reconnaissance XXI, W.C. Fishell, ed., SPIE Proceedings Vol.3128(1997).

[12] R.G. Driggers, P. Cox, and M. Kelley, "National imagery interpretation rating system and the probabilities of detection, recognition, and identification," Optical Engineering, Vol.36(7), pp.1952–1959(1997).

[13] K. Riehl, "A historical review of reconnaissance image evaluation techniques," in Airborne Reconnaissance XX, W.G. Fishell, A.A. Andraitis, A.C. Crane, Jr., and M.S. Fagan, eds., SPIE Proceedings Vol.2829, pp. 322–334(1996).

[14] J.D. Greer and J. Caylor, "Development of an environmental image interpretability rating scale," in Airborne Reconnaissance XVI, T.W. Augustyn and P.A. Henkel, eds., SPIE Proceedings Vol.1763, pp.151–157 (1992).

[15] G.C. Holst, Electro-Optical Imaging System Performance, 5th edition, Section 21.9, JCD Publishing, Winter Park, FL(2008).

[16] O.H. Schade, Sr., "Image gradation, graininess, and sharpness in television and motion picture systems," published in four parts in J. SMPTE: "Part I: Image structure and transfer characteristics," Vol.56(2), pp. 137–171(1951); "Part II: The grain structure of motion pictures - an analysis of deviations and fluctuations of

the sample number," Vol.58(2), pp.181−222(1952); "Part Ⅲ: The grain structure of television images," Vol.61(2), pp.97−164(1953); "Part Ⅳ: Image analysis in photographic and television systems," Vol.64 (11), pp.593−617(1955).

[17] J.M. Lloyd, Thermal Imaging, page 109, Plenum Press, New York (1975).

[18] E. Fossum, "What to do with sub-diffraction-limit(SDL) pixels? -A proposal for a gigapixel digital film sensor (DFS)," Proceedings of the 2005 IEEE Workshop on Charge-Coupled Devices and Advanced Image Sensors, IEEE and IEEE Electron Devices Society, Nagano, Japan, pp.214−217(2005).

[19] R.D. Fiete, "Image quality and λFN/ρ for remote sensing systems," Optical Engineering, Vol.38(7), pp. 1229−1240(1999).

第16章

图像质量

大多数系统分辨率量度(见第 15 章"分辨率")仅以系统参数为基础,本章增加了人眼视觉系统(HVS),因而显示对比度也成为像质量度的一部分。像质是一个主观印象,它将图像从很差到很好进行分级。对像质进行分级需要训练有素的能力。对像质的感知靠大脑进行,还受其他传感系统、情绪、学习能力和记忆能力影响。这些关系错综复杂,还没有得到充分研究。不同人之间和一个人在不同时刻的观察结果都不同。对像质从最坏到最好进行分级时,观测者的判断存在很大差异,因此对像质没有绝对的衡量标准。视觉心理物理学研究还没有量化过与成像系统有关的全部特性。

有很多预测像质的公式,每个公式都适合一组特定的观察条件。这些公式通常由经验数据获得,后者是很多观测者观察过下降量已知的许多图像后得到的。观测者对图像从最坏到最好进行分级,随后导出将评价等级与像质下降量相关联的方程。绝对分级因所用标准而不同,但从最差到最好的相对分级是类似的。

如果分辨率是像质评价的唯一量度,在系统设计时就会力求使分辨率最高。很多测试都有助于深入理解与像质有关的图像量度。一般认为,有较高 MTF 和较小噪声的图像具有较好的像质。没有一个能提供最好像质的理想 MTF 形状。例如,Kusaka[1]证明,能产生美学上最佳图像的 MTF 取决于场景内容。观察者将图像锐度[2]作为最重要的因素进行分级(锐度与高 MTF 相关)。

Schade[3]、Granger、Cupery[4] 和 Barten[5-8] 提出的量度为如何优化成像系统提供了更多洞见。Granger 和 Cupery 提出了主观质量因子(SQF),它是通过多人观察多幅图片后的响应经验导出的关系。Schade 用的是照片和高质量 TV 图像。Barten 的方法更全面,其中包括显示器的对比度和亮度,因而得到的量度是模拟判读值。早期的电视在垂直方向采样,在扫描(水平)方向是模拟信号。

有时候,系统设计的出发点应该是显示器,否则就不会有看上去很清晰的图像,除非整个系统是人眼视觉系统 MTF 受限的。但越是这样,传递的信息越少。也就是说,人眼感受不到系统提供的全部细节。另外,如果电子变焦太大,像素会变得很明显;如果离显示器太近,显示单元又会很明显。似乎传感器分辨率应该大约等于 HVS 分辨率。

有三种不同的系统设计要求：①良好的像质；②执行特定任务；③特定应用。在一些情况下,这几个要求是等效的,在另一些情况下却不是。一般总是希望获得好像质,但为探测一个特定目标设计的军用系统,可能不需要提供"最优"像质。对计算机显示器的设计要求通常是使字母和数字清晰易读(视具体应用而定)。

对凝视阵列而言,分辨率和 MTF 的定义是不完善的。调相效应会损坏图像。对可能出现明显混叠的数据采样系统,使用任何像质量度都必须很谨慎。

对自动目标识别器与目标提示器进行的系统优化和对观测者进行的优化是不同的,具有自适应滤波功能的人眼视觉系统比自动目标识别器或提示器更能容忍噪声和混叠,这些机器视觉系统希望在所有空间频率上 MTF 均为 1。升压会同时提高信号和噪声,因此信噪比保持不变。对机器视觉系统来说,在探测淹没在噪声中的目标方面,升压起到的改善作用并不明显。

手机相机使用最广泛。基于空间频率响应的量度(本书讨论的)通常不考虑色彩呈现或感受的锐度。国际影像产业协会(I3A)成立了手机相机图像质量标准(CPIQ)量度组。随着可见光相机成为传感器套件的一部分,应该采用新的 CPIQ 量度。本书说明的量度支持相机执行探测、识别和辨清任务的能力,它们提供单色(灰度)图像。

16.1　数学量度

在评估图像处理算法时,经常将处理"后"的图像与处理"前"的图像进行比较,如果两者看起来"一样",说明算法没有使像质降低。通常使用均方误差(MSE)等统计量。这些统计量只对数字进行数学处理,与对像质的视觉印象无关。时间噪声是难以量化的。

随着像质提高,图像 $I(x,y)$ 看起来和场景 $O(x,y)$ 一样,它们的差值 D 可能与离散值处的差值成正比,这些差值为面积差、均方误差或能量差。理想情况下,差值应该接近 0。这些模拟指标分别为

$$D_{value} = k[O(x,y) - I(x,y)] \qquad (16-1)$$

$$D_{area} = k\iint [O(x,y) - I(x,y)] \, dxdy \qquad (16-2)$$

$$D_{MSE} = k\iint [O(x,y) - I(x,y)]^2 \, dxdy \qquad (16-3)$$

$$D_{energy} = k\iint [O^2(x,y) - I^2(x,y)] \, dxdy \qquad (16-4)$$

在频域中也有等效的像质等级量度。显然,为了进行上述数学处理,图像必须是电子格式,这意味着它不能将显示器或对像质的视觉判读包括在内。

16.2　MTF

人对良好像质的感受来自对由各种颜色、光强和纹理结构（模拟）组成的真实世界的观察。使用成像系统时，人的视场有限，时空分辨率有限，而且是用二维视野观察三维世界。在真实世界中，人的眼睛能扫视整个场景，但成像系统做不到这一点。而且，真实世界没有噪声，噪声导致的像质下降只能估算。没有一个模型能准确描述噪声与想要的图像结构的相互作用机制。大多数关于像质的视觉心理物理学经验都是从有极小噪声的图片获得的。

图 16-1 说明两个不同的 MTF，因为选择的定义不同，它们的分辨率明显不同。当系统有不同的 MTF 时，可以选择特定场景，使一个系统看上去比另一个好。若 MTF 的形状或函数形式不同，则实际情况更是如此。选择哪个系统视具体应用而定。它们的像质量度可能相等（式（16-1）~式（16-4））。如果场景主要由高空间频率组成，系统 A 较好；如果是低空间频率，则系统 B 较好。系统的选择要根据所关心的空间频率来定。

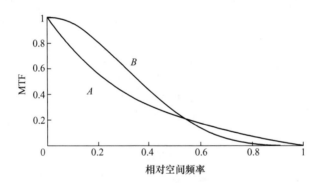

图 16-1　分辨率不同的两个系统
注：在复原特定场景时，可能会提供同样的像质。

Schade、Granger、Cupery 和 Barten 的研究结果表明，图像像质与 MTF 有关，但未必与探测一定尺寸的目标的能力有关。

16.3　感知的分辨率

早期的分辨率量度以湿胶片相机的特性为基础。光学 MTF 和胶片阈值调制度（TM）的交点 u_{res} 是相机系统性能的一个指标。从概念上讲，对高于 u_{res} 的空间频率，胶片比光学系统要求的调制度高；对低于 u_{res} 的空间频率，胶片容易感受场景的调制度。由于支持航拍图像的量度很多，交点 u_{res} 也称为航空图像调制度（AIM）。

随着电子成像系统的出现,胶片阈值调制度被 HVS 对比度阈值函数 CTF$_{HVS}$代替。

对一个待观察目标,显示对比度 C_D 必须大于 HVS 对比度阈值灵敏度。如果是周期性目标,显示对比度等于系统入瞳处的目标对比度 C_R 与系统 MTF 的乘积($C_D = C_R$MTF$_{sys}$)。随着显示对比度提高,观测者能感受到更高的空间频率[8](图16-2)。

16.4　MTFA

系统 MTF 和 HVS 对比度阈值函数(CTF)包围的面积为调制传递函数面积(MTFA)。在早期文献中,CTF 被称为需求调制函数,在一维中

$$\text{MTFA} = \int_{0}^{u_{\text{res}}} \left[\text{MTF}_{\text{sys}}(u) - \text{CTF}_{\text{HVS}}(u) \right] du \qquad (16-5)$$

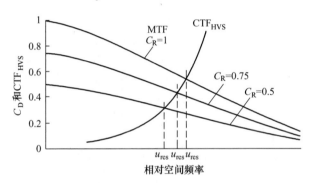

图 16-2　CTF$_{HVS}$与显示对比度的交点是感受到的分辨率(cycle/mrad)

注:假设系统没有噪声,HVS 响应(cycle/(°))已经换算到物空间。

随着 MTFA 加大(图 16-3),感受到的图像质量提高。根据 Snydert[10] 的理论,针对噪声中的目标,MTFA 与军事探测任务的系统性能很对应。

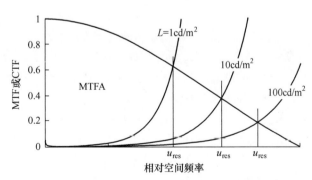

图 16-3　MTFA 是显示器亮度的函数

注:随着显示器亮度提高,CTF$_{eye}$向高频移动,MTFA 也随之增大。

16.5 主观质量因子

HVS 对低空间频率的响应是迟滞的,因而 CTF$_{HVS}$ 是 J 形的(在 17.3.1 节"人眼对比度阈值函数"中讨论)。反归一化为 1 是典型的人眼视觉系统 MTF。由于在低空间频率的迟滞响应提高,逆 MTF 在低空间频率的响应降低。许多人忽略了低空间频率,但在描述像质时它是重要的。

根据 Granger 和 Cupery[4] 的理论,对图像质量重要的空间频率在峰值灵敏度 1/CTF$_{HVS}$ 的 1/3~3 倍范围内,这个范围大致覆盖了 1/CTF$_{HVS}$ 曲线上 50% 的点之间的范围(图 16-4)。Campbell 和 Robsom[11]、Nill[12]、Schulze[13]、DeJong、Bakker[14] 和 Barten 的 HVS 模型(在下一节讨论)支持 Granger 和 Cupery 的方法,用对数单位定义 SQF:

$$SQF = \int_{\log u_1}^{\log u_2} MTF_{sys}(u)\, d[\log u] \tag{16-6}$$

式中: $u_1 = u_{peak}M_{sys}/3$; $u_2 = 3f_{peak}M_{sys}$; M_{sys} 为系统放大倍率(式(5-37))。

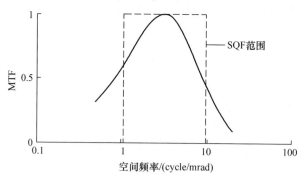

图 16-4 SQF 范围和 Barten 的 1/CTF$_{HVS}$ 模型

注:针对所选值,峰值出现在 3.2cycles/(mrad)①。

由于 HVS 响应呈对数正态分布,基于对数标尺的质量因子是合理的。在 SQF 方法中,只考虑对 HVS 很重要的那些频率。呈现给 HVS 的空间频率取决于图像在显示器上的大小和人眼到显示器的距离。表 16-1 给出了对 SQF 的解释[15]。这些结果以许多观测者观察 MTF 退化量已知的无噪声照片为基础。目前,人们将 SQF 用于对高质量数字相机镜头进行评级[16](表 16-2)。

如果要运用频率升压,则应提高 SQF 带通内的空间频率。图 16-5 说明一个 HVS 受限机载系统,图中的飞行员离小显示屏太远,升压频率恰好在 SQF 通带之

---

① 译者注:原文单位为度(°),有误,已改正。

外。图 16-6 说明同一系统,但却是在高质量实验室显示器上观察图像,现在升压频率在 SQF 带通内。

表 16-1 主观质量因子(SQF)

SQF	主观像质
0.92	极佳
0.80	好
0.75	可以接受
0.50	不满意
0.25	不可用

表 16-2 评估镜头的主观质量因子

A+	A	B+	B	C+	C	D	F
100~94	94~89	89~84	84~79	79~69	69~59	59~49	<49

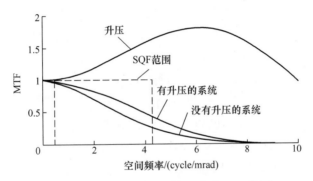

图 16-5 MTF_{HVS} 受限的机载系统的 SQF 范围

注:$u_O = 25.4 cycles/mrad$,$\alpha_D = 0.1 mrad$,$\sigma_R = 30 \mu rad$,用一个数字升压滤波器(图 9-1),观测者距 6in 的平板显示器 36in。

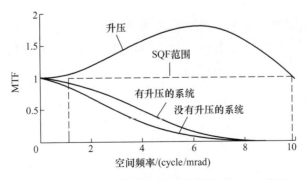

图 16-6 在实验室查看高质量显示器时的 SQF 范围

注:$\sigma_R = 0$,观测者距 16in 平板显示器 36in。

根据这个像质模型,图像在实验室看上去挺好,但在实际应用中欠佳,也就是说,在实验室成像时系统是好的。如果任务只是分辨高频目标,升压频率可能是在正确位置。用一个矩形表示关注的范围,可以说明升压频率应该所处的位置。Schade 的等效分辨率(见 15.3 节)没有说明如何优化升压频率。

16.6　平方根积分

HVS 的工作方式好像可调节时空滤波器一样,会根据手头的任务进行调节。由于 HVS 接近最佳滤波器,所以无法通过图像光谱与 HVS 偏好光谱的精确匹配来提高系统性能。如果显示的光谱在 HVS 光谱限度内,HVS 会自动调节到图像谱。显然,总系统放大倍率要设置得使最感兴趣的最高频率与 HVS MTF 峰值频率吻合(或者是最小 CTF_{HVS} 值,在 17.3.1 节"人眼对比度阈值函数"中讨论)。虽然这意味着一个具体频率,但就像 SQF 方法说明的,优化的范围是比较宽的。

Barten 用(模拟)平方根积分(SQRI)法评价像质。他的模型包括各种显示器参数的影响,如分辨率、可寻址性、对比度、亮度、显示器尺寸和观察距离。人眼MTF(见 5.4 节)描述光学成像过程,而 MTF_{HVS} 还包括判读过程(人眼+大脑)。为了与 NVIPM 模型的术语保持一致,用 CTF_{eye} 表示 CTF_{HVS}:

$$SQRI = \int_0^\infty \sqrt{\frac{MTF_{sys}(u)}{CTF_{eye}(u)}} d(\log u) \qquad (16-7)$$

后来,Barten[5-8] 扩展了他的模型,包含了噪声。Barten 的方法颇具吸引力,因为它包含了 HVS 对噪声的响应。对 MTF 良好的系统,等效通带、SQF 和 SQRI 提供的结果类似。也就是说,它们的值越高,像质越好。由于 $d(\log u) = du/u$,它对低频的加权更重。

16.7　目标任务性能

Vollmerhausen 等[17-18] 通过实验证明,军事目标捕获沿用一个与 Barten 方法类似的量度——目标任务性能(TTP)。TTP 用的公式与 Barten 的相同,只是积分按线性方式进行,避免在低频加权过重:

$$TTP = \int_{u_{low}}^{u_{high}} \sqrt{\frac{C_R MTF_{sys}(u)}{CTF_{eye}(u)}} du \qquad (16-8)$$

积分限由 MTF_{sys} 与 CTF_{HVS} 的交点确定(图 16-7)。在 $F\lambda/d > 2$ 时,上限 u_{high} 与图 16-4 中的 u_{res} 一样,在 $F\lambda/d < 2$ 时,上限 u_{high} 是与奈奎斯特频率或目标对比度的交点中较小的一个;下限是 CTF 迟滞部分与 $C_R MTF_{sys}$ 的交点。

没有噪声时,MRC 可表示为

$$\mathrm{MRC}(u) = \frac{\mathrm{CTF}_{\mathrm{eye}}(u)}{\mathrm{MTF}_{\mathrm{sys}}(u)} \qquad (16-9)$$

则

$$\mathrm{TTP} = \int_{u_{\mathrm{low}}}^{u_{\mathrm{high}}} \sqrt{\frac{C_{\mathrm{R}}}{\mathrm{MRC}(u)}}\,\mathrm{d}u \qquad (16-10)$$

实验证明[20]，图像质量与 TTP 值有很强的相关性。从 $F\lambda/d$ 方法看，在 $F\lambda/d =0.41$ 之前，"像质"呈线性提高（大于目标捕获距离），然后随着 $F\lambda/d$ 值加大，像质缓慢提高。

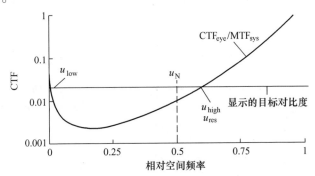

图 16-7　针对 TTP 量度的积分限的定义

16.8　分辨率与可感受的细节

本章的分辨率指标都是可计算的。HVS 要进行大量空间积分，所以在计算值与可感受的细节之间有一定差距。但是 NVL1975、FLIR92 和 NVTherm 模型都认为，最小可感受细节是一个能代表目标特征的简单形状（如履带车上有炮说明是一辆坦克）。也就是说，那些模型认为感知到的分辨率与计算的分辨率（通常表示为 DAS）直接相关。

扁长的物体比较容易看到（如 $nL \times L$ 像素的物体与 $L \times L$ 像素的物体相比），这类目标包括公路、铁路、桥梁、飞机跑道和电线等，但这个概念目前没有包含在任何模型中。

参 考 文 献

[1] H. Kusaka, "Consideration of vision and picture quality-psychological effects induced by picture sharpness," in Human Vision, Visual Processing and Digital Display, B. E. Rogowitz, ed. , SPIE Proceedings Vol. 1077, pp. 50-55 (1989).

[2] G. Nyman, J. Radun, T. Leisti, J. Oja, H. Ojanen, J-L. Olives, T. Vuori, and J. Häkkinen, "What do us-

ers really perceive: probing the subjective image quality," in Image Quality and System Performance III. L. C. Cui and Y. Miyake, eds. SPIE Proceedings Vol. 6059, paper 605902 (2006).

[3] O. H. Schade, Sr. , "Image gradation, graininess, and sharpness in television and motion picture systems," published in four parts in J. SMPTE: "Part I: Image structure and transfer characteristics," Vol. 56(2), pp. 137-171 (1951); "Part II: The grain structure of motion pictures - an analysis of deviations and fluctuations of the sample number," Vol. 58(2), pp. 181-222 (1952); "Part III: The grain structure of television images," Vol. 61(2), pp. 97-164 (1953); "Part IV: Image analysis in photographic and television systems," Vol. 64 (11), pp. 593-617 (1955).

[4] E. M. Granger and K. N. Cupery, "An optical merit function (SQF) which correlates with subjective image judgments," Photographic Science and Engineering, Vol. 16, pp. 221-230 (1972).

[5] P. G. Barten, "Evaluation of subjective image quality with the square-root integral method," Journal of the Optical Society of America, Vol. 17(10), pp. 2024-2031 (1990).

[6] P. G. Barten, "Evaluation of the effect of noise on subjective image quality," in Human Vision, Visual Processing and Digital Display II, SPIE Proceedings Vol. 1453, pp. 2-15 (1991).

[7] P. G. Barten, "Physical model for the contrast sensitivity of the human eye," in Human Vision, Visual Processing and Digital Display III, B. E. Rogowitz, SPIE Proceedings Vol. 1666, pp. 57-72 (1992)

[8] P. G. Barten, "Contrast Sensitivity of the Human Eye and its Effect on Image Quality," pp. 153-198, SPIE Press, Bellingham WA (1999).

[9] D. Baxter, F. Cao, H. Eliasson, J. Phillips, "Development of the I3A CPIQ spatial metrics," in Image Quality and System Performance IX, Proc. SPIE vol. 8293, paper 829302 (2012).

[10] H. L. Snyder, "Image quality and observer performance," in Perception of Displayed Information, L. M. Biberman, ed. , pp. 87-118, Plenum Press, New York, NY (1973).

[11] F. W. Campbell and J. G. Robson, "Application of Fourier analysis to the visibility of gratings," J. Physiol. Vol. 197, pp. 551-566 (1968).

[12] N. Nill, "A visual model weighted cosine transform for image compression and quality measurements," IEEE Trans Comm, Vol. 33(6), pp. 551-557 (1985).

[13] T. J. Schulze, "A procedure for calculating the resolution of electro-optical systems," in Airborne Reconnaissance XIV, P A. Henkel, F. R. LaGesse, and W. W. Schurter, eds. , SPIE Proceedings Vol. 1342, pp. 317-327, (1990).

[14] A. N. deJong and S. J. M. Bakker, "Fast and objective MRTD measurements," in Infrared Systems Design and Testing, P. R. Hall and J. S. Seeley, eds. , SPIE Proceedings Vol. 916, pp. 127-143 (1988).

[15] F. J. Drago, E. M. Granger, and R. C. Hicks, "Procedures for making color fiche transparencies of maps, charts, and documents," Journal of Imaging Science and Technology, Vol. 11(1) pp. 12-17 (1965).

[16] Search the web using "Subjective quality factor. " Imatest. com offers software, and tutorials on lenstesting.

[17] R. H. Vollmerhausen, E. Jacobs, and R. G. Driggers, "New metric for predicting target acquisition performance," Optical Engineering, Vol. 43(11), pp. 1806-2818 (2004).

[18] R. H. Vollmerhausen, E. Jacobs, J. Hixson, M. Friedman, "The targeting task performance (TTP) metric, a new model for predicting target acquisition performance," NVESD Technical Report AMSELNV- TR-230, Fort Belvoir, VA (March 2005).

[19] J. G. Hixson, B. Teaney, and E. L. Jacobs, "Modeling the effects of image contrast on thermal target acquisition performance," in Infrared Imaging Systems: Design, Analysis, Modeling, and Testing XVII, G. C. Holst, ed. , in SPIE Proceedings Vol. 6207, paper 62070H (2006).

第 17 章

系统性能模型

20 世纪 50 年代,Schade[1]曾经预言照相胶片和电视传感器的分辨率是亮度水平的函数,他的方法是目前使用的所有模型的基本框架。70 年代,Rosell 和 Willson[2]将 Schade 的研究成果推广到热成像系统和微光电视模型。

这些模型是静态模型,因为模型中的目标静止在视场中心,不需要搜索(或者至少观测者知道往哪里看),观测者有无限长的时间辨别目标。多年来,美国陆军的模型不断发展,一直与硬件技术的进步、实验室数据和外场性能保持同步(表 17-1)。人眼模型和预测距离的方法都有变化。1999 年,Ratches[3]回顾了美国陆军的建模历史。与此同时,德国也在开发自己的热距离模型(TRM),目前的版本是 TRM4(第 2 版),适合评估在 0.4~14μm 工作的成像仪。目前,欧洲正在开发欧洲光电系统性能预测的计算机模型(ECOMOS),该模型以 TRM4 和三角方向辨别(TOD)模型为基础。表 17-2 列出了欧美模型的主要区别。一些模型有多个版本,表明在不断消除程序漏洞和增强用户友好性。

美国模型主要有四种[4]:①NVThermIP(夜视热成像系统性能和图像处理)模型,预测在 MWIR 和 LWIR 波段工作的系统性能;②IINVD(像增强器夜视装置)模型,用于像增强器直视护目镜;③SSCamIP(固态相机和图像处理)模型,模拟对 0.4~2μm 波段敏感的反射带相机;④IICamIP(图像增强相机和图像处理)模型,模拟将像增强管耦合在像元阵列中的像增强传感器。由于直视像增强器护目镜(通常亮度很低)和热系统(使用标准显示亮度)的显示条件不同,现有的 IINVD 版本

表 17-1 美国模型的特点概览

模型的年代	特点	人眼模型	距离预测
NVL1975(1975 年)	一维模型,用于第一代(扫描)热像仪	匹配滤波器	MRT
FLIR92(1992 年)	二维模型,用于凝视阵列,包括三维噪声模型	同步积分器	MRT
NVTherm(2002 年 9 月)	通过 MTF"压缩"包含了采样效应	对比灵敏度	MRT
NVThermIP(2006 年 3 月)	目标任务性能(TTP)	对比灵敏度	TTP
NVIPM(2013 年 5 月)	模拟所有工作在 0.4~14μm 的传感器	对比灵敏度,随着目标大小变化	TTP

表 17-2　欧美现有模型对比

类型	美国模型	欧洲模型
目标捕获模型	NVIPM	ECOMOS
人眼模型	Barten	TRM4:Kornfeld-Lawson TOD:HVS 知识产权模型
大气影响	MODTRAN	MATISSE
距离计算	TTP	TRM:ACQUIRE TOD
系统测试	MRC/MRT	TRM4:MTDP/MDSP TOD 图表(图 17-15)

与 NVThermIP 有不同的噪声校准常量。只要用这些模型预测的系统性能在各自的显示亮度范围内,现有的噪声模型就是准确的。但是,SSCamIP 和 IICamIP 错误地使用与 IINVD 的相关校准常数,会导致在噪声受限条件下预测的性能过于乐观。这是因为 SSCamIP 和 IICamIP 通常模拟的系统显示亮度更高,远远超过了低亮度校准常数的有效范围。在系统是分辨率受限而非噪声受限时,所有模型都能准确预测系统性能。上述四种主要模型(含校正过的噪声常数)都被结合到 NVIPM(夜视综合性能模型)中。所有模型都是数学建构。模型输出预测实验室和外场数据是否在一个常数范围内。随着模型发展(增加了 MTF、包含了更多噪声源、HVS 因素等),常量也在变化。这些"常量"为阈值信噪比、人眼积分时间、各种噪声参数和目标上的周期数(在第 19 章"目标辨别"中讨论)。一些常量用在所有模型中,其他的则不然。这样造成的结果是,旧文献与 NVIPM 的一些参数很难保持一致。有关 HVS 能力的文献非常多,但大多是在高照明度环境中观察高对比度目标,很少有在噪声环境中观察低对比度目标的文献。注意:在后一种情况下,目标同样被采样相位效应损坏。(美国)夜视与电子传感器局(NVESD)的大量实验结果提供了必需的"常量"。消除计算机代码缺陷后可能需要重新评估相关常量。

　　本章概述各种模型。建议完整阅读本章,因为有些部分是所有模型共有的,有些已得到更新。这些模型与目标辨别(见第 19 章)和大气传输(见第 13 章)结合起来预测目标捕获距离(见第 20 章)。

17.1　NVL1975 模型

　　美国夜视实验室的静态性能模型(简称 NVL1975 模型)是为预测[5]美国陆军的串行和并行扫描热成像系统性能开发的。它满足了美国陆军的需求,能充分预测中等空间频率的最低可分辨温度(MRT),这相当于探测中等距离处的中等大小的目标。这些系统的水平和垂直分辨率通常有固定的 2:1 关系,因此只需确定水平 MRT 就足够了。因为它与垂直 MRT 的关系很少改变,所以这种模型基本上是一维的。

目标 ΔT 必须足够大才能提供可感知的信号。对四条靶,这个信号变为 MRT。对单条靶,它是最低可探测温度(MDT)。MRT 和 MDT 的推导见文献[6-9]。MRT 和 MDT 不是绝对值,而是相对给定背景的可感知温差,它们也称为最小可分辨温差(MRTD)和最小可探测温差(MDTD)。MDT 于 1975 年提出,后来被废除。作为一个信噪比模型,感受到的信噪比可表示为

$$\text{SNR}_\text{P} = k' \frac{\text{CTF}_\text{SW} \Delta I}{\langle i_\text{sys} \rangle} \frac{1}{(\text{HVS 空间滤波})(\text{HVS 时间滤波})} \qquad (17\text{-}1)$$

系统方波响应 CTF_SW(也称为对比度传递函数)会改变强度差信号 ΔI。输入变量 ΔI 是目标与背景的强度差,k' 为系统常数,取决于光学直径、F 数和量子效率。HVS 的时空积分会提高感受到的 SNR_P。

选择一个恰好能感受到目标的阈值并反转式(17-1),会得到最小可探测 ΔI:

$$\Delta I = \text{SNR}_\text{TH} \frac{\langle i_\text{sys} \rangle}{k' \ \text{CTF}_\text{SW}}(\text{HVS 空间滤波})(\text{HVS 时间滤波}) \qquad (17\text{-}2)$$

由于 HVS 空间滤波和 CTF_SW 是空间频率的函数,ΔI 也是空间频率的函数。对工作在可见光或近红外区的系统,ΔI 变成最小可分辨对比度(MRC)。对工作在 MWIR 和 LWIR 区的系统,ΔI 变成 MRT。

美国空军的三条靶或四条靶是用无限宽的方波近似的。如果系统是谱段受限的,那么只有方波的基波有足够的振幅来产生响应(对高频有效)。基频的振幅是方波振幅的 $4/\pi$ 倍。HVS 对一次谐波的平均值敏感,半周正弦波的平均值为 $2/\pi$。因此,从方波(CTF_SW)转换到正弦波(MTF_sys)需要一个倍数 $8/\pi^2$:

$$\Delta I = \text{SNR}_\text{TH} \frac{\pi^2}{8} \frac{k'\langle i_\text{sys} \rangle}{\text{MTF}_\text{sys}}(\text{HVS 空间滤波})(\text{HVS 时间滤波}) \qquad (17\text{-}3)$$

式中:MTF_sys 是各子系统 MTF 的综合值(见第 5 章),其中包括 Kornfeld-Lawson 的人眼模型(式(5-38))。

HVS 可能是最难模拟的系统。NVL1975 模型使用匹配滤波器模型,其中假设人眼会使信噪比最大。这里的人眼空间频率响应和目标具有相同的空间频率依赖关系。这不是通常意义上的滤波,因为它们并不对信号和噪声滤波。相反,视觉心理物理学数据表明,人眼就像一个能用滤波函数描述的滤波器。

所有模型都假设只有时间噪声对 NEDT 有贡献。对热成像系统,$k'\langle i_\text{sys} \rangle$ 变成 NEDT。由于 MRT 与 NEDT 成比例,它是改变 NEDT 的同一参数的函数(见 12.2 节"NEDT")。

NVL1975 模型不能充分预测在实验室测得的低或高空间频率的 MRT 值。测得值与预测值之间的差异归因于观测者的多变性、数据分析方法的定义不清和人

眼模型不准确。

尽管存在这些差异,NVL1975 模型仍然是推导系统要求和预测性能的主要分析工具。该模型用于对比分析。据报道[10],在有利的目标和大气条件下,它对识别距离的预测准确率达±20%。如果考虑到估算 ΔT_{AWAT} 和大气透过率的难度,这是很了不起的。它对中等距离(5~10km)处中等大小的目标(坦克、坦克和吉普车)有效。对大宽高比目标的距离预测准确度尚不得知。FLIR92、NVTherm 模型与 NVL1975 模型使用的框架相同,因此认为它们也有±20%的准确度。

当系统是分辨率受限时,可简化式(17-3)以便提供一个近似的 MRT 公式:

$$\mathrm{MTF}(u) \approx \mathrm{SNR_{TH}}k'(u)\frac{\mathrm{NEDT}}{\mathrm{MTF_{sys}}(u)} \qquad (17-4)$$

虽然在选择“正确的” $\mathrm{SNR_{TH}}$ 值方面有很多争论,但它只是一个有可接受值范围的比例常数。注意,$\mathrm{SNR_{TH}}$ 是 HVS 在阈值探测距离判读图像时的值。它在某种程度包含了时空积分的影响。它既不是视频信号的信噪比,也不是显示器亮度的信噪比。根据噪声特性和目标特性的不同,人眼可以探测到[11]视频信噪比低至0.05 的信号。目标必须是一个容易识别的目标,如正方形或三角形,其尺寸远大于一个噪声显示单元(字母数字通常占5×7 个显示单元)。变量 $k'(u)$ 是一个允许低频 MRT 比 NEDT 低的比例因子(图 21-1)。对于中等频率,$k'(u) \approx 0.6$。FLIR92 模型的文件指出[12]:“美国夜视与电子传感器局建议将 $\mathrm{SNR_{TH}}$ 设置为2.5……虽然心理物理数据表明 $\mathrm{SNR_{TH}}$ 是目标频率的函数,但2.5 代表一个合理的平均值。”

17.2 FLIR92 模型

随着凝视阵列在 20 世纪 80 年代末的出现,NVL1975 模型没有包含采样效应和固定模式噪声的问题变得更加明显。为了克服这些缺陷,美国夜视与电子传感器局建立了 FLIR90 模型,随后升级为 FLIR92[13-14]。FLIR92 也是使用 NVL1975 模型框架的信噪比模型,它将 MRT 预测局限在奈奎斯特频率以内,因而限制了对采样效应的处理,因此 FLIR92 只能预测奈奎斯特频率以内的 MRT,导致在距离预测时有一个限制。观测者判读奈奎斯特频率以上信息的能力一直未得到完全量化,直到在 20 世纪 90 年代末有了 NVTherm 模型才解决了这一问题。

FLIR92 计算随机时空噪声($\sigma_{TVH} = \mathrm{NEDT}$),该模型通过总噪声因子将空间噪声包含在 MRT 预测中。式(17-3)的 HVS“滤波”是总噪声因子:

$$\mathrm{MRT}(u) \approx \mathrm{SNR_{TH}}k'\frac{\mathrm{NEDT}}{\mathrm{MTF_{sys}}(u)}(总噪声因子) \qquad (17-5)$$

总噪声因子是用三维噪声模型(式(12-40))描述的噪声方差:

$$总噪声因子 = \sqrt{\beta_1 + \cdots + \beta_N \frac{\langle \sigma_N^2 \rangle}{\langle \sigma_{TVH}^2 \rangle}} \tag{17-6}$$

式中: $\langle \sigma_{TVH}^2 \rangle$ 为 NEDT。三维噪声模型量化每个 $\langle \sigma_N^2 \rangle$。HVS 积分因子 β_i 说明 HVS 如何判读每个噪声源。

在同步积分器模型中,人眼在目标边缘界定的角范围积分并将此用于 FLIR92。这种变化并非不合理。Scott 和 D' Agostino 表明[13]:"最常见的方法……用匹配滤波器或同步积分器模型描述人眼/大脑的空间积分……它们产生实际上相同的 MRTD 预测……任何潜在差异……都会消失在 MRTD 测量值的固有误差中。因为这些原因,并因为……同步积分比较简单……所以将 FLIR92 称为同步积分器模型。"

17.2.1　帧积分

帧积分按平均帧数的平方根降低时间噪声:

$$\text{NEDT}_{video} = \frac{\text{NEDT}_{sys}}{\sqrt{N_{ave}}} \tag{17-7}$$

等效地,信噪比会提高 $\sqrt{N_{ave}}$。但感受到的提高为

$$\text{SNR}_{improved} = \sqrt{1 + \left(\frac{N_{ave} - 1}{F_R t_{eye}}\right)^2} \, \text{SNR}_{perceived} \tag{17-8}$$

式中: $F_R t_{eye}$ 为人眼积分的帧数。人眼积分时间 t_{eye} 取决于多种因素,一般为 $0.1 \sim 0.2s$。帧速为 60Hz 时,人眼在 6~12 帧之间积分。感受到的信噪比改善在 N_{ave} 超过 $F_R t_{eye}$ 之前一直非常小。这个过程会因有效帧速降低到 F_R / N_{ave} 而变得更加复杂。

17.2.2　观察距离

在噪声中发现目标的能力取决于噪声和目标对应的视角。由于 MTF_{eye} 随着空间频率提高而降低,因而难以感受到高频噪声。这意味着离显示器越远,越不容易感受到噪声,最终使图像看起来像没有噪声。由于在这么远的距离看不到小目标,无噪声的显示效果看起来很美观。同样地,任何人眼受限图像都会是看起来"良好"的图像。缩小显示器尺寸会有同样效果。小显示器提供的视角小(低空间频率)。消费者摄像机的小显示屏即便分辨率很差,也能提供很好的图像,因为与显示器分辨率相关的视角低于人眼分辨率。简单地说,小显示器总是显得图像很好。

17.2.3　二维 MRT

对水平频率和垂直频率取几何平均构成二维 MRT(图 17-1):

$$f_{2D} = \sqrt{uv} \tag{17-9}$$

每个 MRT 分量都相对频率轴进行加权,用这种方式迫使二维 MRT 逼近垂直和水平截止频率的平均值。二维 MRT 是用于预测距离性能的数学建构,因为不存在 f_{2D},所以它测量不出来。

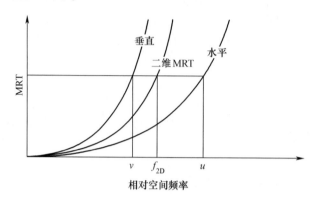

图 17-1   二维 MRT 是由水平和垂直 MRT 组成的数学建构(它是真正的二维 MRT)

17.3   NVTherm 模型

NVTherm(夜视热成像系统性能模型)[14]于 1999 年提出,2002 年 9 月发布了最新版[15-16]。NVTherm 模型包含了采样效应,以克服 FLIR92 模型在 MRT 中存在的奈奎斯特频率限制。

随着更灵敏的系统出现,显示器和人眼可能成为整个系统的瓶颈环节。因此,人眼对比度模型和显示器参数[17]成了 NVTherm 模型的一部分。NVTherm 的总体格式与 FLIR92 基本一样,但有以下变化:① SNR$_{TH}$ 被由显示器亮度决定的变量 SNR 代替;②从 MTF$_{sys}$ 中取消了数字滤波器 MTF 和人眼 MTF(以前在 FLIR92 里),补充了总噪声因子。仅针对识别和辨清任务,将 MTF"压缩"(见 8.3.2 节"MTF'压缩'")用于其余 MTF。在 FLIR92 中,允许人眼不受限制地在目标的整个空间范围积分,这使 MRT 随着空间频率接近 0 而接近 0。NVTherm 将人眼的空间分辨率限制到 4mrad。人眼模型从匹配滤波器、同步积分器变成现在的对比灵敏度模型,这遵循了人眼的探测机制,即大目标是通过边缘探测来辨别的。这个限制使低空间频率的 MRT 预测值与测量值有更好的一致性。现在,MRT 在零空间频率处有一个有限值。和 FLIR92 一样,NVTherm 也产生一个二维 MRT。由于人眼 MTF 能滤除噪声,降低人眼 MTF(观察极远处的显示器)会使人眼察觉不到噪声:MRT 会接近 0。显示器上的最低周期数可能是两个周期(如果再少,就不会是正弦曲线)。最低可测量空间频率取决于观察距离。目标只占显示器的一小部分,使低频测量值不受关注。一个稳健的模型会在"典型"条件下预测距离性能:①中等观察距离;②目标在中等距离处。

17.3.1　人眼对比度阈值函数

没有噪声时,人眼对比度阈值是典型的 J 形。人眼对空间频率在 3~8cycles/mrad 的周期性目标最敏感。在低频处的敏感度下降是因为人眼是抑制型信号处理系统。

NVTherm、NVThermIP 和 NVIPM 都使用 Barten 的人眼对比度阈值函数 (CTF)[18-21],该函数也称为对比度灵敏度函数(CSF),它应该标识为 CTF_{HVS},但通常标识为 CTF_{eye}:

$$CTF_{eye}(u_E) = \frac{a}{b\xi e^{-cu_E}\sqrt{1 + 0.06e^{cu_E}}}\sqrt{\frac{2}{N_{eye}}} \qquad (17-10)$$

式中

$$a = 1 + \frac{12}{w\left(1 + \frac{u_E}{3}\right)}, \quad b = \frac{540}{\left(1 + \frac{0.2}{L}\right)^{0.2}}, \quad c = 0.3\left(1 + \frac{100}{L}\right)^{0.15} \qquad (17-11)$$

式中:w 为显示器面积的平方根(°);L 为显示器亮度(cd/m^2)(表 17-3 和图 17-2)。

表 17-3　典型显示器亮度(针对舒适观察)

背景光	典型显示器亮度
黑夜	$0.3 \sim 1cd/m^2 (\approx 0.1 \sim 0.3ft \cdot L)$
暗淡灯光	$3 \sim 30cd/m^2 (\approx 1 \sim 10ft \cdot L)$
通常室内光线	$100cd/m^2 (\approx 30ft \cdot L)$

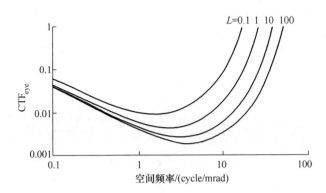

图 17-2　NVTherm、NVThennIP 和 NVIPM 中用的 CTF_{eye} ($w = 15°$)

注:亮度范围为 $0.1 \sim 100cd/m^2$。

夜视与电子传感器局修改了 Barton 的公式,包含了人眼数量 N_{eye}。观察显示器用双眼,观察单目设备(像增强器、步枪瞄准镜等)用单眼。按照 Barton 的研究,w 值设为 15°。正如式(5-36)表明的:

$$u_E = 17.45 \times \frac{u}{M_{sys}E_{zoom}} \tag{17-12}$$

由于 CTF_{eye} 随着显示器亮度变化,显然主观 MRT 测试结果也随着显示器亮度变化。另外,MRT 测试程序通常不规定观察距离,因而提高了 MRT 的多变性。

17.3.2 感受到的信噪比

总噪声因子经过显示器 MTF 和人眼 MTF 滤波后产生一个感受到的噪声方差:

$$\sigma_P^2 = \left(\frac{N}{S}\right)_{system}^2 + \left(\frac{N}{S}\right)_{HVS}^2 \tag{17-13}$$

对低对比度目标,人眼"噪声"可能降低感受能力。NVTherm 将 MRT 定义为

$$MRT = \frac{CTF_{eye}}{M_{display}MTF_{sys}}\sqrt{4\ SCN_{TMP}^2 + k\sigma_P^2} \tag{17-14}$$

变量 $M_{display}$ 考虑了眩光,则

$$M_{display} = \frac{L_{max} - L_{min}}{L_{max} + L_{min}} \tag{17-15}$$

无眩光时, $L_{min} = 0$(屏幕为黑色), $M_{display} = 1$。目前的成像系统使用增益和偏移以优化显示的图像。系统输出电压在 $V_{min} = 0$ 到 V_{max} 之间变化,这对应于场景温度 T_{min} 和 T_{max}。从温度到电压的这种对应关系取决于系统的增益和电平设置(图 17-3)。从场景 ΔT 到显示器 ΔL 的转换通过传感器"增益"(称为场景对比度温度(SCN_{TMP})实现。注意,热图像是由非均匀大背景场景中温度和发射率的微小变化产生的。显示器的零亮度对应于最低场景辐射能量而不是零辐射能量。 SCN_{TMP} 是把显示器亮度从 0 提高到平均值所需的温度对比度,即

$$SCN_{TMP} = T_{max} - T_{min} \tag{17-16}$$

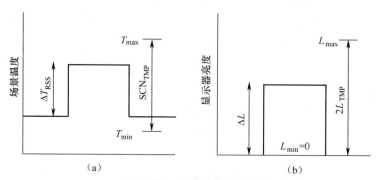

图 17-3 从场景温度到显示器亮度的对应关系

注:通过增益和电平调整可以获得任意对应关系。感受到的目标细节取决于 ΔL 而不是 ΔT_{RSS} 。

通常, SCN_{TMP} 是 ΔT_{RSS} 的 3~5 倍,但不能低于 ΔT_{RSS} (如果低于 ΔT_{RSS} ,目标就会饱和)。入瞳处的显示亮度对比度为

$$C = \frac{L_{\max} - L_{\min}}{L_{\max} + L_{\min}} = C_{\mathrm{RO}} = \frac{\Delta T_{\mathrm{RSS}}}{2\mathrm{SCN}_{\mathrm{TMP}}} \tag{17-17}$$

系统增益低时，$\mathrm{SCN}_{\mathrm{TMP}}$ 大，传感器的噪声看不见（低于 $\mathrm{CTF}_{\mathrm{eye}}$）。系统增益高时，$\mathrm{SCN}_{\mathrm{TMP}}$ 小，系统变成噪声受限的。NVTherm 保证"可变增益"在捕获距离保持 $\Delta T_{\mathrm{RSS}}/\mathrm{SCN}_{\mathrm{TMP}}$ 不变。注意，目标显示对比度为 $\Delta L/2L_{\mathrm{TMP}}$，因而可变增益为观测者提供不随距离变化的同样对比度。NVTherm 只包含三维噪声模型中的两个空间噪声分量 $\sigma_{\mathrm{H}}/\sigma_{\mathrm{TVH}}$ 和 $\sigma_{\mathrm{V}}/\sigma_{\mathrm{TVH}}$。系统 MRT 是观测者（"人眼噪声"）和传感器噪声的综合值：

$$\mathrm{MRT}_{\mathrm{sys}} = \sqrt{\mathrm{MRT}^2_{\mathrm{observer}} + \mathrm{MRT}^2_{\mathrm{sensor}}} \tag{17-18}$$

图 17-4 给出了一个 NEDT = 8mK 的典型 MWIR 系统的 MRT。在噪声这么低时，传感器 MRT 低于人眼能辨别的 MRT，导致系统成为人眼受限的。也就是说，人眼看不到系统提供的灰度细节。

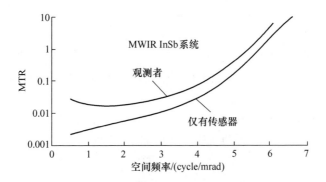

图 17-4　典型致冷 MWIR 系统的 MRT

注：因为观测者 MRT 占主导，系统 MRT 几乎等于观测者 MRT。传感器参数的小变化对系统
MRT 几乎没有影响，因而对距离性能也几乎没有影响。

图 17-5 说明一个 NEDT = 180mK 的非致冷 LWIR 系统的 MRT。在这样的高 NEDT 时，系统 MRT 受传感器噪声限制。

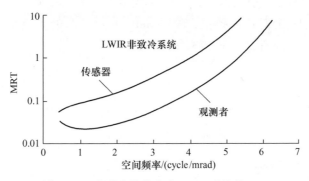

图 17-5　有噪声的非致冷 LWIR 系统的 MRT

注：观测者 MRT 几乎与图 17-4 的一样（垂直标尺不同）。改变传感器参数，明显降低了 NEDT，会提高距离性能。

17.4　NVThermIP 模型

NVThermIP 和 NVIPM 与早期模型有根本不同,其中的目标捕获基于 TTP 量度。NVL1975、FLIR92 和 NVTherm 模型都使用 MRT 预测距离,似乎实验室测得的 MRT 与外场性能之间存在一个关系。也就是说,测得的 MRT 提供了某种"证据",能证明系统可以提供足够的外场性能。但 NVThermIP 或 NVIPM 模型中不存在这个关系。

在 16.7 节提出将 TTP 用作图像质量量度,并认为它是可分离的:

$$\text{TTP}_u = \int_{u_{\text{low}}}^{u_{\text{upper}}} \sqrt{\frac{C_{\text{TGT}}}{\text{CTF}_{\text{sys}}(u)}}\,\text{d}u$$

$$\text{TTP}_v = \int_{v_{\text{low}}}^{v_{\text{upper}}} \sqrt{\frac{C_{\text{TGT}}}{\text{CTF}_{\text{sys}}(v)}}\,\text{d}v \qquad (17-19)$$

式中:C_{TGT} 为呈现给观测者的目标对比度。当用裸眼(而非电子成像系统)观察场景时,C_{TGT} 是被大气传输、天地亮度比和显示器眩光改变后的目标固有对比度。当观察显示器时,C_{TGT} 是显示器上的对比度。

在有自动增益控制时,显示的对比度与场景对比度无关。在每个空间频率,系统 MTF 都降低了观测者看到的对比度并增加了噪声:

$$\text{CTF}_{\text{sys}}(u) = \frac{\text{CTF}_{\text{noise}}(u)}{\text{MTF}_{\text{sys}}(u)} \qquad (17-20)$$

NVThermIP 包含三维噪声模型的三个空间噪声分量,即 $\sigma_{\text{VH}}/\sigma_{\text{TVH}}$、$\sigma_{\text{V}}/\sigma_{\text{TVH}}$ 和 $\sigma_{\text{H}}/\sigma_{\text{TVH}}$。有噪声时系统 CTF 可表示为

$$\text{CTF}_{\text{noise}} = \text{CTF}_{\text{eye}}\sqrt{1 + \left(\frac{\alpha\sigma_{\text{P}}}{L_{\text{ave}}}\right)^2} \qquad (17-21)$$

文献[22]回顾了经验数据,其中凭经验将 α 确定为 $169.6\sqrt{\text{Hz}}$。L_{ave} 是平均显示器亮度。作为一个对比度模型,NVThermIP 实际预测的是最低可分辨对比度(MRC)。它受系统 MTF 产生的模糊影响:

$$\text{MRC} = \text{CTF}_{\text{sys}} = \frac{\text{CTF}_{\text{noise}}}{\text{MTF}_{\text{sys}}} = \frac{\text{CTF}_{\text{eye}}}{\text{MTF}_{\text{sys}}}\sqrt{1 + \left(\frac{\alpha\sigma_{\text{P}}}{L_{\text{ave}}}\right)^2} \qquad (17-22)$$

式(17-19)的上限和下限为目标对比度大于系统 CTF 的第一个频率和最后一个频率。对高目标对比度,上限为 u_{N}(图 17-6)。

17.4.1　增益和电平

作为一个对比度模型,TTP 适用于所有成像系统。CTF$_{\text{sys}}$ 用于可见光系统和红

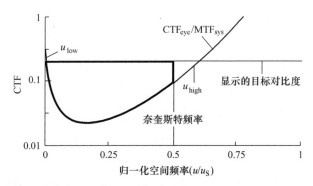

图 17-6　粗线包围区代表过高对比度,对比度过高时能观察到目标(见 16.7 节)

外系统的公式不同。对红外成像系统,有

$$CTF_{sys}(u) = \frac{CTF_{eye}(u)}{M_{display}MTF_{sys}(u)} \sqrt{1 + \left(\frac{kQ_H(u)Q_V(u)\,NEDT^2}{SCN_{TMP}}\right)^2}$$

$$(17-23)^{①②}$$

式中:水平和垂直参数 $Q_H(u)$ 和 $Q_V(u)$ 说明 HVS 如何感受三维噪声分量;k 为将预测值与测量值关联起来的归一化因子(如模型校准值)。

由于 NVThermIP 是对比度模型,式(17-23)可改写为

$$CTF_{thermal} = \sqrt{CTF_{eye-sys}^2 + \left(\frac{CTF_{noise}}{SCN_{TMP}}\right)^2} \qquad (17-24)$$

NVThermIP 提供 $CTF_{eye-sys}$ 和 CTF_{noise} 的曲线图(图 17-7),但系统是人眼受限的还是噪声受限的,取决于系统"增益" SCN_{TMP}。用户必须将数据导出到 Excel 表格中,再手动计算 CTF_{noise} ／ SCN_{TMP}(图 17-8)。

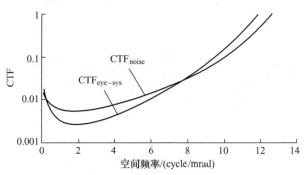

图 17-7　典型 MWIR 系统的 CTF

---

① 译者注:式中有误,$Q_u(u)$ 应为 $Q_H(u)$,已改正。

② 译者注:原文中 SCN_{temp} 和 SCN_{TMP} 为同一概念,将 SCN_{temp} 统一为 SCN_{TMP}。

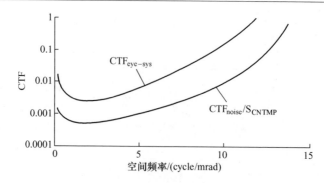

图 17-8　典型 MWIR 系统的 CTF,其中噪声项已经被系统"增益"所除

注:该系统是人眼受限的。改变传感器参数对距离性能几乎没有影响。与图 17-4 进行对比。

17.4.2　人眼积分时间

NVL1975 模型的文件指出[23]:"……可惜这个常量(人眼积分时间)没有通用值。现在建议的值为 $t_E = 0.2$。"这个值为一个使实验室数据与预测值匹配的比例常数。

FLIR92 模型的文件指出[24]:"……人眼积分时间 t_E 是最常用的模型参数……用于把 MRTD 预测值"调整"为一组测量值。"FLIR92 文件继续指出:"与约 0.1s 人眼积分时间关联的亮度与 1988 年进行的显示器实验值非常一致(较暗的室内光线和最优观察距离)……环境光照水平越高(如外场系统试验可能遇到的条件),显示器亮度越高,这样人眼积分时间就会更短。"

HVS 的积分时间有点模糊,其值取决于具体任务和光照水平。FLIR92 模型建议根据光照水平调整 t_E(图 17-9)。

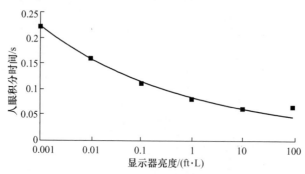

图 17-9　人眼积分值是光照水平的函数

注:方块代表数据,线条代表式(17-25)。

NVThermIP 模型的文件给出了图 17-9 中数据的解析近似值:

$$t_E \approx 0.0192 + 0.0625\left(\frac{1.076}{L_{ave}}\right)^{0.17} \qquad (17-25)$$

其中，L_{ave} 的单位是 ft·L。当显示器的亮度单位为 cd/m² 时，除以 3.43 便能获得单位 ft·L。NVIPM 模型修改了这个方程（在 17.5.2 节"人眼积分时间"中讨论）。

17.4.3　预测的 MRT

NVL1975 模型和 FLIR92 模型都提供一个预测外场性能的 MRT，但实验室数据与预测的 MRT 不一致。NVTherm 模型提供了一个 MRT，但文件说不能用它预测实验室数据，因为系统增益是未知的。NVThermIP 模型根据四条靶的可见度和采样效应，提供了针对各种系统增益的实验室 MRT 以匹配历史数据[25]。注意，NVThermIP 是用 TTP 预测捕获距离的。

模型和数据不可能绝对一致，除非传感器增益是在 MRT 程序中测量并记录的；观测者会选择不同的增益，而系统可能有固定增益。NVThermIP 提供了涵盖测量值的最佳（高增益）和最差（很低增益）预测值。高增益时，系统是噪声受限的。对于低增益 MRT，SCN_{TMP} = 20，这是高温热场景下的典型值。用户输入的 MRT 用的是 SCN_{TMP} 的输入值。NVThennIP 提供同相 MRT（图 17-10）和异相 MRT（图 17-11）。

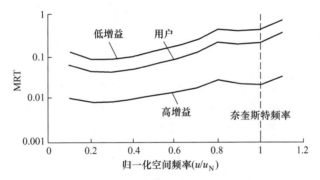

图 17-10　典型的同相水平 MRT[26]

注：实验室的 MRT 在奈奎斯特频率以下趋于平直。在奈奎斯特频率以上可能观察到四个条杆，但检查后会发现信号频率已混叠到较低频率。在 $0.8u_N$ 附近的明显不连续性是采样伪像的特征。

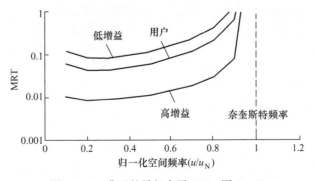

图 17-11　典型的异相水平 MRT（图 8-29）

17.5 NVIPM 模型

传感器模型可分为探测器前的信号和探测器后的信号两部分。探测器前的信号取决于目标的光谱特性、背景、大气透过率、光学系统的光谱特性和探测器的量子效率,这些值又取决于感兴趣的传感器(可见光、近红外、SWIR、MWIR、LWIR)。探测器后的信号是电子信号,随后转换成显示亮度供观测者判读,这些值与波长无关,是所有成像系统共有的。NVIPM 是一个复合模型,于 2010 年提出[27],2013 年5 月发布,到撰写本书时,最新版本是 1.7 版。

夜视与电子传感器局的实验表明,式(17-22)的"常量" α 是亮度的函数[4,28]:

$$\text{CTF}_{\text{noise}} = \text{CTF}_{\text{eye}} \sqrt{1 + \left(\frac{\alpha(L)\sigma_{\text{P}}}{L_{\text{ave}}} \right)^2} \tag{17-26}$$

NVIPM 噪声模型增加了人眼光子噪声、时间带宽的显性处理以及所用人眼的数量:

$$\alpha(L) = \sqrt{\frac{N_{\text{eyes}}\gamma^2 Q_{\text{T}}}{1 + \frac{\beta^2}{A} L_{\text{ave}} Q_{\text{E}}}} \tag{17-27}$$

用新的人眼模型,有两个通过经验获得的新"常量" β 和 γ。 Q_{T} 是人眼和显示器的总时间带宽, Q_{E} 是人眼的时间带宽, A 是瞳孔面积。因为是一个等效方法,可以将噪声分量视作滤波噪声方差 $\sigma_{\text{display}}^2$ 与人眼有效噪声方差 σ_{eye}^2 的比值:

$$\text{CTF}_{\text{noise}} = \text{CTF}_{\text{eye}} \sqrt{1 + \left(\frac{\sigma_{\text{display}}}{\sigma_{\text{eye}}} \right)^2} \tag{17-28}$$

作为一个对比度模型,NVIPM 不再使用增益项 SCN_{TMP}。令 $\text{SCN}_{\text{TMP}} = 3\Delta T_{\text{RSS}}$,则对比度(式(17-17))等于 0.16。NVIPM 的文件建议使用 $C_{\text{TGT}} = 0.2$。将 CTF_{sys} 表示为

$$\text{CTF}_{\text{sys}} = \frac{\text{CTF}_{\text{noise}}}{\text{MTF}_{\text{sys}}} = \sqrt{\left(\frac{\text{CTF}_{\text{eye}}}{\text{MTF}_{\text{sys}}} \right)^2 + \left(\frac{\text{CTF}_{\text{eye}}}{\text{MTF}_{\text{sys}}} \right)^2 \left(\frac{\alpha\sigma_{\text{P}}}{L_{\text{ave}}} \right)^2} \tag{17-29}$$

图 17-12 说明 NVIPM 针对低、中、高噪声系统的输出。随着噪声增加,对比度超出量(从粗线计算出)降低,距离缩短。线 1 表示裸眼(Barten 的模型),线 2 表示 $\text{CTF}_{\text{sys}}/\text{MTF}_{\text{sys}}$,线 3 表示噪声 CTF(式(17-29)平方根里的第二项),线 4 表示 CTF_{sys}。借助这些曲线图,很容易确定系统是否是 MTF 受限的、人眼受限的或噪声受限的。

Barten 将显示器视场 w 设为 15°(式(17-10))。改变观察距离(等于改变观测者视场)对 CTF_{eye} 的影响最小。夜视与电子传感器局在多项研究的基础上修改了

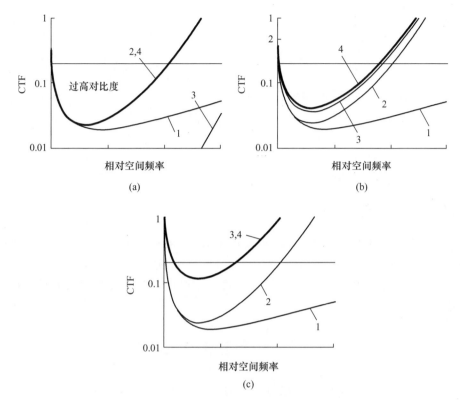

图 17-12　NVIPM 针对低、中、高噪声系统的输出

(a)低噪声系统;(b)中噪声系统;(c)高噪声系统。

注:水平线表示想要的对比度 0.2。随着噪声提高,对比度超出量减少。

Barten 的模型,用 w 表示表观目标角度[29-30]。现在 CTF_{eye} 随着距离变化。在远距离,表观目标角度变得很小,成为影响距离性能的主要因素。NVIPM 预测的距离与早期模型预测的不完全匹配,这代表一个遗留问题。

17.5.1　遗留问题建模

Vollmerhausen[31]认为,对支持可变目标角度的数据的分析不正确。因为旧模型与 NVIPM 之间有重大差异,前者没有可变目标角度,而后者有,所以需要经过一些数学处理使 NVIPM 预测的距离与旧模型预测的相同。幸运的是,NVIPM 有一个老系统[32]选项,使用的是 NVThermIP、SSCamIP、IICamIP 和 IINVD 的数学方法。文献[32]简要说明了各种模型的差异。老系统模型的能力很重要。假若一个系统是按照旧模型开发的,升级后还应该用同一个旧模型评估。如果用 NVIPM 评估,就无法知道性能的提高是因为模型不同还是因为升级本身造成的。

17.5.2　人眼积分时间

NVThermIP 的人眼积分公式是一个显示器亮度的函数。用"改进后的"噪声模型[27-28],人眼仅对噪声积分。这个变化要求新的校准常数,不是改变式(17-25),而是为了编程方便,而增加了一个倍数 4:

$$t_{\mathrm{E}} \approx 4\left[0.0192 + 0.0625\left(\frac{1.076}{L_{\mathrm{ave}}}\right)^{0.17}\right] \tag{17-30}$$

式(17-25)和式(17-30)似乎有矛盾,两个模型的差异代表 HVS 对不同刺激的响应。造成混淆的原因是两个公式都标识为积分时间。

17.5.3　ΔT 与 T_{B} 的关系

对 MWIR 和 LWIR 光谱区的目标都使用 ΔT 是司空见惯的。但是如果光谱区不同,ΔT 的变化会严重影响对 MWIR 或 LWIR 系统的选择。目标特征都是在 300K 左右的背景中测过的。针对另一个背景温度估计哪一个光谱段的目标特征都纯粹是猜测。

17.6　中等宽高比目标

实验室和外场的距离性能数值都很分散,部分原因是目标的宽高比造成的。将目标的宽高比纳入到考虑范围会减少这种分散性。NVL1975、FLIR92 或 NVTherm 模型中都没有针对目标宽高比进行的校正,但一些用户模型中有这一功能,这可以部分地解释为什么不同机构预测的距离性能不一样。

MRT 或 MRC 校正假设,辨别等级的周期数应该与目标对应的立体张角一样大(图 17-13)。条杆长度与目标的最大尺寸相等。有效条杆宽度是目标最小尺寸除以辨别所要求的周期数:

$$\mathrm{MRT}_{\mathrm{field}} = \sqrt{\frac{N\,T_{\mathrm{aspect}}}{2\alpha_{\mathrm{target}}}}\,\mathrm{MRT}_{\mathrm{model}} \tag{17-31}$$

目标的宽高比 α_{target} 等于最大尺寸(假设为 W_{target})除以最小尺寸(假设为 H_{target})。对 MRT 预测,$T_{\mathrm{aspect}} = 7$(即每个测试图中条杆的比例为 =7:1)。对 MRC 预测,$T_{\mathrm{aspect}} = 5$。例如,对只需要一个周期($N = N_{50} = 1$)的简单探测,针对一个宽高比为 2:1 的目标($\alpha_{\mathrm{target}} = 2$):

$$\mathrm{MRT}_{\mathrm{field}} = \sqrt{\frac{7}{4}}\,\mathrm{MRT}_{\mathrm{model}} \tag{17-32}$$

随着任务难度提高(探测→识别→辨清),N 提高(在第 19 章"目标辨别"中讨论),MRT 提高,捕获距离缩短。这种调整仅用于外场预测,不用于预测实验室

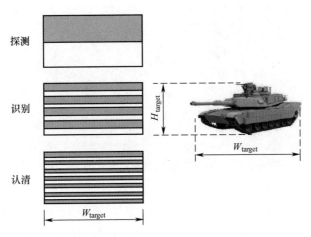

图 17-13　修改条杆的长宽比使之与目标的立体角相匹配

注:这种方法仅对中等宽高比的目标(如坦克、卡车和吉普车)有效。

MRT 值。随着目标宽高比提高,MRT 下降代表更远的捕获距离。对高宽高比目标,见 16.8 节"分辨率与可感受的细节"和 18.3 节"目标所占的像素量"。

虽然这种方法很直接,但目标稍微移动就会改变宽高比。NVThermIP 和 NVIPM 中用的 TTP 不是量化单个目标的宽高比,而是将目标类别视作包含所有宽高比的一个整体。宽高比包含在常数 V_{50} 值中(在第 19 章"目标辨别"中讨论)[①]。

17.7　TRM 模型

为了克服 FLIR 92 模型的奈奎斯特频率限制,Wittenstein[33-36]提出了热距离模型(TRM)。TRM 以和 NVTherm 完全不同的方式考虑采样伪像。基本空间频率高于奈奎斯特频率的一个四杆靶可能呈现为一个、两个、三个或四个条杆(图 17-14)。用周期性目标靶时采样伪像很明显,但对真实非周期目标,采样伪像不太明显。TRM 3 计算每个相位的平均调制度。随着条杆与探测器采样点阵之间的相对相位改变,条杆的振幅改变,调制度也改变(图 17-15)。最佳相位是平均调制度最大时的相位,即平均调制度最佳相位(AMOP)。AMOP 替换了 MRT 公式中的MTF。经过替换,所得结果称为感受到的最小温差(MTDP)。因此,MTDP 是在四条靶图处于最佳相位时,观测者能分辨出(感受到)四个、三个、两个条杆时的温差。AMOP 的极限空间频率约是奈奎斯特频率的 1.9 倍。

由于 AMOP 取决于采样考虑,它不再是一个单调下降函数。这在 AMOP(图 17-16)和 MTDP 曲线上产生了一个"凸起"。由于调相效应,显示的条杆强度

① 译者注:原文中为第 18 章,有误,已改正。

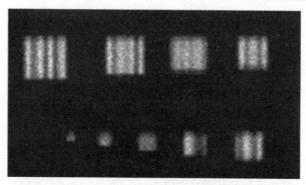

图 17-14　随着条靶的基频提高,条靶图变得很不规则(照片由 W. Wittenstein 提供)

不均匀,起始宽度为 $0.8u_N$ 左右。这种异常表现在 MRT 结果中有记录(见文献[26]和图 17-10)。对采样良好的成像仪,AMOP 与相位没有关系,这幅图像用显示四条杆测试图的方式说明实际的调制度。AMOP 概念可以认为是 MTF 概念的普及化,因为它对采样良好的以及欠采样的成像仪都适用。

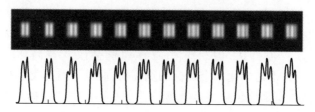

图 17-15　12 个不同相位的欠采样四条杆测试图(照片由 W. Wittenstein 提供)

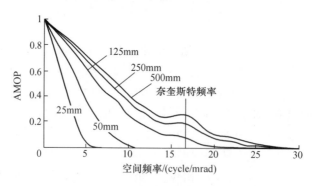

图 17-16　针对 25mm、50mm、125mm、250mm 和 500mm 孔径的 AMOP[37]

注:$f=500mm$,$d=12\mu m$,$\lambda_{ave}=4\mu m$。奈奎斯特频率为 16.7cycle/mrad(数据由 B. Teaney 提供)。

没有针对 AMOP 的解析式,它对每个成像系统是独一无二的。AMOP 有比系统 MTF 大的值(没有采样时),这说明 MTDP 比 FLIR92 和 NVTherm 中的 MRT 高,其实不是这样。从 CTFsw 转换到 MTF 引入一个 π/4 系数。这个系数已经包含在 AMOP 中,则

$$\mathrm{MDTP} \approx \frac{\pi}{2} \mathrm{SNR}_{\mathrm{TH}} \frac{\mathrm{NEDT}}{\mathrm{AMOP}} [\, \mathrm{HVS}_{\mathrm{filter}}(\mathrm{IEDT}) \,] \qquad (17-33)$$

　　TRM 将空间噪声称为非均匀等效温差(IEDT)。MTDP 通常低于 NVTherm 的 MRT,因此提供较好的距离性能。TRM 使用 FLIR92 的匹配滤波器计算空间噪声带宽。

　　TRM4 是 TRM3 的升级版[38-40]。到撰写本书时,最新的 2.0 版于 2016 年 6 月发布。它有黑体发射目标(MWIR 和 LWIR)、反射目标(可见光、近红外和短波红外)和综合目标(发射辐射和反射辐射)三个运算能力。预计下一个版本会包括像增强器和 ICCD。为 NVIPM 开发[37]了一个 TRM4 库,除了信噪比很低或分辨率很差的极端情况外,这些模型一般都吻合。由于 MTF 与 AMOP 不同,距离预测结果是不同的。表 17-4 列出了一些重要区别。

表 17-4　NVTherm 与 TRM 3 的重要区别

项　　目	NVTherm	TRM3
人眼模型	Barten 的对比灵敏度	Kornfeld-Lawson 人眼模型
目标宽高比校正	无	有
三维噪声分量	σ_{V}(扫描) σ_{V} 和 σ_{VH}(凝视)	σ_{V}(扫描) σ_{VH}(凝视)
$1/f$ 噪声	无	有

17.8　三角方向辨别

　　Bijl 和 Valeton[41]用三角方向辨别(TOD)代替了传统的四条杆 MRT 测试。观测者在强制选择实验中确定三角形的方向。三角形的顶点可上可下,可左可右(图 17-17)。利用特征尺寸概念,三角形的特征尺寸 h_{C} 是其面积的平方根:

$$h_{\mathrm{C}} = 0.658 H_{\mathrm{triangle}} \qquad (17-34)$$

式中:H_{triangle} 为等边三角形一条边的长度。在距离 R 处的张角为 h_{C}/R,频率为 R/h_{C}。

　　TOD 方案已扩展成一个完备模型[43-47],适用于所有类型的成像系统。TOD 模型建立在人对仿真成像仪的大量观察数据的基础上。在实验过程中,采样、模糊、静态噪声、显示器亮度和观察距离都有系统性变化。TOD 方法包括一个测试分析模型、一个图像仿真模型和一个距离预测模型。由于 TOD 不受奈奎斯特频率限制,它不会像 FLIR92 那样人为地限制距离性能。TOD 曲线与 MRT 曲线有可比性,但没有采样效应问题。观测者看不见三角形的情况:①信噪比太低;②因模糊而无法确定形状(MTF 太低);③由于采样伪像而不能确定形状。在对比度很低时,观

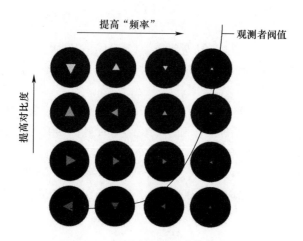

图 17-17　TOD 测试靶[42]

注:这种测试比 MRT 测试简单得多,观测者需要的培训很少。

测者必须猜测(强制选择)三角形的方向,这会得出 25% 的概率下限,即在 4 次强制选择中,他会用 25% 的时间随机猜到一个正确的方向。阈值定义为 ΔT,即观测者用 75% 的时间正确辨清了顶点的方向(标识为 M_{75})(图 17-18)。由于观测者会在强制选择实验中遵守自己的视觉频率曲线,它需要的培训最少。

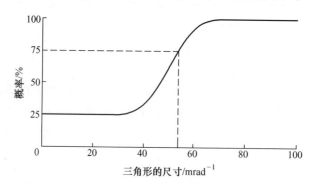

图 17-18　TOD 阈值 M_{75}(数据服从威布尔分布)

但是,三角形在极坐标和笛卡儿坐标中都不可分离(图 17-19),这使建模相当困难。因此 TOD 是个二分量模型。三角形受系统的各种 MTF 影响,又添加了采样复制点后,将图像送入一个视觉模型来预测三角形的方向,由此得到整个 TOD 曲线。外场验证[48-49]表明,TOD 响应曲线的形状(类似于 MRT 曲线)和真实目标的对比度与距离的关系吻合。TOD 成功表征了像增强器的性能[47]。

图 17-19 三角形和二维傅里叶变换

注:变换没有表现出极坐标或笛卡儿坐标的对称性。

17.9 ECOMOS 模型

ECOMOS 是用于光电系统性能预测的欧洲计算机模型,它由两个子模型组成,分别为解析 TRM4 模型和图像基 TOD 模型。另外,它还使用大气模型 MATISSE。欧洲选择使用一个独立模型的原因很多。Labarre 等指出,"基于 NVIPM 软件的 TTP 模型既复杂又很不直观;过去几年,模型和软件都频繁变化;不同版本需要不同的模型输入参数;……很难跟得上发展速度;很容易出现计算错误;没有相应的传感器性能测试方法;……用线性模型进行高级信号处理的能力有限;许多算法(如降噪和超分辨率重构)都是在图像序列的基础上运行的,但是用 TTP 模型进行动态性能预测的前景并不明朗。"

图像建模的一个重要优点是它可以进行非线性信号处理和压缩,甚至可以将"黑盒"处理纳入成像链中。ECOMOS 已于 2017 年年中发布。

17.10 模型对比

多年来,模型频繁变化,不同版本要求不同的输入参数和常量。因此,几年前进行的模型对比不能代表目前模型的能力。NVIPM、TRM4 和 TOD 有不同的理论起点,每种模型都计算一个特定的性能指标(分别为 TTP、MTDP 和 TOD)并使用特定的任务难度指标(分别为 V_{50}、N_{50} 和 M_{75})。尽管是针对同一目标进行捕获距离性能优化,但三种模型会给出不同的捕获距离并进而导致系统设计不同。TTP 量度没有相应的实验室(验收测试)或外场测试数据来评估传感器性能。因此很难将 NVThermIP/NVIPM 与其他模型进行比较。

一致性取决于传感器参数和混叠量。随着采样伪影增加(等效于较小的 $F\lambda/d$

值),模型会出现发散。这说明表征混叠信号的方法还很初级,对高于奈奎斯特频率的 MRT 目标定义不清,因此似乎很难进行实验室测量。条靶图的基频大于 $0.7u_N$ 时,条靶开始出现采样伪影。而且 NVIPM 模型使用"压缩"是为了便于用数学方法处理采样伪影,并非真的"压缩"了 MRT,这使在实验室进行模型对比更加复杂。

　　NVTherm 和 TRM 都以 FLIR92 框架为基础,MRT 结果好像可以确定哪个模型是"正确的"。在中等空间频率,三种模型似乎在一个乘法因子内能提供相似的 MRT,其中的差异可能只是一个归一化问题。但由于观测者的易变性[26],不可能决定出"正确的"模型。而且在中等空间频率(低于奈奎斯特频率),三种模型的 MRT 相当平直和相似。

　　2002 年,Bijl 等[49]比较过 TOD、NVTherm(用式(17-9)进行二维辨清)和 TRM3 的输出。NVL1975 模型和 FLIR92 预测的 MRT 随着空间频率接近零而接近零。TOD 和 TRM3 也有这种特征。NVTherm 将人眼空间积分限制在不到 4mrad 的目标,这限制了低空间频率响应,但提供了与测量值一致的 MRT 预测值。因此,这些模型的低空间频率响应是发散的,对低 ΔT 目标或远距离目标探测,预测的距离性能可能不同。注意,据报道,NVL1975 模型和 FLIR92 对中等距离(相当于中等空间频率)处的中等目标,预测准确度在 20% 以内。也就是说,对很低空间频率的目标,这两个模型尚未经过验证。

　　2005 年,Dahlberg 和 Holmgren[51]还对比过 NVTherm(2D)、TRM3 和 FLIR92 (图 17-20)模型的输出。他们的系统参数没有给出,据推测是凝视阵列。TRM3 在低空间频率有较低的 MRT,说明它会预测到更远的距离。关于 Leachtenauer[52]的研究,Dahlberg 和 Holmgren 指出[51]:"……不同目标之间的感受标准则差别很大,使得几乎无法通过实验证明,建模的准确性优于 NVTherm 与 TRM3 模型之间的分化。"

　　将基于 TTP 的 NVThermIP 模型与其他模型进行比较更加困难。它们计算距离的方法很不相同。2007 年[53]和 2011 年[54],Bijl 等根据距离数据计算过 NVThermIP 的 MRT 曲线。他们将 NVThermIP 的 MRT 曲线与 TOD 进行对比。当目标特征尺寸与 TOD 测试图尺寸在阈值处的比值等于 6.3 时,TOD 和 TTP 的直接对比表现出良好的整体一致性。注意,数字 6.3 是经验值。

　　到现在,还是不知道哪个模型是"准确的"。差别可能是混叠信号造成的。随着 $F\lambda/D$ 提高,混叠减少,模型趋于收敛。用更小探测器设计的新系统会有较高的 $F\lambda/D$,说明对新的成像系统,所有模型都会是"准确的"。虽然每个模型可能预测了不同的捕获距离,但模型的值是一致的。如果改变系统设计后模型预测到更远的目标捕获距离,那这个改变是良性的,而预测距离提高的幅度可能会因所用的模型而异。

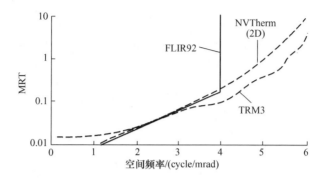

图 17-20　FLIR92、NVTherm(二维)和 TRM3 的对比

注:根据 Dahlberg 和 Holmgrenw 的研究[51],结果是"典型的"。本图由 A. Dahlberg 提供。

参 考 文 献

[1] O. H. Schade, Sr. , "Image gradation, graininess, and sharpness in television and motion picture systems," published in four parts in J. SMPTE: "Part I: Image structure and transfer characteristics," Vol. 56(2), pp. 137-171 (1951); "Part II: The Grain Structure of Motion Pictures - An Analysis of Deviations and Fluctuations of the Sample Number," Vol. 58(2), pp. 181-222 (1952); "Part III: The grain structure of television images," Vol. 61(2), pp. 97-164 (1953); "Part IV: Image analysis in photographic and television systems," Vol. 64(11), pp. 593-617 (1955).

[2] F. A. Rosell and R. H. Willson, "Performance synthesis of electro-optical sensors," Air Force Avionics Laboratory Report AFAL-TR-72-229, Wright Patterson AFB, OH (1972).

[3] J. A. Ratches, "Night vision modeling: historical perspective," in Infrared Imaging Systems: Design, Analysis, Modeling and Testing X, SPIE Proceedings Vol. 3701, pp. 2-12 (1999).

[4] B. L. Preece, J. T. Olson, J. P. Reynolds, and J. D. Fanning, "Improved noise model for the US Army sensor performance metric," in Infrared Imaging Systems: Design, Analysis, Modeling, and Testing XXII, SPIE Proceedings Vol. 8014, paper 801406 (2011).

[5] J. A. Ratches, W. R. Lawson, L. P. Obert, R. J. Bergemann, T. W. Cassidy, and J. M. Swenson, "Night vision laboratory static performance model for thermal viewing systems," ECOM-7043 (1975).

[6] J. M. Lloyd, Thermal Imaging Systems, pp. 182-194, Plenum Press, NY (1975).

[7] F. A. Rosell, "Laboratory performance model," in The Fundamentals of Thermal Imaging Systems, R. Rosell and G. Harvey, eds. , NRL Report 8311, pp. 85-95 (1979).

[8] W. R. Lawson and J. A. Ratches, "The night vision laboratory static performance model based on the matched filter concept," in The Fundamentals of Thermal Imaging Systems, NRL Report 8311, pp. 159-179, Naval Research Laboratory, Washington (1979).

[9] R. Sendall and F. Rosell, "Static performance model based on the perfect synchronous integrator model," in The Fundamentals of Thermal Imaging Systems, NRL Report 8311, pp. 181-230 (1979).

[10] F. A. Rosell, "Static field performance models," in The Fundamentals of Thermal Imaging Systems, NRL Report #8311, pg. 101-102, Naval Research Laboratory, Washington, D. C. (1979).

[11] F. A. Rosell, "Psychophysical experimentation," in The Fundamentals of Thermal Imaging Systems, NRL Report #8311, pg. 225, Naval Research Laboratory, Washington, D. C. (1979).

[12] FLIR92 Thermal Imaging Systems Performance Model, User's Guide, NVESD document RG5008993, Fort Belvoir, VA (1993).

[13] L. Scott and J. D'Agostino, "NVEOD FLIR92 thermal imaging systems performance model," in Infrared Imaging Systems: Design, Analysis, Modeling and Testing III, SPIE Proc. Vol. 1689, pp. 194-203 (1992).

[14] R. G. Driggers, R. Vollmerhausen, and T. Edwards, "The target identification performance of infrared imager models as a function of blur and sampling," in Infrared Imaging Systems: Design, Analysis, Modeling and Testing X, SPIE Proceedings Vol. 3701, pp. 26-34 (1999).

[15] N. Devitt, R. Driggers, R. Vollmerhausen, and T. Maura, "The impact of display artifacts on target identification," in Infrared and Passive Millimeter Wave Imaging Systems: Design, Analysis, Modeling, and Testing, SPIE Proceedings Vol. 4719, pp. 24-32 (2002).

[16] T. Maurer, R. G. Driggers, R. Vollmerhausen, and M. Friedman, "2002 NVTherm improvements," in Infrared and Passive Millimeter-wave Imaging Systems: Design, Analysis, Modeling and Testing, SPIE Proceedings Vol. 4719, pp. 15-23 (2002).

[17] R. Vollmerhausen, "Modeling the performance of imaging sensors," Chap. 12 in Electro-optical Imaging: System Performance and Modeling, SPIE, Bellingham, WA (2000).

[18] P. G. Barten, "Evaluation of subjective image quality with the square-root integral method," Journal of the Optical Society of America, Vol. 17(10), pp. 2024-2031 (1990).

[19] P. G. Barten, "Evaluation of the effect of noise on subjective image quality," in Human Vision, Visual Processing and Digital Display II, SPIE Proceedings. Vol. 1453, pp. 2-15 (1991).

[20] P. G. Barten, "Physical model for the contrast sensitivity of the human eye," in Human Vision, Visual Processing and Digital Display III, SPIE Proceedings Vol. 1666, pp. 57-72 (1992).

[21] P. G. Barten, Contrast Sensitivity of the Human Eye and its Effect on Image Quality," pp. 153-198, SPIE Press, Bellingham WA (1999).

[22] R. H. Vollmerhausen, E. Jacobs, J. Hixson, and M. Friedman, "The Targeting Task Performance (TTP) Metric; A New Model for Predicting Target Acquisition Performance," Technical Report AMSEL-NV-TR-230, U. S. Army CERDEC, Fort Belvoir, VA 22060, 2006.

[23] J. A. Ratches, W. R. Lawson, L. P. Obert, R. J. Bergemann, T. W. Cassidy, and J. M. Swenson, "Night vision laboratory static performance model for thermal viewing systems," ECOM-7043, p 56 (1975).

[24] FLIR92 Thermal Imaging Systems Performance Model, User's Guide, NVESD document RG5008993, pp. ARG12-12, Fort Belvoir, VA (1993).

[25] R. Vollmerhausen and V. Hodgkin "New methodology for predicting minimum resolvable temperature," in Infrared Imaging Systems: Design, Analysis, Modeling and Testing XVI, SPIE Proceedings Vol. 5784, pp. 72-80 (2005).

[26] G. C. Holst, Testing and Evaluation of Infrared Imaging Systems, 3rd ed. , Chapter 10, JCD Publishing, Winter Park, FL (1993).

[27] B. Teaney and J. Reynolds, "Next generation imager performance model," in Infrared Imaging System Design, Analysis, Modeling, and Testing XXI, SPIE Proceedings 7662, paper 76620F (2010).

[28] B. L. Preece, J. T. Olson, J. P. Reynolds, J. D. Fanning, and D. P. Haefner, "Human vision noise model validation for the U. S. Army sensor performance metric," Opt Eng 53(6), paper 061712 (2014).

[29] B. P. Teaney and J. F. Fanning, "Effect of image magnification on target acquisition performance," in Infrared

Imaging System Design, Analysis, Modeling, and Testing XIX, SPIE Proceedings Vol. 6941, paper 69410P (2008).

[30] S. Aghera, K. Krapels, J. Hixson, J. P. Reynolds, and R. G. Driggers, "Field verification of the direct view optics model for human facial identification," in Independent Component Analyses, Wavelets, Neural Networks, Biosystems, and Nanoengineering VII, SPIE Proc. Vol. 7343, paper 734311 (2009).

[31] R. Vollmerhausen, "The Army's night vision integrated performance model: impact of a recent change on the model's predictive accuracy," Optics Express Vol. 24 (21) pp. 23654-23666 (2016).

[32] B. P. Teaney, D. M. Tomkinson, and J. G. Hixson, "Legacy modeling and range prediction comparison: NV-IPM versus SSCamIP and NVTherm," in Infrared Imaging Systems: Design, Analysis, Modeling and Testing XXVI, SPIE Proceedings Vol. 9452, paper 94520P (2015).

[33] W. Wittenstein, "Thermal range model TRM3," in Infrared Technology and Applications XXIV, SPIE Proceedings. Vol. 3436, pp. 413-424 (1998).

[34] W. Wittenstein, "Minimum temperature difference perceived - a new approach to assess undersampled thermal imagers," Optical Engineering, Vol. 38(5), pp. 773-781 (1999).

[35] W. Wittenstein and R. Gal, "TRM3 progress report," in Infrared Technology and Applications XXVI, SPIE Proceedings Vol. 4130, 292 (2000).

[36] W. Wittenstein, "TRM3 model validation for undersampled thermal imagers," FGAN-FOM Ettlingen, Germany, Technical Report FOM 2003/02, (2003).

[37] B. P. Teaney, J. P. Reynolds, T. W. Du Bosq and E. Repasi, "A TRM4 component for the Night Vision Integrated Performance Model (NV-IPM)," in Infrared Imaging Systems: Design, Analysis, Modeling, and Testing XXVI, SPIE Proceedings Vol. 9452, paper 94520H. (2015)

[38] W. Wittenstein, R. Gal, and R. Weiss, "TRM4. v1 User Manual," Fraunhofer IOSB Ettlingen, Germany, Technical Report IOSB 2010/07, (in German) (2010)

[39] R. Gal, W. Wittenstein, R. Weiss, and W. Schuberth, "TRM4. v1 Parameter description and model documentation," Fraunhofer IOSB Ettlingen, Technical Report IOSB 2010/08, (in German) (2010).

[40] As of this writing, TRM4 v2 is available to the NATO community. Send requests to: assistenzopt @ iosb. fraunhofer. de. Software distribution includes a full "Model Documentation" (Doc. Ref.: IOSB 2016/09) and a comprehensive "User's Guide" (Doc. Ref.: IOSB 2016/08).

[41] P. Bijl and J. M. Valeton, "TOD, a new method to characterize electro-optical system performance," in Infrared Imaging Systems: Design, Analysis, and Testing IX, SPIE Proc. Vol. 3377, pp, 182-193 (1998).

[42] P. Bijl and J. M. Valeton, "Guidelines for accurate TOD measurement," in Infrared Imaging Systems: Design, Analysis, Modeling, and Testing X, SPIE Proceedings Vol. 3701, pp. 14-25 (1999).

[43] M. Hogervorst, and P. Bijl, "Capturing the sampling effects: a TOD sensor performance model," in Infrared Imaging: Design, Analysis, Modeling and Testing XII, SPIE Proc. Vol. 4372, p 62-73 (2001).

[44] P. Bijl and M. Hogervorst, "A first order analytical TOD sensor performance model," in Electro- Optical and Infrared Systems: Technology XIII, SPIE Proc. Vol. 9987, paper 99870P (2016).

[45] P. Bijl, M. A Hogervorst, and W. K. Vos, "Modular target acquisition model and visualization tool," in Infrared Imaging Systems: Design, Analysis, Modeling and Testing XIX, SPIE Proceedings Vol. 6941, paper 69410E (2008).

[46] P. Bijl and J. M. Valeton, "Validation of the new TOD method and ACQUIRE model predictions using observer performance data for ship targets," Optical Eng. Vol. 37(7), pp. 1984-1994 (1998).

[47] P. Bijl, J. M. Valeton, and A. N. DeJong, "TOD predicts target acquisition performance for staring and scan-

ning thermal imagers," in Infrared Imaging Systems: Design, Analysis, Modeling and Testing XI, SPIE Proceedings Vol. 4030, pp. 96-103 (2000).

[48] P. Bijl, A. Toet, and F. L. Kooi, "Feature long axis size and local luminance contrast determine ship target acquisition performance: strong evidence for the TOD case," in Electro-Optical and Infrared Systems: Technology and Applications XIII, SPIE Proc. Vol. 9987, paper 99870M (2016).

[49] P. Bijl, M. Hogervorst, J. Valeton, "TOD, NVTherm, and TRM3 model calculations: a comparison," in Infrared and Passive Millimeter-wave Imaging Systems: Design, Analysis, Modeling, and Testing, SPIE Proceedings Vol. 4719, pp. 51-62 (2002).

[50] L. Labarre, P. Bijl, E. Repasi, W. Wittenstein, and H. Bürsing, "The European computer model for optronic system performance prediction (ECOMOS)," at OPTRO-2016, paper 046 (2016).

[51] A. G. M. Dahlberg and O. Holmgren, "Range performance for staring focal plane infrared detectors," in Infrared Imaging Systems: Design, Analysis, Modeling and Testing XVI, SPIE Proceedings Vol. 5784, pp. 81-90 (2005).

[52] J. C. Leachtenauer, "Resolution requirements and the Johnson criteria revisited," in Infrared Imaging Systems: Design, Analysis, Modeling, and Testing XIV, SPIE Proc. Vol. 5076, pp 1-15 (2003).

[53] P. Bijl and M. A. Hogervorst, "NVThermIP vs TOD: matching the target acquisition range criteria," Infrared Imaging Systems: Design, Analysis, Modeling, and Testing XVIII, SPIE Proceedings Vol. 6543, paper 65430C (2007).

[54] P. Bijl, J. Reynolds, W. Vos, M. Hogervorst, and J. Fanning, "TOD to TTP calibration," in Infrared Imaging: Design, Analysis, Modeling, and Testing XXII, SPIE Proc. Vol. 8014, paper 80140L (2011).

第 18 章

其他量度

距离预测(在第 20 章"距离预测"中讨论)以目标的周期数为基础。从空间频率(cycle/mrad)向目标的周期数的转换是 TTP(NVThermIP/NVIPM)或 MRT/MRC(较老的模型)与目标张角 θ_{TGT} 的函数。由于 TTP/MTF/MRC 空间频率受光学系统截止频率或奈奎斯特频率限制,远距离的 θ_{TGT} 接近 0。这对线性平移不变系统是合理的。从空间上说,探测器阵列不是线性平移不变系统,说明观测者能辨别的最小目标必须至少为一个瞬时视场(IFOV)。随着 θ_{TGT} 进一步缩小,它对研究热点物探测是有用的。

探测概率(用性能模型预测)假设观测者知道目标在视场中的位置。如果需要搜索,就会有探测不到目标的概率。

空中侦察图像判读器要求按 NIIRS 分级标准确定某一目标细节。传感器有固有的 NIIRS 能力,它必须具备大于或等于 NIIRS 分级的能力才能满足图片判读器的要求。通用图像质量公式(GIQE)用传感器响应代替了 NIIRS 的表格里的值(表 15-3~表 15-5)。

18.1 像素不是周期

采样理论要求至少两个采样才能可信地重构一个周期。另一方面,探测器的空间频率响应可无限扩展(sinc 函数)。由于性能模型假设的是一个线性平移不变系统(一个模拟系统),因此采样理论只会增加混淆。假设探测是由目标的 $V_{50} = 2$ 周期来定义的(N_{50} 和 V_{50} 在第 19 章"目标辨别"中讨论),这会诱使人(错误地)认为采样理论要求目标要占 4 个像素。为了避免这个混淆,NVIPM 模型仅列出了 V_{50} 的数值而没有单位。图 18-1 所示为典型 LWIR 传感器在湍流大气中的捕获距离。利用几何原理,1m 目标在 5km 处探测的张角为一个像素,而在 5km 处的探测概率取决于 V_{50}、大气透过率、系统噪声和湍流。这说明空间(像素)与频率(目标的周期数)概念之间的差异。由于模型基于 MTF,周期数适用于建模和系统比较分析,像素适用于图像处理算法。红外搜索跟踪系统探测的是亚像素目标,它选用的量度是信噪比。对亚像素目标的分析可按热点探测来对待。

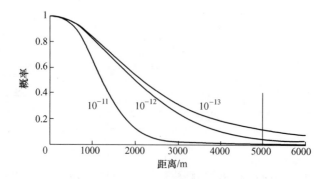

图 18-1　典型 LWIR 的探测概率是 C_N^2 的函数

注:$V_{50}=2$,噪声$=20\mathrm{mK}$,$W_{\mathrm{target}}=1\mathrm{m}$,$F=1$,$d=20\mu\mathrm{m}$,$\tau_{\mathrm{atm}}=0.85\mathrm{km}^{-1}$,IFOV$=0.2\mathrm{mrad}$。
图中的垂线是目标张角为 1 像素处的距离。随着距离提高,目标所占的像素量减少。

18.2　热点探测

12.4 节"NEI"给出了点源目标的信噪比,该信号对红外搜索跟踪系统很有用,该系统最后的判读工具是一个算法。针对亚像素目标修改式(12-1)得到表观 SNR 为

$$\mathrm{SNR}_{\mathrm{app}} = \frac{\mathrm{PVF}\ \Delta T_{\mathrm{app}}}{\langle n_{\mathrm{sys}} \rangle} \tag{18-1}$$

利用 Rosell 和 Wilson[1]研发的经验 TTPF 函数,观测者的探测(热点物探测)概率为

$$P(\mathrm{SNR}_{\mathrm{app}}) = \frac{\left(\dfrac{\mathrm{SNR}_{\mathrm{app}}}{2.8}\right)^E}{1 + \left(\dfrac{\mathrm{SNR}_{\mathrm{app}}}{2.8}\right)^E} \tag{18-2}$$

式中

$$E = 2.7 + 0.7\left(\frac{\mathrm{SNR}_{\mathrm{app}}}{2.8}\right) \tag{18-3}$$

常数 2.8 是 50% 探测概率要求的阈值信噪比。注意,Rosell 和 Wilson 没有考虑系统 MTF。

18.3　目标所占的像素量

在探测器受限范围,距离与目标所占的像素量(POT)的平方根成比例。对结

构为非正方形的目标,精确的目标尺寸更难以确定。图 18-2(a)是俄罗斯图-95 "熊"式轰炸机的轮廓。从图 18-2(b)~(f),目标所占的像素量在增加。在感兴趣的空间频率,系统 MTF=1 加强了采样效应造成的模糊。真实目标并非如图 18-2 所示。目标很小,仅占据几个显示单元。虽然图像被系统 MTF 模糊(图 15-8~图 15-10),但人眼视觉系统的空间积分能力会使看到的图像变得平滑。如果图像经过数字放大,插值算法会消除方块。这些图像只含 8 个灰度级。性能模型假设的是线性平移不变系统。也就是说,幅值是模拟(连续)的。只是在增加与 LSB 相关的随机性时才考虑比特位深度(见 12.1.4 节"量化噪声")。尽管存在这些不利因素,图像仍然具有指导意义。

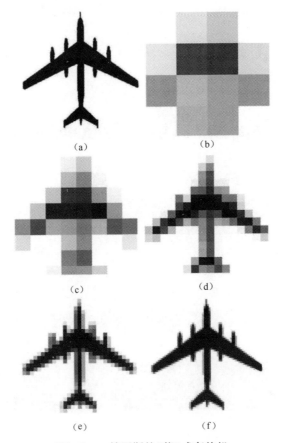

图 18-2　俄罗斯的"熊"式轰炸机
(a)飞机轮廓;(b)~(f)中的翼展上,分别有 4、8、16、32 和 64 个连续像素(采用 8 个灰度级)。

虽然图 18-2(c)(目标占 8 个像素)不像轰炸机,但可以从其他信息来推测。例如,卡车和船都不会飞。经常利用辅助信息而不仅仅是物体轮廓来判断物体。可以用辅助传感器(如雷达)对目标飞机进行定位。若飞机的位置已知,则可确定目标飞机是敌方的还是友方的。任何数学方法都不能包含这些复杂的习得参数。因此，可将目标所占的像素量用作一个简化的判读标准。

所有图形都在说明采样-场景的相位效应，如在图 18-2（e）中，机身光强度不均匀。一侧颜色浅，另一侧颜色深。发动机可能占一个像素或两个像素的宽度。当占两个像素的宽度时，它们的强度降低了。这些图代表由低 $F\lambda/d$ 系统产生的图像。调相效应对图像处理算法和自动目标识别器来说特别麻烦。虽然翼展上有 16 个像素（图 18-2（d））便足以判断目标是飞机，但要看清发动机则要求 32 个像素（图 18-2（e））。

如果对识别的要求是探测到发动机，则发动机的尺寸变为关键尺寸，需要发动机占 2~3 个像素。但是，探测发动机的能力由大气湍流和系统 MTF（图 18-1）造成的模糊决定。

图 18-3（a）是"谢尔曼"级驱逐舰的轮廓。图 18-3（b）~（e）是舰体长度方向

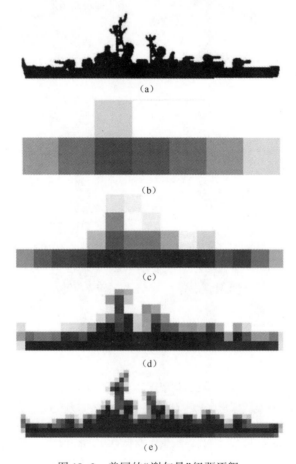

图 18-3　美国的"谢尔曼"级驱逐舰

（a）舰船轮廓；（b）~（e）中的舰体长度方向，分别有 8、16、32 和 64 个连续像素（采用 8 个灰度级）。

分别有 8、16、32 和 64 个像素的轮廓图,采用 8 个灰度级。长度方向有 32 个像素
(图 18-3(d))足以识别该舰为驱逐舰。用图 18-3(e)可以辨清舰船,因为垂直方
向的像素量(约有 16 个像素)提供了需要的细节。所以,关键尺寸上的像素量才是
辨清目标的决定因素。这说明对有开放结构的目标,计算的识别或辨清距离是能
分辨出关键尺寸时的距离,而不是由目标所占的像素量(POT)决定的距离。

　　所有图都在说明调相效应,如图 18-4 说明舰体长度方向有 32 个像素时的调
相效应。和轰炸机的情况一样,辅助信息有助于辨清目标。声纳或雷达数据会提
供距离信息,舰体尺寸可凭图像大小与系统视场之间的关系来估计。知道舰的尺
寸和形状,便可辨清它。

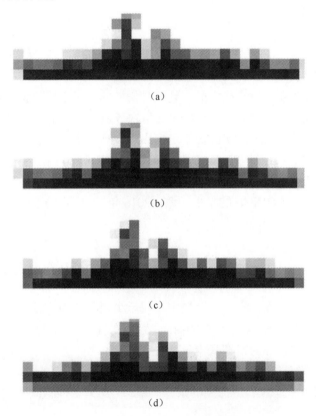

(a)

(b)

(c)

(d)

图 18-4　长度方向有 32 个像素时的调相效应
注:每幅图像的横向和纵向均有 1/2 像素的移动。图(a)和图 18-3(d)一样。

　　完成某一项任务要求的目标所占的像素量取决于要求的目标细节等级。在远
距离,单纯的探测要求回答的问题是"那儿有东西吗"而不是"需要多少像素"。

　　O'Neill[2] 使用一个舰艇模型的电视图像,它等效于一艘高 14m、长 158m 的舰
艇。他的数据被转换成像素(表 18-1)。但 O'Neill 用的术语与约翰逊用的术语不

一致。Moser[3]只使用舰艇的黑白轮廓图。他认为从舰舷侧观察时,探测需要 36个像素,要辨别出物体是舰艇需要 100 个像素,要确定上部结构的位置需要 500 个像素。

表 18-1　舰艇辨别[2]

辨别	需要的像素量	舰艇的分辨率/m
探测物体	36	7.86
识别为一艘舰艇	100	4.72
识别出舰艇的结构	500	2.10
识别出舰艇的种类	1000	1.49
将主桅杆归类	2000	1.05
辨别出雷达细节	4300	0.72
探测到 40mm 的炮管	12000	0.43

黑色方块的像素数量是确定的。它只是横向的数量乘以纵向的数量。对有开放结构的目标(舰艇和飞机),有效 POT 是取决于具体目标和视角的小数字。

调相效应对目标所占的实际像素量有影响。观察图 18-3(b)~(e),估算的像素量分别为 10、23、112 和 470 个像素。在那些研究中,是在刚刚能看见舰船的上部结构时探测到舰艇的。当目标占 470 个有效像素时,才能辨别出舰艇的种类。这些图像与 Moser 和 O'Neill 的发现一致。2016 年,Bijl 等[4]通过实验证实,探测到货船的概率是其长度的函数。

18.4　搜索

静态性能模型假设目标处在视场中心或至少观测者知道该观察哪里。这对实验室测量当然是正确的,但是在外场时,目标会在视场中的任何位置,观测者必须搜索目标。探测到目标的概率变为

$$P_D(t) = P_{static} P_{search}(t) \qquad (18-4)$$

式中:$P_{search}(t)$ 为搜索 t 秒后探测的条件概率;P_{static} 只是探测概率(在 N_{50} 或 V_{50} 时,$P_{static} = 0.5$)。$P_{search}(t)$ 可表示为[5]

$$P_{search}(t) \approx P_\infty (1 - e^{-t/\tau_{search}}) \qquad (18-5)$$

在理想情况下,$P_\infty = 1$。变量 τ_{search} 是一组观测者的平均探测时间,目前采用 $\tau_{search} = 3.4/P_\infty$[6]。Mauer 等[7] 和 Hogervorst 等[8]论述过当前搜索建模的发展现状。

随着杂波增加,P_∞ 下降。例如,树上有一只鸟,一些人可以立即确定其位置($P_\infty = 1$),另一些人却始终看不见它($P_\infty = 0$)。搜索时间取决于场景,一般来说,

普通观测者从开始搜索到定位目标后做出反应都需要一定的时间,这些时间合在一起就是时间延迟 $t_D^{[8]}$:

$$P_{\text{search}}(t) \approx P_\infty (1 - e^{-(t-t_D)/\tau_{\text{search}}}) \tag{18-6}$$

式中: $P_{\text{search}}(T < T_D) = 0$。

实验结果表明[9],对低度、中度干扰有

$$\tau_{\text{search}} \approx 3 - 2.2P_\infty \tag{18-7}$$

对强杂波有

$$\tau_{\text{search}} \approx 4 - 2.65P_\infty \tag{18-8}$$

"平均"值为

$$\tau_{\text{search}} \approx 3.5 - 2.5P_\infty \tag{18-9}$$

简单地说,具有高 P_∞ 的目标比具有低 P_∞ 的目标更容易被发现。图18-5给出了 $t_D = 1s$ 时三个不同 P_∞ 的 $P_{\text{search}}(t)$ [8]。延时可以是 P_∞ 的函数。随着 P_∞ 降低,延时更多[10]。搜索时间长说明系统不宜用于军事目的,但这些时间是符合实际的。对明显的目标(杂波极小),假设 $\tau_{\text{search}} < 0.005$,用 0.2s 就可以探测[11]。

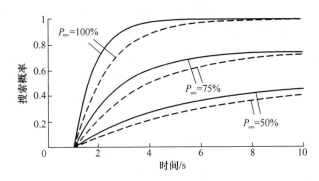

图 18-5 有低杂波(实线)和高杂波(虚线)时,不同 P_∞ 的搜索概率

18.5 通用图像质量公式

观察航拍图像时,图像分析人员要确定地面上的最小可分辨周期,该周期的宽度(一个条杆加一个空格)为地面分辨距离(GRD),其中包括系统 MTF、大气造成的图像降质和系统噪声。在图像质量没有下降的情况下,地面分辨距离等于地面采样距离的 2 倍。地面采样距离是像元间距在地面上的投影:

$$\text{GSD}_H \approx \frac{d_{\text{CCH}}}{f}R , \ \text{GSD}_V \approx \frac{d_{\text{CCV}}}{f}R \tag{18-10}$$

但实际系统有 MTF,因此地面分辨距离会大于 2 倍的地面采样距离,两者之间不是简单关系,而是取决于(衍射受限的) $F\lambda/d$。IIRS 以地面分辨距离(表 18-2)

和任务为基础[12]，而 NIIRS 仅由任务决定（见 15.1.2 节"NIIRS"）。

表 18-2　IIRS 和 GRD

IIRS 等级	GRD	IIRS 等级	GRD
0	不适用	5	0.75~1.2m
1	>9m	6	40~75cm
2	4.5~9m	7	20~40cm
3	2.5~4.5m	8	10~20cm
4	1.2~2.5m	9	<10cm

　　NIIRS 中没有地面分辨距离并非是疏漏。图像可判读性取决于物体的大小、形状和环境提示。例如，NIIRS 为 8 时，系统应该能辨清车上挡风玻璃的雨刷，而在地面上，同一雨刷可能都探测不到。在此，辨清取决于位置。如果像质仅与地面分辨距离有关，那么不管雨刷在哪里都能被认出来。NIIRS 是一个系统应用量度，但系统设计基于可计算的参数，如地面分辨距离、MTF 和信噪比。

　　通用图像质量公式（GIQE）通过将系统设计参数与 NIIRS 关联起来解决了这个两难问题。GIQE 是通过训练有素的分析人员评估过大量图像数据库开发出来后，又经过多重回归分析得到的。3.0 版预测 RER>0.9 和 $H \approx 1.0$ 时的 NIIRS，4.0 版覆盖[13]的范围更广，它包含相对边缘响应（RER）、过冲 H 和系统增益 G：

$$\text{NIIRS} = 10.751 - k_1 \lg \text{GSD}_{\text{GM}} + k_2 \lg \text{RER}_{\text{GM}} - 0.656 H_{\text{GM}} - 0.334 \frac{G}{\text{SNR}}$$

（18-11）

系数为

$$k_1 = 3.32, \ k_2 = 1.559, \ \text{RER} \geqslant 0.9$$
（18-12）[①]
$$k_1 = 3.16, \ k_2 = 2.817, \ \text{RER} < 0.9$$

　　下标 GM 表示该值为垂直分量和水平分量的几何平均值。几何地面采样距离（GSD）为

$$\text{GSD}_{\text{GM}} = \sqrt{\text{GSD}_{\text{H}} \text{GSD}_{\text{V}}}$$

（18-13）

式中：$\text{GSD}_{\text{H}} \text{GSD}_{\text{V}}$[②] 是垂直于视线的投影面积。它们是经视角余弦修正过的实际地面值。

　　在水平方向，边缘响应为

$$\text{ER}_{\text{H}}(a) = \frac{1}{2} + \frac{1}{\pi} \int_0^\infty \frac{\text{MTF}_{\text{atm}}(z) \text{MTF}_{\text{sys}}(z)}{z} \sin(2\pi az) \, dz$$

（18-14）

---

① 原文有误，k_1 应为 k_1，已修改。

② 原文的"GSD_{H} 和 GSD_{V}"，应为 $\text{GSD}_{\text{H}}\text{GSD}_{\text{V}}$，已改正。

式中：z 为空间频率，用每采样间隔的周期数或 ud_{CCH} 表示。对垂直方向，u 用 v 代替。a 值是到边缘转换处的距离。

将边缘响应归一化，使 a 变大，ER(a) 接近 1。斜率由 $a=0.5$ 和 $a=-0.5$ 处的响应差计算（图 18-6）。虽然 GIQE 包括大气湍流和光学波前误差 MTF，但通常省略大气影响（$\text{MTF}_{atm}(u,v)=1$）。几何相对边缘响应（RER）为

$$\text{RER}_{GM} = \sqrt{\text{ER}_H(0.5) - \text{ER}_H(-0.5)}\ \sqrt{\text{ER}_V(0.5) - \text{ER}_V(-0.5)}$$

$$(18-15)$$

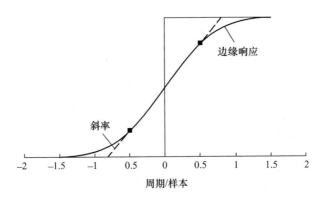

图 18-6　相对边缘响应是每个样本的周期数的函数

注：对水平方向而言，边缘是垂直朝向。方块表示 $\text{ER}_H(-0.5)$ 和 $\text{ER}_H(0.5)$。

RER 是系统的有效边缘响应，因为两点之间的距离总是地面采样距离。变量 H 是因 $a=1.25$ 处的边缘锐化（MTF 补偿）造成的过冲。当出现 MTF 增强时，边缘响应一般从过渡处耸起 1~3 个单位。于是，H 是该响应的最大值，几何平均值为

$$H_{GM} = \sqrt{H_H H_V}$$

$$(18-16)$$

由于频率升压使 NIIRS 值下降（给出一个较小值），大多数侦察系统都不用它。对 100% 填充因子阵列的探测器受限系统（光学截止频率是探测器截止频率的 5 倍），RER≈0.93，H≈1.0。包括显示器时，RER≈0.57，H≈1.0。不使用频率升压时，噪声增益 $G=1$。当 $F\lambda/D$ 小时，RER 接近 1。没有边缘锐化时，$H_{GM}=0$，NIIRS 变成地面采样距离和信噪比的函数。NIIRS 随着地面采样距离降低和/或信噪比提高而提高（想要的结果）。

虽然 NIIRS 不包含地面分辨距离，但分析人员可能要计算 NIIRS 值。利用表 18-2 可以估算地面分辨距离。这种估算在 GIQE 文件中没有讨论，所以不予推荐。

NIIRS 是高空航拍系统的设计工具。安装在地面车上或低空飞机上的传感器则以辨别概率为设计指导。探测、识别和辨清概率可以与目标特征尺寸 h_C 上的周期数 N_{cycle} 关联，于是可得

$$N_{cycle} = \frac{h_C}{2GSD} \qquad\qquad (18\text{-}17)$$

用式(18-13)[①]求解 GSD 并代入式(18-17)[②]得到 N_{cycle} 与 NIIRS 之间的关系。使用 TTPF 函数得到性能概率是 NIIRS 值的函数[14-16],这是 NVThermIP/NVIPM 模型采用的方法。

参 考 文 献

[1] F. A. Rosell and R. H. Wilson, "Performance synthesis of electro-optical sensors," AFAL-TR-74, Air Force Avionics Laboratory, Wright Patterson AFB, OH (April 1974).

[2] G. J. O'Neill, "The quantification of image detail as a function of irradiance by empirical tests," NAVAIRDEVCEN Technical Memorandum NADC-202139:GJO, Naval Air Development Center, Warminster, PA (1974).

[3] P. M. Moser, "Mathematical model of FLIR performance," NAVAIRDEVCEN Technical Memorandum NADC-20203:PMM, Naval Air Development Center, Warminster, PA (1972).

[4] P. Bijl, A. Toet, and F. L. Kooi, "Feature long axis size and local luminance contrast determine ship target acquisition performance: strong evidence for the TOD case," in Electro-Optical and Infrared Systems: Technology and Applications XIII, SPIE Proceedings Vol. 9987, paper 99870M (2016).

[5] T. C. Edwards and R. Vollmerhausen, "Use of synthetic imagery in target detection model improvement," in Infrared Imaging Systems: Design, Analysis, Modeling and Testing XII, SPIE Proceedings Vol. 4372, pp. 194-205 (2001).

[6] E. Flug, T. Mauer, and O-T Nguyen, "Time limited field of regard search," in Infrared Imaging Systems: Design, Analysis, Modeling and Testing XVI, SPIE Proceedings Vol. 5784, pp. 216-223 (2005).

[7] T. Mauer, R. G. Driggers, and D. Wilson, "Search and detection modeling of military imaging systems," in Infrared Imaging Systems: Design, Analysis, Modeling and Testing XVI, SPIE Proceedings Vol. 5784, pp. 201-215 (2005).

[8] M. A. Hogervorst, P. Bijl, and A. Toet, "On the relationship between human search strategies, conspicuity, and search performance," in Infrared Imaging Systems: Design, Analysis, Modeling and Testing XVI, SPIE Proceedings Vol. 5784, pp. 240-251 (2005).

[9] T. Edwards and R. H. Vollmerhausen, "Recent improvements in modeling time limited search," in Infrared and Passive Millimeter-wave Imaging Systems: Design, Analysis, Modeling, and Testing, SPIE Proceedings Vol. 4719 (2002).

[10] D. M. Deaver, S. Moyer, and J. Ra, "Modeling defined field of regard (FOR) search and detection in urban environments," in Infrared Imaging Systems: Design, Analysis, Modeling and Testing XVII, SPIE Proceedings Vol. 6207, paper 620702, (2006).

[11] J. D'Agostino, W. Lawson, and D. Wilson, "Concepts for search and detection model improvements," in Infrared Imaging Systems: Design, Analysis, Modeling and Testing VIII, SPIE Proceedings Vol. 3063, pp. 14-22 (1997).

---

① 译者注:原文的式(18-19)有误,应为式(18-13)。

② 译者注:原文的式(18-19)有误,应为式(18-17)。

[12] Air Standardization Agreement: "Imagery interpretability rating scale," Air Standardization Coordinating Committee report AIR STD 101/11 dated 10 July 1978.

[13] "General Image Quality Equation - User's Guide, Version 4.0," National Imagery and Mapping Agency, Data and Systems Division, Springfield, VA (1996).

[14] R. Driggers, M. Kelley, and P. Cox, "National imagery interpretability rating scale and the probabilities of detection, recognition, and identification," Optical Engineering, Vol. 36(7), pp. 1952-1959 (1997).

[15] R. Driggers, P. Cox, J Leachtenauer, R. Vollmerhausen, and D. A. Scribner, "Targeting and intelligence electro-optical recognition modeling: a juxtaposition of the probabilities of discrimination and the general image quality equation," Optical Engineering, Vol. 37, pp. 789-797 (1998).

[16] R. E. Hanna, "Using GRD to set EO sensor design budgets," in Airborne Reconnaissance XXI, SPIE Proceedings Vol. 3128 (1997).

第 19 章

目标辨别

距离性能预测需要一个描述 HVS 图像判读过程的数学表达式。与电子电路的响应不同的是,人类观测者的响应不能直接测量,只能通过大量的视觉心理学实验来推断。最低辨别等级是区分有无物体,最高辨别等级是准确辨清和描述一个特定物体,在这两个极端之间是连续的辨别等级。

图 19-1 用决策树表达这些辨别等级,这种方法可用于自动目标识别和机器视觉系统[1]。目标提示器和自动目标识别器(ATR)可能比约翰逊判据要求更高的分辨率(在 19.2 节"目标的周期数"中讨论),因为人造处理器没有人类大脑精密。

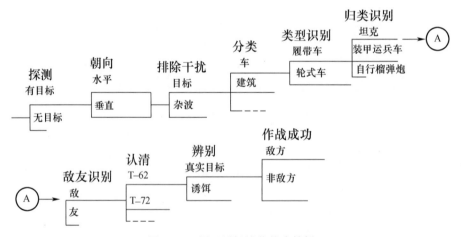

图 19-1 用于目标捕获的决策树

注:随着辨别等级提高(从左向右移动),要求的信息逐渐增多。在较低等级,同时使用目标和
背景的信息。在较高等级,目标细节是辨别的参照物。

纯探测指目标处在浅色或均匀背景中,观测者知道观察哪里。辨别探测(也称为约翰逊判据)类似于纯探测,除非目标处在杂乱背景中。有时候视觉辨别等级容易确定。无云天空上的飞机很容易探测到,探测的意义很明了。但是,探测复杂背景(如树林)中的车更难,因此可能要先识别出它是车,然后才能说探测到了,也就是说,探测和识别是同步进行的。对人类目标,道理是一样的。

环境提示会提供更多信息。道路上的一个斑点很可能是一辆车,而田野里的同样斑点则可能是任何东西——除非它在动。即便传感器的分辨率不足以进行分类形状识别,也可以因车的特征、位置和速度被识别出来甚至辨清。例如,湖上的运动物体可能是条船,而不是飞机或卡车。

目标辨清是高等级的目标辨别,是复杂过程的最后阶段,这个过程中的第一个任务是搜索视场,发现目标。搜索(见 18.4 节"搜索")可以是随机的或系统的,因观察者的训练或背景变化而异。搜索也称为发现目标。D'Agostino 和 Moulton[2]引入了最小可发现温差(MFTD),这种方法包括场景杂波与搜索,目标可以在视场中的任何位置。一旦发现目标,注意力就集中到场景中的特定区域。这比最低可探测温度(MDT)方法更复杂。最低可探测温度是在目标位于视场中心(或至少观察者知道向哪里看)时探测噪声中的斑点的能力。MDT 和 MFTD 都是目标张角的函数。注意,运动物体容易探测得多。

发现目标后就可使用约翰逊判据。这时,目标的大小和形状为探测、识别和辨清提供了线索。辨认方法的发展历程见文献[3-9]。约翰逊判据假设目标处于视场中心,不需要搜索即可发现目标。它为 NVL1975 模型、FLIR92 和 NVTherm 模型提供了最低可分辨温度与外场性能之间的关系。

以 50%的概率达到具体辨别等级在早期模型中被标识为 N_{50},在 NVThermIP 和 NVIPM 模型中标识为 V_{50}。随着时间推移,研究出了一套用于探测、识别和辨清的 N_{50}"标准值",这些 N_{50} 值的主要效用在于一致性。通过对每种系统指标使用相同的 N_{50},作战任务保持不变,模型预测结果可用于对比系统性能。

TTP 量度是 NVThermIP 模型引入的一个重大变化。TTP 周期判据 V_{50} 与约翰逊判据 N_{50} 有很大不同。从 N_{50} 到 V_{50} 的转变可以追溯到从 NVTherm 到 NVThermIP 的演变。但是,NVIPM 引入了目标尺寸可变的人眼模型,不再需要从 NVThermIP V_{50} 向 NVIPM V_{50} 转换。在模型发展中,使用相同的符号导致了混乱,要是使用不同的符号(如 X_{50})就能避免这类问题的出现。

本章主要介绍 N_{50} 和 V_{50} 的发展史。阅读过去的文献可能令人迷惑,因为许多值已经随着时间发生了变化。一般来说,2009 年以后出版的文献适用于 NVIPM 模型,辨别等级与传感器参数和大气效应结合起来,才能得出目标捕获距离(在第 20 章"距离预测"中讨论)。

过去将 N_{50}(或 V_{50})视作针对辨别等级所独有的值,但不是这样,它是一个模型标定因子。在观察大量目标时,50%的辨别概率值被标识为 N_{50}(或 V_{50})。在早期模型(NVL1975 和 FLIR92)中,N_{50}用于所有目标。在 NVTherm 模型中,V_{50}随着目标种类而变。在 TTP 模型(NVThermIP 和 NVIPM)中,每种目标都有不同的 V_{50}值。从本章的各种表格可以看出,常数也根据实验不断更新。为支持 NVIPM 模型进行的实验是最严格的。此外,描述目标大小的方法也从最小尺寸(NVL1975 模型)变成了特征尺寸(所有后来的模型)。为了与模型的距离预测匹配,特征尺寸也在变化。

19.1　辨别的定义

有了充分的描述,每个人都会理解这些定义,表 19-1 给出了早期的定义。1958 年,约翰逊只有四个定义,分别为探测、定向、识别和辨清[3]。随着 20 世纪 70 年代和 80 年代的发展,定向、瞄准和分类都被放弃。

表 19-1　常用的辨别等级

辨别等级	定　义
探测	有合理概率认为斑点是被搜索的物体
定向	物体是近似对称或不对称的,其方向可以辨认(侧视或前视)
瞄准	使十字线瞄准目标,精度足以发射导弹
分类	可以确定物体所属的大类
分类识别	以足够清晰度辨认出物体所属的具体种类(如坦克、卡车、人)
辨清	以足够清晰度辨认出物体的具体型号(如 T-52 坦克或友军吉普车)

Driggers 等[10]扩展了探测、识别和辨清的定义,把在城镇战场和全球反恐作战中发现的目标也包括在内(表 19-2~表 19-6)。

表 19-2　探　测

确定视场中的一个物体或位置是军方关注的对象,而后军事观察员会设法进行近距离观察;改变正在进行的搜索方法;改变放大倍率;选择不同的传感器或调用不同的传感器。

表 19-3　分　类

定　义	示　例
根据种类(如轮式车或履带车、人或其他动物)区分或辨别物体	履带车、轮式车、旋翼飞机、固定翼飞机、人、其他动物、所有其他非军事无生命物体

表 19-4　识　别

定　义	示　例
车辆和武器平台:按物体所属大类中的具体种类辨别物体(如履带车类里的坦克或运兵车)	·履带式军车,如防空车辆、运兵车或火炮、坦克或多用途车; ·履带式商用车,如推土机、挖掘机; ·轮式军车,如防空车辆、运兵车或火炮、坦克或多用途车; ·轮式商用车,如重型运输车、轻型运输车、多用途车(皮卡或 SUV)、轿车
人:通过可以区分的单一元素、综合元素或缺失元素(如能辨别的设备、手持物品和/或姿态),判断人员是军方特别关注的对象	·佩戴头盔; ·携带单手持物品; ·携带双手持的长物品; ·穿戴"荷重"设备

表 19-5　辨　清

定　义	示　例
军用车辆和武器系统:按型号区分物体	· M1A1 或 M1A2; · BMP1、BMP2 或 BMP3
商用车:按通常的已知型号和种类区分物体	· 厢式货车、单元组合(牵引-拖车)或多单元组合; · 4 门体育多用途车、双门体育多用途车或双门皮卡车; · 4 门轿车、双门轿跑车、双门敞篷车; · 推土机、前端装载机、拖拉机或"其他"农用车
人:通过观察单一元素、综合元素或缺乏的元素(如能辨别的衣服、装备、手持物品、姿态和/或性别),判断人员是武装人员或潜在战斗人员	· 防爆头盔、建筑头盔、穆斯林头巾等; · 手枪、手榴弹或手机; · 步枪、耙子或铲子; · 承重设备、"双肩包"或"背包"; · 穿制服的步兵、警察、卫兵或没穿制服的"平民"

表 19-6　特征辨清

定　义	示　例
商用车:可以根据品牌和型号区分	道奇 4 门轿车、奥迪 2 门轿车、保时捷 2 门敞篷车
可以通过名称、原产国/原产地辨别服装、设备、手持物品和/或性别等单一元素	· RPG-7 或 AT-4; · M16 或 AK-47; · 是手机还是左轮手枪; · 中国步兵; · 面部识别/辨清(可以从一群人或 N 个人中辨别出某个特定的人)

19.2　目标的周期数

　　所有性能模型都基于 MTF,所以需要把目标的周期数纳入模型,以便能预测捕获距离。1958 年,约翰逊[3]用空白背景中的 8 辆军车和 1 个士兵的比例模型开发出了等效条杆图方法。观测者通过像增强器观察目标靶,要求探测、定向、识别和辨清它们。同时,要观察与比例模型有同样对比度的空军三条杆图,并确定最大可分辨条杆图的频率。用这种方式,把探测能力与传感器的阈值条杆图分辨率关联起来,虽然经过多次细化和更新模型(NVL1975、FLIR92 和 NVTherm),它仍然称为约翰逊判据。目标的周期数标识为 N_{50}。

　　图 19-2 是从约翰逊报告中复制的。取目标最小尺寸的周期数,不考虑最小尺

寸的朝向（水平、垂直或某个角度）。所得的无光栅像增强器图像具有径向对称性，因此对约翰逊来说忽略条杆的朝向是合理的。他的方法被普遍接受，认为对基于光栅的电视和热成像系统有效。

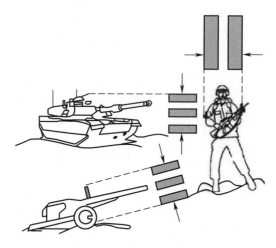

图 19-2　约翰逊用的目标靶

注：最小尺寸是目标的最小尺寸，与朝向没有关系。

　　约翰逊判据[3]是为像增强器开发的（表 19-7）。需要大量工作来证明约翰逊的发现适用于热成像系统。目标辨别值并不针对任何特定系统。目标最小尺寸的周期数用 N_{50} 表示。

表 19-7　约翰逊的结果（等效条杆图）

辨别等级	目标最小尺寸的周期数
探测	1.0±0.025
朝向	1.4±0.35
识别	4.0±0.80
辨清	6.4±1.50

　　识别目标所需的最小尺寸所对应的周期数会因从正面还是从侧面观察目标而变化（图 19-3）。这是因为识别时必须要感受的细节会变化。例如，从侧面可以看到坦克炮，但从正面难以辨认。这导致一种认识，即 4 个周期是悲观的，3 个周期是乐观的，因而平均为 3.5 个周期。但是，行业上对 50% 的识别概率采用 4 个周期。

　　约翰逊为辨清目标用了 6.4 个周期，但研究认为 8 个周期更合适。表 19-8 给出了当前用于一维目标辨别的行业标准。因为这些标准基于约翰逊的研究成果，所以仍然称为约翰逊判据，尽管其精确值并不是他发现的。

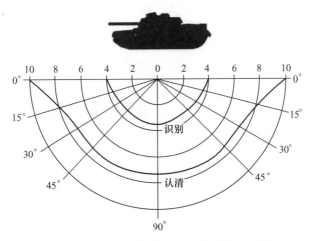

图 19-3　要求的周期数是观察角度的函数[11]

注:0°表示前视或后视,90°表示侧视。

表 19-8　一维标准

任务	目标最小尺寸的周期数
探测	1.0
瞄准	2.5
分类识别	4.0
辨清	8.0

如果仅基于约翰逊判据,识别和辨清距离应该是探测距离的 1/4 和 1/8 (图 19-4),但实际距离取决于传感器的设计和大气效应。

探测　　　　　　识别　　　　　　　　　认清
1个周期　　　　4个周期　　　　　　　8个周期

图 19-4　一维辨别

显然需要更多的视觉辨别等级。在识别和辨清之间的跨度太大时,探测似乎更复杂。Howe 认为[12]:辨别是分辨杂乱背景中的目标的能力。仅仅看见杂乱环境中有一个斑点,还不能高置信度地说明那里存在一个目标。要进行探测,必须把这个斑点与其他斑点进行对比,而且这个斑点的特征必须使它区别于其他斑点。因此,用户需要获得这类探测的分辨能力。

"文献中经常讨论的另一类探测是军事探测。它判断图像中的某个物体是不是军事关注的目标。如果只确定有一个物体便足以表明它是军事关注的目标(如看到天空中的一个点目标),则纯探测等效于军事探测。如果观察者必须对视场中的特定物体与其他物体加以辨别才能确定哪一个是军事目标,则辨别探测等效于军事探测。"

Rosell[13]提出过一个适合诸多外场条件的详细的目标辨别等级(表19-9)。与这些辨别等级对应的是每个最小尺寸的周期数范围。这个值的范围因观测者的阈值变化、知识水平、识别能力、观察角度(前视、侧视、斜视)和目标的宽高比而不同。

表19-9 扩展的辨别等级集[13](估计的每个最小尺寸的周期数)

任务	说明	示例	N_{50}
探测	分辨出的斑点可能保证,也可能不保证需要进一步研究	显示器上的一个亮点可能是树、坦克或岩石	0.5~1.5
	有合理概率认为斑点是被搜索的物体	路上的一个固定斑点有合理机会是一辆车,也可能是一个水坑或树影	1.0~2.0
	因为有运动和位置等提示,斑点有很高概率是被搜索的物体	路上的一个运动斑点可能是一辆车	1.0~2.5
类型识别	以足够清晰度辨认出物体所属的大类	区分出履带车和轮式车	2.0~5.0
分类识别	以足够清晰度辨认出物体所属的具体种类	旅行车、厢式货车、小货车、坦克、装甲运兵车	2.0~10
辨清	以足够清晰度辨认出物体在所属种类中的具体类型	M-60、T-52、特定人员等	4.5~15

表19-10提供了一个更大的辨别等级集,其中结合了对目标的抉择。随着任务的进一步细化,表19-10会相应地给出目标的具体周期数而不是一个范围。

最小尺寸是一物体区别于同一类别内所有其他物体的尺寸。例如,如果舰艇天线上的雷达发射盘是区别两艘舰艇的唯一特征,则发射盘的尺寸为最小尺寸。这样,探测到雷达反射盘便成为辨清舰艇的判据。目前还没有一个能适用于很多目标和条件的标准判据。

Leachtenauer[14]研究过描述各种目标所需要的周期数的文献,得到的结论是,约翰逊判据对约翰逊用的目标是精确的。对不同目标,辨清所需的周期数为3.3~13.5个。周期数十分依赖于目标特征的数量。当物体类似(如T55和ZSU)或者辨清特征较少时,需要更多的周期数。侧视可能会提供最多的目标特征变化,而顶视和前视则提供最少的辨别特征。因此,顶视和前视辨清要求更多的周期数(更高的N_{50})。

表 19-10　扩展的辨别等级(估计的每个最小尺寸的周期数)

任务	说明	示例	N_{50}
探测	分辨出的斑点可能保证,也可能不保证需要进一步研究	显示器上的一个亮点可能是树、坦克或岩石	0.5
	有合理概率认为斑点是被搜索的物体	路上的一个固定斑点有合理机会是一辆车,也可能是一个水坑或树影	1.0
	因为有运动和位置等提示,斑点有很高概率是被搜索的物体	路上的一个运动斑点可能是一辆车	1.5
朝向	可以看清物体的大致朝向	水平长方形	1.75
杂波抑制	物体是潜在目标而不是杂波物体	目标	1.80
分类	可以确定物体所属的大类	履带车或轮式车	2.0
类型识别	以足够清晰度分辨出物体所属的总类	旅行车、厢式货车、小货车、坦克、装甲运兵车	3.0
分类识别	以足够清晰度分辨出物体所属的具体类型	旅行车、厢式货车、小货车、坦克、装甲运兵车	4.0
辨清敌友	可以确定制造国	华约国的坦克	6.0
辨清	以足够清晰度确定物体在所属类别中的具体类型	M-60、T-72 坦克	8.0
目标选择	从复制的诱饵中辨认出真实目标	真正的 T-72 坦克	10.0
作战成功	可以确定物体的所有权,确定可能的敌对/非敌对意图	伊拉克 T-72(有敌意)	12.0

19.3　约翰逊的二维判据

　　1992 年,FLIR92 引入了二维概念,此后几乎所有文献都描述的是二维现象。
　　约翰逊在他的工作中使用最小尺寸,其中的特征尺寸等于目标面积的平方根(在 19.6 节"特征尺寸"中讨论)。特征尺寸为

$$h_C = \sqrt{A_T} \qquad (19-1)$$

式中：A_T 取决于观察角度,它可能是前视、侧视、顶视或综合角度。二维模型 FLIR92、NVTherm 和 NVThermIP 使用特征尺寸的方式与 NVL1975 模型使用最小尺寸的方式相同。
　　最初的约翰逊方法是用通用模块热成像系统验证的,这些系统通常的水平和垂直分辨率比例为 2:1,垂直分辨率受像元中心间距决定的奈奎斯特频率限制。为了方便验证,把军车用作实验目标,把最小尺寸取在垂直方向,虽然预测时都基于

水平方向的尺寸。向二维模型转换需要消除一维模型造成的方向偏差,这可以通过将所有辨别值降低25%,或者给所有辨别值乘以0.75来实现(表19-11)[15]。这样的调整能为通用模块扫描系统提供相同的距离性能预测,不管是用一维模型还是二维模型预测。有了FLIR92模型后,"瞄准"被"分类"代替,后来又取消了。

表 19-11　常用的辨别等级

任务	说　明	一维 N_{50}	二维 N_{50}
探测	有合理概率认为斑点是被搜索的物体	1.0	0.75
瞄准	将十字线瞄准目标,精度足以发射导弹	2.5	—
分类	可以判断物体所属的大类	—	1.50
分类识别	有足够清晰度辨别出物体所属的具体种类	4.8	3.00
辨清	有足够清晰度辨别出物体在所属种类中的具体型号	8.0	6.00

扩展的二维分辨值只是一维辨别值乘以0.75的结果。由于美国陆军是热成像系统的支持机构,所以大多数数据都以辨别典型的陆基目标(坦克、装甲运兵车和其他军车)为基础。

由于从杂波和类似物体中辨认一特定目标比较困难,NVTherm模型的文件列出了表19-12的值。这些值是通过实验获得的,因而被认为在目标捕获方面比原来的约翰逊判据更具代表性。O'Connor等[16]用相同的目标集重复做了辨清测试[16],但他们去掉了特征识别物(如收藏了雷达反射器,降下了桅杆,取掉了副油箱),这样使目标更加相似。为了辨清,将 N_{50} 提高到11.5个周期。热传导会产生大的高温区热斑,而不是清晰地显示出目标的内部特征。通常难以确定辨别类似目标的任务到底属于识别还是辨清[17]。

表 19-12　NVTherm模型建议的辨别等级

任务	描　述	条　件	N_{50}/V_{50}
探测*	有合理概率认为斑点是被搜索的物体	低杂波(大 ΔT)	0.75
		高杂波(必须识别出要探测的目标)	3
识别	有足够清晰度辨别出物体的具体种类	商业货车还是履带车	1~2
		装甲运兵车还是坦克	4~5
辨清	有足够清晰度辨别出物体在所属种类中的具体型号	俄罗斯坦克还是美国坦克	6.0
		从类似军车中选择出具体车型(如T62还是T72)	9.0

* 对可见光和近红外系统(MRC分析),探测使用1~3个周期。

19.4　NVTherm/NVThermIP 模型

随着 2006 年 TTP(NVThermIP) 的出现,人们对 N_{50} 方法进行了重新评估。根据定义,N_{50} 是探测(识别、辨清)某一具体目标的 50% 概率。从理论上讲,凭猜测都能达到 50% 的概率。新参数 V_{50} 对应于在一个目标集里探测(识别、辨清)一个目标所需的平均周期数。每个目标集(军用车辆、面部识别、士兵与平民、小船)都有自己独特的 V_{50} 值。目标集中的附加目标是“混淆物”。要将一特定目标同另一个目标区分开来(如 T62 与 T72 之间),目标的周期数可能会不同。

用具体物体模型(SOM)研究一个具体目标的空间频率。虽然 C_{TGT} 在 TTP 公式里是一个常量,但它是把物体从目标集里区分出来的空间提示的傅里叶变换。由于提示在随机位置,而且大小是变化的,一组提示似乎包含了所有频率,目标是“白色”时,C_{TGT} 变为常数[18-19]。注意,目标不是“白色”的,往往有 $1/f$ 频率依赖性。Du Bosq 和 Olson[20] 的初步实验并未证明,与“白色”目标相比,将军事目标视为非白色($1/f$ 依赖性)会在距离性能上有显著差异。

字母数字(一种 SOM 模型)与军事目标很不同。Wiltse 等研究过车辆牌照(标签)、飞机识别物和舰艇识别物上的随机大写字母和数字的“可读性”。空间频率分析实验用与约翰逊类似的实验方法进行。高对比度字母数字和三条杆目标靶放在彼此相邻的位置,用可见光相机观察。正如所料,探测器阵列的调相效应破坏了图像,其结果在 19.7 节“字母数字的可读性”中讨论。

19.4.1　将 N_{50} 转换为 V_{50}

NVThermIP 模型用 V_{50} 预测的概率与偶然性无关,但约翰逊判据 N_{50} 则包括偶然性。从 N_{50} 向 V_{50} 转换分两步,具体操作取决于视场中相似目标的数量。

大小、对比度和可辨认细节的数量决定着捕获目标的概率。目标是通过把它们与其可能的替代物(或混淆物)区别开而捕获的。这意味着任务的难度取决于目标的相似度或背景中类似目标的杂波。任务难度是由一组目标而不是其中一个目标确定的。文献[14,21]提供了一个相似目标(混淆物)列表。

观测者正确猜测的概率(偶然性)有限。由于 NVThermIP 使用无偏概率:

$$P_{model} = \frac{P_{field} - P_{chance}}{1 - P_{chance}} \tag{19-2}$$

$$P_{chance} = \frac{1}{目标数量} \tag{19-3}$$

式中:P_{field} 是实验期间测得的正确响应概率。在 Vollmerhausen 等的研究中[22],没有描述 N_{50} 值是如何建立的。

起初,识别的意思是确定一辆战术车是否是卡车、坦克或装甲运兵车,所以观察者有三分之一的概率是偶然正确的,观测者闭上眼睛都会达到 33% 的概率。如果实验提供了 50% 的概率值,那么针对偶然值校正过的概率为

$$P_{\text{model}} = \frac{0.5 - 0.333}{1 - 0.333} = 0.25 \tag{19-4}$$

从建模观点来看,N_{50} 其实是 25% 无偏概率要求的周期数。N_{50} 是针对偶然性校正过的概率,是目标数量的函数(图 19-5)。

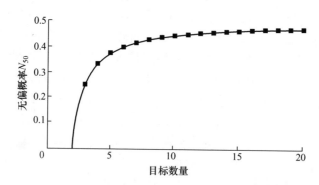

图 19-5   无偏概率(P_{model})N_{50} 是 $P_{\text{field}} = 0.5$ 时目标集大小的函数

注:虽然画出的曲线是光滑的,但只在离散的目标数量处(方块)有数据。

从 N_{50} 向 V_{50} 转换,需要使用与偶然性和目标数量成函数关系的乘子。文献[22]建议使用表 19-13 和图 19-6 中的值。

表 19-13   用于偶然性校正的 N_{50} 乘子[22]

选择次数	乘子	选择次数	乘子
3	1.79	8	1.16
4	1.43	10	1.12
5	1.30	12	1.10
6	1.16	20	1.05

一般认为,观测者不可能偶然发现目标。偶然性在探测中并不起作用。虽然不知道实际是怎样,但是认为识别基于辨别 3 个目标(坦克、卡车和装甲运兵车),辨清基于一个包括 8 辆车的目标集。用表 19-14 的乘子,针对识别和辨清的、不包含偶然性的 V_{50} 可表示为

$$V_{50} = 2.7(\text{偶然性校正乘子})N_{50} \tag{19-5}$$

N_{50} 向 V_{50} 转换的"标准"值见表 19-14。

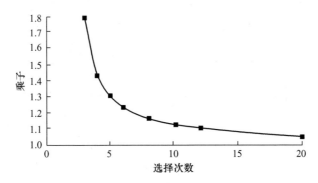

图 19-6　获得无偏(校正)概率 N_{50} 的乘子

注:虽然画出的曲线是光滑的,但只在离散的目标数量(方块)处有数据,方块是表 19-13 中的数据。

表 19-14　N_{50}(含偶然性)向 V_{50}(不含偶然性)的转换

任务	N_{50}	假设的目标数量	乘子	针对偶然性校正过的 V_{50}
探测	0.75	—	—	—
识别	3.0	3	1.79	14.5
辨清	6.0	8	1.16	18.8

一旦模型开始运算,就调整输出概率以加上偶然性。针对概率与距离的关系,NVThermIP 提供了两个表:一是与偶然性无关的概率;二是加上偶然性的外场概率。第二个表(包含偶然性)用于将距离性能与没有去掉偶然性的实验数据进行比较(图 19-7):

$$P_{\text{field}} = P_{\text{model}}(1 - P_{\text{chance}}) + P_{\text{chance}} \tag{19-6}$$

在识别实验期间,一位"有经验的"观测者在观察三个目标时,有

$$P_{\text{field-rec}} = P_{\text{model-rec}}(1 - 0.333) + 0.333 \tag{19-7}$$

从 8 个目标中辨清目标时,有

$$P_{\text{field-ID}} = P_{\text{model-ID}}(1 - 0.125) + 0.125 \tag{19-8}$$

由于 NVTherm 包括偶然性(V_{50} 的组成部分),NVThermIP 也必须含着偶然性进行运算,以便对比结果。含偶然性的 V_{50} 为

$$V_{50} = 2.7N_{50} \tag{19-9}$$

也就是说,概率没有针对偶然性校正过。那么如果针对探测、识别和辨清分别有 N_{50} 为 0.75、3 和 6;对 NVTherm 则有 V_{50} 为 2.0、8.1 和 16.2,这样就产生了类似的结果(图 19-7)。

19.4.2　V_{50} 值

大多数实验结果以一组观察者在多个角度观察目标为基础。如图 19-3 所示,

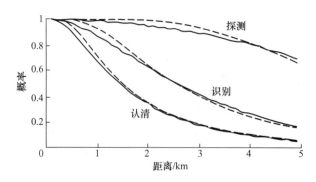

图 19-7　NVTherm(实线)与 NVThermIP(虚线)的对比

特定目标朝向会改变 N_{50}。Beintema 等发现[23],因朝向不同,辨清距离会有 3 倍以上的变化。本节的值是在所有角度观察的平均值。"最容易"的测试是确定辨清距离。探测实验要难得多,因为明显受杂波影响。也就是说,大多数实验提供的是辨清值,而把默认值用作探测和识别的指导值。

表 19-15 列出了为 NVTherm 和 NVThermIP 模型建议的默认值。实验是由一组观测者针对一组城市战场目标进行的。表 19-16 列出了 Vollmerhausen 等的建议值[22]。2006 年,Driggers 等[10]概述过 N_{50}/V_{50} 值(表 19-17~表 19-20)。如果没有列出波段,可以认为表中值适用于 MWIR 和 LWIR 系统。如果只列出了一个波段,则意味着系统仅用于实验。可以认为表中值适用于其他波段。

表 19-15　默认的目标周期数(NVTherm/NVThermIP)

任务	N_{50}	V_{50}
探测	0.75	2.7
识别	3.0	14.5
辨清	6.0	18.8

表 19-16　测得的 V_{50}(NVTherm/NVThermIP)[22]

任务	N_{50}(含偶然性)	V_{50}(含偶然性)	V_{50}(不含偶然性)
在低杂波中探测	0.75	2	2
在中等杂波中探测	1.7	4.6	4.6
识别坦克、卡车和装甲运兵卡车	3.0	8.1	14.5
识别轮式装甲卡车和履带式装甲车	3.5	9.45	16.9
从 12 辆履带车的目标集里辨清车的型号	7.8	21.2	23.3
从 9 辆履带车的目标集里辨清车的型号	6.5	17.6	20.0

人是一个独特的目标,探测和识别 N_{50} 都等于 0.75,因为两者几乎是个同步过程。辨清不是针对人类目标定义的[24]。表 19-18 列出了更多的人类目标值。

关于城市目标,Tomkinson 等指出[25]:"总体而言,不会有物体或物质出乎意料地在 MWIR 或 LWIR 波段占主导地位。基本的普朗克曲线关系表明,辐射温度高于 500K 左右的物体很可能在 MWIR 区,这正是我们在数据中观察到的。例如,汽车排气口、蒸汽通风口和烟囱周围的图像主要都在 MWIR 区,而且可以在这些图像中以及量化结果中观察到……,除……显示 MWIR 主要部分的热点外,在所研究的图像之间没有真正可观察到的差异。从这些数据出发,似乎可以合理地认为,在城市环境中,MWIR 区和 LWIR 区都不比对方更占优势,但令人信服的结论仍未形成。"

表 19-17　车的 N_{50}(NVTherm)[10]

背景或状态	探测	识别	辨清
低杂波	0.75	3.0	6.0
中等杂波	1.5	3.0	6.0
运动	0.5	3.0	6.0

注:对所有车取均值,$h_C = 2.3m$,$\Delta T_{RSS} = 1.25K$。

表 19-18　人的 N_{50}(NVTherm)[10]

背景或状态	探测	背景或状态	探测
低杂波,站姿	0.75	运动	0.38
高杂波,站姿	2.0	低杂波,跪姿	1.0

注:对所有人取均值,$h_C = 0.75m$,$\Delta T_{RSS} = 2.5K$。

表 19-19　在城镇环境测得的辨清值(NVTherm/NVThermIP)[10]

目标	示例	h_c/m	ΔT_{RSS}/K	N_{50}	V_{50}
商用车和准军事车辆(LWIR)	福特车、轿车、悍马车、潘哈德 M3 轮式侦察车、SUV、救护车、皮卡、面包车、雪貂车、警车或载有火箭筒的皮卡车	2.2	7.3	6.0	27
商用车和准军事车辆(MWIR)	福特车、轿车、悍马车、潘哈德 M3 轮式侦察车、SUV、救护车、皮卡、面包车、雪貂车、警车或载有火箭筒的皮卡车	2.2	7.0	6.7	29
人(LWIR)	武装平民、非武装平民、士兵、承包商、武装承包或警官	0.7	5.0	3.7	17
人(MWIR)	武装平民、非武装平民、士兵、承包商、武装承包商或警官	0.7	5.4	3.2	14
单手持的物品(LWIR)	石块、摄像机、掌上电脑、枪、刀、收音机、马克杯、砖块、手榴弹、手电筒、手机或苏打水	0.1	3.0	4.6	17
单手持的物品(MWIR)	石头、摄像机、掌上电脑、枪、刀、收音机、马克杯、砖块、手榴弹、手电筒、手机或苏打水	0.1	3.3	4.7	18
双手持的物品(MWIR)	斧头、水管、扫帚、铲子、棍子、AK47、M16、火箭筒、狙击步枪	0.25	4.1	4.3	16

表 19-20   车辆的测量值(LWIR)(NVTherm/NVThermIP)[10]

车　辆		$\Delta T_{RSS}/K$	任务	N_{50}	V_{50}
装甲车	履带车、轮式车、轮式牵引装甲车	3.4	识别	3.5	16.9
履带式装甲车	2S3、BMP、M-1A、M2、M-60、M-109、M-113、M-551、T-55、T-62、T-72、ZSU	4.7	辨清	7.8	23.3

注:对所有车取均值,$h_C = 3.0m$。

2007 年,Teaney 等更新了 N_{50}/V_{50} 值[26](表 19-21 和表 19-22)。从由 12 辆车组成的目标集中又选出了一个 8 辆车的子目标集,对比度和特征尺寸是车辆的总平均值,对比度为 $\Delta T_{RMS}/(2\ SCN_{TMP})$。

表 19-21   辨清(NVTherm/NVThermIP)[26]

目标分类	系统	对比度	h_C/m	N_{50}	V_{50}
12 辆车中的履带车	LWIR	0.205	3.11	8.0	20.5
8 辆车中的履带车	LWIR	0.205	3.11	5.5	18.5
城镇(军用车和民用车)	MWIR	0.35	2.13	7.0	28.0
城镇(军用车和民用车)	LWIR	0.40	2.13	6.0	27.5
人员	MWIR	0.40	0.7	3.25	15.0
人员	LWIR	0.45	0.7	3.7	18.8

表 19-22   识别(NVTherm/NVThermIP)[26]

对比度	h_C/m	N_{50}	V_{50}
0.18	3.65	6.7	16.7

注:履带车、轮式装甲车、轮式牵引车。

即便区分不清物体,人的手或身体的动作也能提供许多提示,说明是什么样的活动。能探测到人的手以及手与身体其他部位的关系,可以迅速缩小可能的活动类型。结果分为腰部以上的动作(如使用双目望远镜或打电话)和腰部的动作(如持有手电筒或步枪)。手的动作可以是一个重要的辨清提示。因为物品往往是"冷"的,而手是"热"的,两者之一很可能与背景形成鲜明的对比。人穿的衣服会形成差别,因为裸露的皮肤比衣服遮住的皮肤更容易被探测到。如果人穿着短袖,与穿着衬衫相比,整个手臂运动是很容易探测到的。其活动包括:拿着手枪或举着手枪瞄准、用铲子挖掘、持有火箭弹或正用它瞄准、使用耙子、拿着步枪、使用手电筒、用手机打电话、看书或看杂志、使用摄像机、喝饮料、用双目望远镜进行监视(表 19-23)。文献[28]提供了一个用于友军、战士和中立/非战士等实验人员的 V_{50} 列表,并配有每种人员的图像。

表 19-23　用 MWIR 系统辨清人的活动（NVTherm/NVThermIP）[27]

状态	h_C/m	ΔT_{RSS}/K	N_{50}	V_{50}
全身静态	0.73	2.89	7.2	35.4
手和物静态	0.18	3.83	1.8	9.5
全身运动	0.73	2.89	3.2	11.7
手和物运动	0.18	3.83	0.8	3.1

随着恐怖主义的出现,有必要获得小型水面艇的 N_{50}/V_{50} 值。表 19-24 提供了对小艇上人类活动的辨清值。表 19-25 提供了 8 种小水艇（RCB3 指挥艇、Monarch 游艇、Gatlin 舰艇、Yellow tail 游艇、Fountain 双体动力艇、LCM8 登陆艇、Manta 号帆船和 RHIB 充气艇）的辨清识别物。每艘艇的提示都基于独特性、突出性和可见度。提示包括位置、大小、上部结构的数量、桅杆、挡风玻璃、外部/内部发动机、扶手、舵等的数量。

表 19-24　辨清（NVTherm/NVThermIP）[29]

小水艇	h_C/m	ΔT_{RSS}/K	N_{50}	V_{50}
Manta 高速巡逻/拦截艇	0.54	1.80	1.6	7.3
Boston Whaler 钓鱼艇	0.70	2.13	1.6	7.9
平均值	0.62	1.97	1.6	7.6

注:有人类活动的小水艇（MWIR、夜间）。

表 19-25　辨清（NVTherm/NVThermIP）[30]

小水艇	ΔT_{RSS}/K	N_{50}	V_{50}
MWIR,白天	7.3	2.8	10.6
MWIR,晚上	1.6	4.0	13.6

注:总平均值,h_C =3.9m。

19.5　NVIPM 模型

为支持 NVIPM 模型进行的实验是使用"标准"目标集的最严格的实验。

19.5.1　目标集

早期测试使用的目标数量很少,因此得到的结果是模糊的。随着时间推移,测试值也改变了。(美国)夜视和电子传感器管理局开发了一个目前经常使用的"标准"目标集。

（1）12辆履带车的目标集：M-60、M-2、M-109、M-113、M-1A、M-551、2S3①、T72②、T-62、T-55、BMP和ZSU，每辆车12个方向。

（2）8辆履带车的目标集：该目标集经常用于外场验证测试，包括M-60、M-2、M-109、M-113、2S3③、T72④、T-62和BMP。使用每辆车12个方向的稀疏采样。8车目标集的V_{50}值比12车目标集的略低一点。

（3）军用车：共27辆，分为履带车、轮式装甲车和轮式牵引车三类。

（4）人类活动：人在外场的24个敌对和非敌对行为。这个数据集使用的全动态视频是在人的前面和侧面收集的。

（5）双手持的物品：8件武器和8件民用物品。武器数据集包括AT4反坦克火箭筒、AK-47步枪、M4冲锋枪、RPG火箭筒、SAW机枪、M24狙击步枪、Dragunov狙击步枪和RPK机枪。非武器物品的大小和形状与武器相似。非武器数据集包括三脚架、铲子、撬棍、管子、大锤、耙子、2×4便携式四脚支架和雨伞。

目标的方向如下：

（1）所有方向。目标是从某一方位呈现给观察者的。在所有方向情况下，呈现给观测者的方位离散值在0°～360°之间，其中包括目标背朝观测者的方向。对双手持物品目标集，一些背面方向会导致手持物品被人体挡住，使其明显比前向情况下更难判断。但是由于目标的方向可能是随机的，这表明距离性能的统计平均值是精确的。所有方向的情况经常用在战争游戏界，或者用于在每个方向都有提示的目标(如车辆)。

（2）前面方向。只有前面方向呈现给观测者。在这种情况下，目标通常会有更多与前向观察有关的提示，如人类活动和双手持的物品。在双手持物品的情况下，从前向能清楚地看见物品。虽然一般并非如此，但它便于对涉及人类目标的外场验证实验进行比较。针对人类活动目标集，前面方向的情况被定义为前面和侧面呈现给观测者。针对双手持物这个目标集，前面方向被定义为前向±45°呈现给观测者。前面方向的情况经常用在涉及以人为目标的外场验证测试中。

19.5.2　V_{50}值

2009年，引入可变目标角度后[31]，NVThermIP V_{50}和NVIPM V_{50}就没有关系了。表19-26列出了NVIPM的默认值，表19-27提供了更详细的信息。

Teaney等将人类任务的层次(从最简单到最困难)描述为搜索和探测、人类活动、服装和设备、双手持的物品、单手持的物品和面部识别[32]。随着任务难度提高，V_{50}值提高。他们提供了双手持的物品(耙子、步枪、撬棍、铲子等)和单手持的

①③ 原文为253，有误，已改正。
②④ 原文为172，有误，已改正。

物品(手电筒、饮料、刀、手枪等)(见 19.5.1 节"目标集"中的列表[①])的图像。表 19-27 给出了实验结果和 NVIPM 文件中的值。平均前向观察是指人面向观测者。所有方向意味着人可能面朝任何方向。如果被观察的人员没有面向观测者，武器/非武器会被人挡住，V_{50} 就会明显较高。注意，性能模型是针对单色图像(灰度强度)的。色彩会如何影响 V_{50} 尚不得知。总体来说，颜色提示没有形状提示那么重要。由于对可见光条件下的估计比较保守，所以用的是红外条件下的 V_{50}。

表 19-26　NVIPM 的 V_{50} 值

任务	V_{50}
探测	2.0
识别	7.5
辨清	13.0

表 19-27　人类活动的 V_{50}

实验	任务(方向)	光谱段	ΔT 或 ΔC	h_C/m	V_{50}
车(中等杂波)	探测(所有方向)	红外	4	3.11	2
军车	识别	红外	4	3.11	9
12 辆履带车	辨清(所有方向)	红外	4	3.11	13
人(中等杂波)	探测(所有方向)	红外	3	0.75	2
人类活动	辨清(前向)	可见光/SWIR	30%	0.75	7.5
		红外	3	0.75	8.5
双手持的物品(武器/非武器)	识别(前向)	可见光/SWIR	30%	0.25	3
		红外	2	0.25	4.1
双手持的物品(武器/非武器)	识别(所有方向)	可见光/SWIR	30%	0.25	7.5
		红外	2	0.25	10
双手持的物品(武器/非武器)	辨清(前向)	可见光/SWIR	30%	0.25	5
		红外	2	0.25	5
双手持的物品(武器/非武器)	辨清(所有方向)	可见光/SWIR	30%	0.25	12.5
		红外	2	0.25	12.5

注:所有方向的平均值。MWIR 和 LWIR 之间没有差别。

　　这些 V_{50} 值的主要作用在于保持一致性。通过对每个系统规格使用同样的 V_{50}，保持作战任务不变，模型预测结果可用于对比系统性能。

---

① 译者注:原文为 19.3 节,有误,已改正。

19.6　特征尺寸

约翰逊在他的工作中使用的是最小尺寸,而特征尺寸等于目标面积的平方根。特征尺寸为

$$h_{\mathrm{C}} = \sqrt{A_{\mathrm{T}}} \tag{19-10}$$

对长宽比接近 1 的目标,认为目标为正方形是合理的。随着宽高比提高,考虑一个有效特征尺寸可能比较合适。较大的宽高比这一问题在 17.6 节"中等宽高比目标"和 18.3 节"目标所占的像素量"讨论过。这两个概念都没有包含在任何模型中。2016 年,Bijl 等对一艘典型货船进行过探测和分类试验[33]。他们跟踪船体长轴的结果表明,随着宽高比提高,应该考虑一个有效特征尺寸。这个有效特征尺寸可用于道路、机场和铁路。

19.7　字母数字的可读性

Wiltse 等通过实验确定[34],对随机排列的字母数字,一个字母的二维 N_{50} 约为 2.8 个周期。正如所料,相似字母(如"O""C""Q")之间会出现混淆,读出随机字母数字与读出单词不同。基于经验的各种提示,即便字母的一部分被挡住的情况下也能正确读出单词(图 19-8)。虽然字母数字的数量有限(26 个字母和 10 个数字),但差异很明显("T"和"X"、"W"和"Z"、"G"和"L"等)。有些字母不常用,比如"Q",但"Q"后总跟着一个"U",因此提高了可判读性。

(a)　　　　　　　　　　　　　　(b)

图 19-8　字母被挡住的单词

注:图(a)熟悉的单词在字母的一部分被遮挡时也容易判读。图(b)熟悉的商标甚至不需要字母,虽然是单色印刷的,但我们知道是红、白、蓝三色组成的著名商标。图(b)中的字母比图(a)中挡住的更多。由于单词是 PEPSI,最后一个字母"I"不会判读为"T"。

参 考 文 献

[1] R. C. Harney, "Sensor fusion for target recognition: a review of fundamentals and a potential approach to multi-

Infrared Imaging Systems: Design, Analysis, Modeling and Testing XIX, SPIE Proceedings Vol. 6941, paper 69410G (2008).

[30] K. Krapels, R. G. Driggers, P. Larson, J. Garcia, B. Walden, S. Agheera, D. Deaver, J. Hixson, and E. Boettcher, "Small craft ID criteria (N50/V50) for short wave infrared sensors in maritime security," in Infrared Imaging Systems: Design, Analysis, Modeling and Testing XIX, SPIE Proceedings Vol. 6941, paper 694108 (2008).

[31] S. Aghera, K. Krapels, J. Hixson, J. P. Reynolds, and R. G. Driggers, "Field Verification of the Direct View Optics Model for Human Facial Identification," in Independent Component Analyses, Wavelets, Neural Networks, Biosystems, and Nanoengineering VII, SPIE Proceedings Vol. 7343, paper 734311 (2009).

[32] B. P. Teaney, T. W. Du Bosq, J. P. Reynolds, R. Thompson, S. Aghera, S. K. Moyer, E. Flug, R. Espinola, and J. Hixson, "Human target acquisition performance," in Infrared Imaging Systems: Design, Analysis, Modeling, and Testing XXIII, SPIE Proceedings Vol. 8355, paper 835510 (2012).

[33] P. Bijl, A. Toet, and F. L. Kooi, "Feature long axis size and local luminance contrast determine ship target acquisition performance: strong evidence for the TOD case," in Electro-Optical and Infrared Systems: Technology and Applications XIII, SPIE Proc. Vol. 9987, paper 99870M (2016).

[34] J. M. Wiltse, J. L. Miller, and C. L. Archer, "Experiments and Analysis on the Resolution Requirements for Alphanumeric Readability," in Infrared Imaging Systems: Design, Analysis, Modeling, and Testing XIV, Proc. of SPIE Vol. 5076 pp. 16-27 (2003).

第 20 章

距离预测

约翰逊的等效条杆图方法建立了目标张角与空间频率之间的关系,因此系统入瞳处的表观目标 ΔT 变成阈值 MRT。美国夜视和电子传感器管理局开发的 AC-QUIRE 模型[1]提供了预测捕获距离的方法。NVThermIP 引入了目标任务性能(TTP)量度。用这个新的量度以不同方法计算距离性能,每个目标集都有一个不同的累积辨别概率(也称为目标传递概率函数(TTPF))。本章基本沿着 TTPF 的发展史进行叙述。阅读旧文献会造成许多迷惑,因为许多值随着时间已经改变了。

20.1 目标传递性能函数

第 19 章给出了针对具体辨认等级的 50% 概率,它包括观测者技能和动机等因素。若干外场测试结果给出的是累积辨别概率,或逻辑曲线(表 20-1)[2]。它们表示在各种条件下计算的一组大小相似车辆的平均值。例如,80% 的识别概率仅意味着 80% 左右的观测员能识别出目标,并不意味着特定个人能在 80% 的时间里识别出特定车辆。

表 20-1　目标传递概率函数

辨别概率	乘子	辨别概率	乘子
1.00	3.0	0.30	0.75
0.95	2.0	0.10	0.50
0.80	1.5	0.02	0.25
0.50	1.0	0	0

TTPF 可用于所有辨别任务,只需用 TTPF 乘子乘以完成该任务的 50% 概率。按照惯例,每个 50% 概率都标识为 $N_{50}(V_{50})$。例如,表 20-1 中 95% 的概率等于目标最小(特征)尺寸的周期数 $2N_{50}(2V_{50})$。对数据进行经验拟合[3]得到

$$P(N) = \frac{\left(\dfrac{N}{N_{50}}\right)^E}{1 + \left(\dfrac{N}{N_{50}}\right)^E} \tag{20-1}$$

式中

$$E = A + B\left(\frac{N}{N_{50}}\right) \tag{20-2}$$

"常数"A 和 B 是从实验数据获得的。对 NVL1975 模型(图 20-1):

$$E = 2.7 + 0.7\left(\frac{N}{N_{50}}\right) \tag{20-3}$$

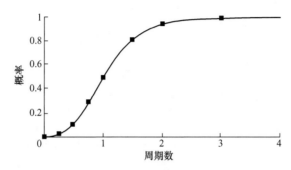

图 20-1　目标传递概率函数

注:数据(表 20-1)和经验拟合均针对 $N_{50} = 1$。

这些乘子等效于图 20-2 说明的 MRT 概率,但是获取 MRT 概率曲线非常难。如 20.2 节所述,要将 MRT 频率标尺转换成图 20-3 中的距离标尺。频率变化导致距离变化。

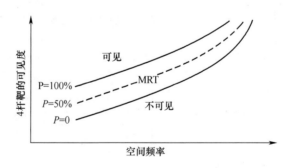

图 20-2　一组观测者的累积探测概率

图 20-4 说明三个约翰逊辨别等级的全部 TTPF。由于观测者的多变性,有些人只能探测到目标,其他人却能辨认出目标,还有少数人能辨清目标。表 20-2 说明这些变化。例如,$N_{50} = 4$ 时,每个人都能探测到目标,50% 的人能识别出目标,11% 的人能辨清目标。

Owen 和 Dawson 认为[4]:"升级 FLIR 模型的一个明显缺点在分辨率标准(表示为 N_{50})方面……显然,大多数人都认为,20 世纪 70 年代早期确定的数值能满足目前的建模要求,这些量在系统之间的差别可以忽略。"因此,值得讨论一下目前的测试方法。

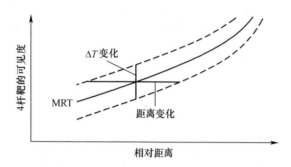

图 20-3   观测者阈值是 ΔT 和距离(空间频率)的函数时的典型概率变化

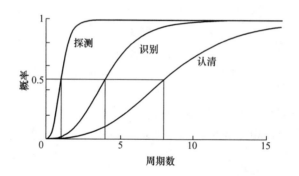

图 20-4   针对探测、识别和辨清的目标传递概率函数

表 20-2   观测者人数的百分率(目标最小尺寸的周期数)

辨别	$N_{50}=1$	$N_{50}=4$	$N_{50}=8$
探测	50%	100%	100%
识别	1.8%	50%	94%
辨清	0.3%	11%	50%

支持式(20-1)和式(20-3)的 NVL1975 和 FLIR92 的公开数据很少,因此以 NVIPM 实验为代表进行说明。与探测和识别实验相比,辨清实验比较"容易"。在实验室,原始图像的像质慢慢下降,通常是高斯模糊。针对每次像质下降都计算 TTP。将这些图像呈现给试图辨清目标集内目标的观测者(见 19.5.1 节"目标集"[①])。随着像质不断降低,TTP 降低,辨清概率也降低。图 20-5 用一个例子说明这一情况。式(20-2)的 A 和 B 都可以调整以便与目标集数据达到"最佳拟合",

然后确定 V_{50}。发散量依赖于目标和观测者。不同的测试会得出不同的"常数"A、B 和 V_{50}。如果只报告 V_{50}，就会失去数据的发散量。如果每个分析人员都使用相同的 V_{50}，那么预测的距离会成为传感器的一个性能指标。数据发散会在 20.7 节"外场验证"[②]中进一步讨论。

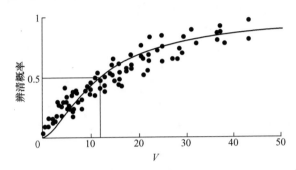

图 20-5　实验结果和最佳拟合的 TTP 曲线[5]

注:许多作者都得出了类似曲线。横坐标可以标识为 TTP、1/mrad 或 V。这个数据集的 $V_{50}=12$。

　　二维 TTPF 与一维 TTPF(式(20-1))一样，许多实验[6-9]都提供了不同的发散图形和 E 的各种"最佳拟合"值。在 $N>N_{50}$ 时，NVTherm 建议对主动性强的观测者使用 $E=3.8$。对大于 50% 的概率(通常的关注范围)，它给出了几乎与式(20-3)相同的 TTPF 值。目标辨清实验说明，对非专业观测者应当使用 $E=1.73$(图 20-6)，这个较低值考虑到有些观测者从未发现过目标。设 $B=0$，可能容易解出 $P(N)$ 的函数 N。外场数据趋于服从

$$E = 1.75 + 0.35\left(\frac{N}{N_{50}}\right) \tag{20-4}$$

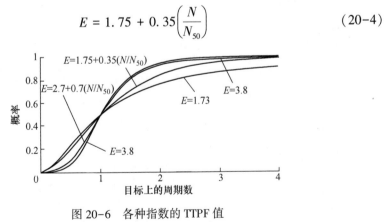

图 20-6　各种指数的 TTPF 值

---

① 译者注:原文为 19.3 节,有误,已改正。

② 译者注:原文为 20.6 节,有误,已改正。

20.2 ACQUIRE 模型

为 NVL1975 模型开发的 ACQUIRE 模型将空间频率转换为距离。加载线 $\tau_{atm-ave}(R)\Delta T_{RSS}$ 与 MRT 曲线的交点为捕获距离。重复式(13-6),通过光谱加权的大气透过率为

$$\tau_{atm-ave}(R) = \frac{\int_{\lambda_1}^{\lambda_2}\tau_{optics}(\lambda)\eta(\lambda)M_q(\lambda,\Delta T)\tau_{atm}(\lambda,R)\,d\lambda}{\int_{\lambda_1}^{\lambda_2}\tau_{optics}(\lambda)\eta(\lambda)M_q(\lambda,\Delta T)\,d\lambda} \qquad (20-5)$$

MRT 的横坐标值用目标辨别等级值转换为距离。使用 NVL1975 模型时,目标的周期数为

$$N = \frac{h_M}{R}u = \theta_{tgt}u \qquad (20-6)$$

式中:h_M 为最小尺寸;h_M/R 为目标在距离 R 处的张角。

例如,如果目标尺寸是 3m,这个尺寸需要 4 个周期,那么从空间频率转换成距离为

$$R = \frac{3}{4}u \qquad (20-7)$$

根据所选的辨别等级,MRT 曲线与 ΔT_{RSS} 的交点是能辨认出目标的距离。图 20-7(a)说明典型的 MRT 曲线,图 20-7(b)给出了捕获距离。注意,这种转换仅

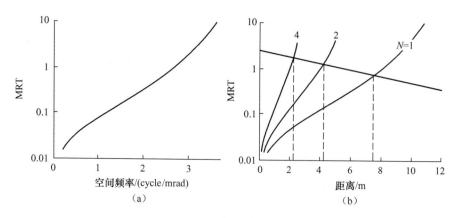

图 20-7　(a)通用模块系统的典型一维(水平)MRT 曲线。

(b)$N = 1$、2、4,$h_M = 3m$,$\Delta T = 2.5K$ 条件下的捕获距离。

注:使用 $\tau_{atm-ave} = 0.85km^{-1}$,在半对数坐标系中画出的 ΔT_{app} 是一条直线。

捕获距离大约为 2.25km、4.25km 和 7.7km。可以在更短距离分辨出目标。

取决于周期数。在这个例子中,如果 $N_{50} = 4$,那么 50% 概率的距离是 2.25km。分析人员必须指定一个任务(探测、识别、辨清)和概率。

后来的模型是二维的。特征尺寸为 $h_C = (A_T)^{1/2}$。距离是从虚拟二维频率计算的(图 17-1),即

$$N_{2D} = \frac{h_C}{R} f_{2D} = \theta_{tgt} f_{2D} \qquad (20-8)$$

一个复杂目标相当于一个有条纹的等效正方形(图 20-8)。选择的周期数与辨认某一目标特征的能力有关(见第 19 章"目标辨别")。

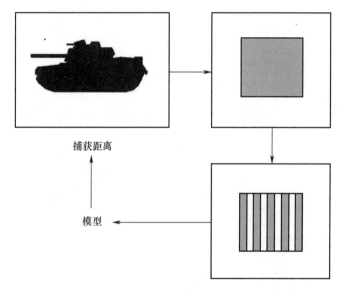

图 20-8　ACQUIRE 模型把条杆数与辨别等级关联起来

注:距离与条杆数量(目标的周期数)成比例。

20.3　NVL1975/FLIR92/NVTherm 模型

NVL1975、FLIR92 和 NVTherm 模型都用 MRT 预测捕获距离。FLIR92 和 NVTherm 用虚拟二维频率预测距离(图 17-1)。采样效应被引入到有 MTF"压缩"功能的 NVTherm 模型中(图 8-16)。

选择一个距离(图 20-9(a)中的 R_1)并计算 ΔT_{app},这个值与 MRT 曲线的交点叫临界频率 u_1。用临界频率乘以目标张角得到目标的周期数 N_1(式(20-6))。首先参考 TTPF(式(20-1)和图 20-9(d))确定针对特定距离 R_1 的概率 P_1;然后选择一个新的距离 R_2 以及 R_3,重复这个过程,直到确定整个概率范围(图 20-10)。

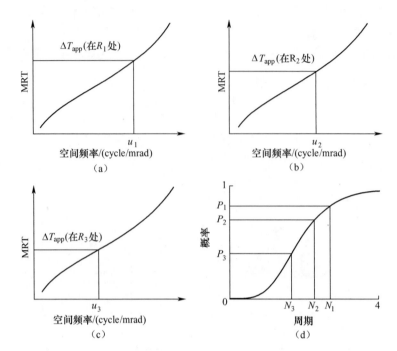

图 20-9   ACQUIRE 方法

注：从图（a）到图（b）再到图（c），距离在提高，同时 ΔT_{app} 降低。

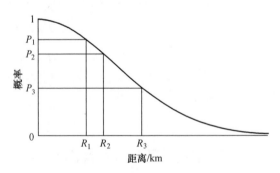

图 20-10   概率与距离的关系

20.4   TRM 模型

TRM 模型和 FLIR92/NVTherm 模型使用同样的 ACQUIRE 方法（图 20-7），但采用的命名法不同，即用 MTDP（感受到的最小温差）代替了 MRT。ΔT_{app} 与 MTDP 的交点变成了需要的最小温差（MNTD），有效温差（ETD）是 MTDP 与 ΔT_{app} 之差。

对可见光和短波红外传感器,MTDP 被需要的最小信号差(MNDS)代替,ETD 被有效信号差(EDS)代替。

20.5　NVThermIP/NVIPM 模型

除使用了 TTP 以外,NVThermIP 和 NVIPM 模型使用了相同的 ACQUIRE 方法。式(17-19)给出了一维 TTP 值,式(17-21)[①]给出了虚拟的二维 TTP 值。目标的周期数为

$$V_{\text{resolved}} = \frac{\sqrt{A_{\text{T}}}}{R} \text{TTP}_{2\text{D}} = \theta_{\text{TGT}} \text{TTP}_{2\text{D}} \qquad (20-9)$$

注意,在 NVIPM 中,w 是距离的函数(见 17.5 节"NVIPM"),采样效应修改了目标的周期数。采样周期数与式(8-20)[②]有同样的函数形式:

$$V_{\text{sample}}(R) = V_{\text{sample}} \sqrt{1 - 0.58\,\text{SR}_{\text{H-out-of-band}}} \sqrt{1 - 0.58\,\text{SR}_{\text{V-out-of-band}}}$$
$$(20-10)$$

距离 R 处的概率为

$$P(V_{\text{sample}}) = \frac{\left(\dfrac{V_{\text{sample}}}{V_{50}}\right)^{E}}{1 + \left(\dfrac{V_{\text{sample}}}{V_{50}}\right)^{E}} \qquad (20-11)$$

实验[10-11]得出的 TTPF(用在 NVThermIP 模型中)满足

$$E = 1.51 + 0.24\left(\frac{V}{V_{50}}\right) \qquad (20-12)$$

似乎由于指数不同,NVTherm 和 NVThermIP 预测的距离也会不同,但不是这样。NVTherm 和 NVThermIP 是很不一样的模型,需要不同的校准因子 A、B 和 N_{50}/V_{50}。Aghera 等关于 NVIPM 模型的论述写到[12]:"通过距离改变眼睛视角时,对数曲线的形状对指数 $E = 1.5$ 有利。"

NVThermIP 用下式计算指数 E:

$$E = 1.51 + 0.24\left(\frac{V}{V_{50}}\right) \qquad (20-13)$$

而 NVIPM 使用

$$E = 1.5 \qquad (20-14)$$

用 NVIPM 预测捕获距离涉及的参数更多:①选择的距离;②计算 C_{R};③计算

---

① 译者注:原文中的式(17-21)对应不上。
② 译者注:原文为式 8-19,有误,已改正。

TTP(图20-11(a));④用式(20-11)计算$V_{sample}(R_1)$;⑤用式(20-1)计算$P(R_1)$。计算各种距离都要这样重复进行(图20-11(b)和(c))。当大气透明($\tau_{atm}=1$)时,由于接受到的对比度不变,距离概率似乎不存在。但变量V(式(20-9))是距离的函数,由它计算出距离概率(图20-12)。

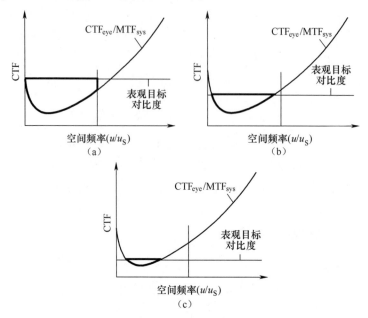

图20-11 TTP是粗线包围的面积

注:随着距离从图(a)到图(b)到图(c)的提高,表观目标对比度降低,TTP也降低。

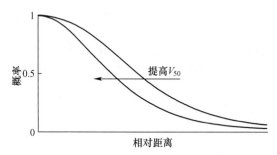

图20-12 透明大气($\tau_{atm}=1$)条件下的NVIPM目标捕获概率

注:距离与V_{50}成反比。随着V_{50}提高,距离缩小。

20.6 杂波

杂波只影响探测,归类、识别和辨清的概率N_{50}都不变。Vollmerhausen等认为[10]"杂波对目标捕获距离的影响为4倍"。随着杂波增加,辨认目标的能力下降。为了补偿下降的能力,要么必须提高 N_{50},要么重新确定目标特征(见 14.1 节"目标对比度")。

　　Schmieder 和 Weathersby[13]将杂波大体分为高、中、低三等。他们认为"设计人员只需要充分估计其背景杂波条件便可将计算点设置在三个区之一"。他们的实验模拟北美或欧洲的乡村场景,得到的结果见表 20-3。外场经验证明,约翰逊探测准则适用于"一般的中-低杂波"环境[14]。所以,Schmieder 和 Weathersby 将其在中等杂波中的 50%探测概率按一个周期进行归一化。这些实验结果大致符合TTPF 经验式(式(20-1))。对低、中、高杂波环境,分别以 0.5、1.0 和 2.5 作为 N_{50}的乘子比较方便。

　　在搜索和探测过程中,探测目标的难度高度依赖于目标对比度和周围的杂波等级。ACQUIRE-LC 模型是针对伪装目标进行探测概率预测而开发的,但最近经过修改,已经可用于常规目标。在各种背景(和杂波等级)中进行目标探测需要的N_{50}如图 20-13 所示。

表 20-3　有杂波时 TTPF 函数的 N_{50}乘子[14]

探测概率	低杂波(SCR>10)	中杂波(1<SCR<10)	高杂波(SCR<1)
1.0	1.7	2.8	—
0.95	1.0	1.9	—
0.90	0.9	1.7	7.0①
0.80	0.75	1.3	5.0
0.50	0.5	1.0	2.5
0.30	0.3	0.75	2.0
0.10	0.15	0.35	1.4
0.02	0.05	0.1	1.0
0.0	0.0	0.0	0.0

① 估计值。

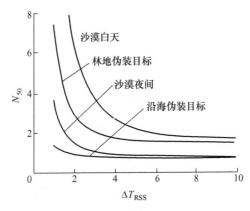

图 20-13　针对低对比度目标,探测概率 N_{50}与目标 ΔT 的关系[15]

针对非伪装目标的探测概率为

$$N_{50} = \begin{cases} \dfrac{6}{\Delta T_{RMS}} + 1.5，林地 \\[3mm] \dfrac{0.75}{\Delta T_{RMS}} + 0.75，沿海 \end{cases} \quad (20\text{-}15)$$

ACQUIRE-LC 是一个信号-杂波探测模型,其中的场景复杂性基本等效于杂波:

$$N_{50} = 0.75C_{com}\left[\left(\dfrac{C_{com}}{\Delta T_{RSS}}\right)^2 + 1\right] \quad (20\text{-}16)$$

对于低、中低、中和高场景复杂度, C_{com} 分别为 1、1.5、2 和 2.7。文献[15]提供了各种场景复杂度的图片。对 NVThermIP 模型,转换方法为

$$V_{50} = 4N_{50} + 2 \quad (20\text{-}17)$$

20.7 外场验证

外场测试十分难以控制,大气的影响每分钟都在变化,目标和背景的特征(ΔT 或 ΔC)很难确定,目标特征尺寸也难以确定;此外,还有观测者的多变性。因此,大多数外场"测试"实际上等于外场验证实验。

图 20-5 提供了一个观测者多变性的示例, V_{50} 从 11 变成了 16。对 50%概率的距离 R_{50} 进行归一化后,距离变化在 $0.75R_{50} < R_{50} < 1.08R_{50}$ 之间。显然,距离变化也适用于其他概率和其他实验。图 20-14 用标准误差条说明了这一发散关系。这种发散会转化为外场测试的潜在误差。在图 20-15 中,误差的上、下限被连接在一起。在 75%概率,单纯因观测者多变性造成的距离变化是 185m。在 50%概率,距离变化更大。

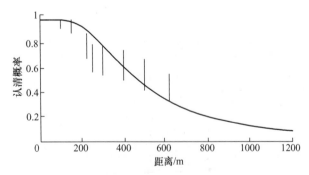

图 20-14 有标准误差线的辨清概率[16]

注:预期的距离概率(连续线)可能看起来不是对实验数据的"最佳拟合",
但考虑到实验难度,可以认为它是合理的。

　　图 20-5 和图 20-15 是受过训练的观测者的结果。未经训练的观测者的辨别等级差异很大。一般来说,外场验证只是为了"证明"系统会按预期工作。在晴天($\tau_{atm} > 0.85$),将传感器放在屋顶或阳台上,观察远处的一个高尔夫球场。当观察移动物体时,未经训练的观测者会说"我能识别出×××米处有辆高尔夫球车"。这种观察接近于军事上对探测的定义。读出一个符号的能力取决于周围提示(见19.7 节"字母数字的可读性")。例如,"PEP5I"会被读作"PEPSI"。但是,"IP5EP"可能无法正确读出。最大距离取决于观察角度。非最佳观察距离[17-18]会降低探测、识别和辨清概率。由于多变性,将预测的 80% 概率的识别距离用作外场验证距离是合理的。如果在这个距离处能探测到目标,就可以说"我们已经证明系统满足性能要求"。

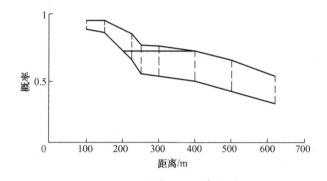

图 20-15　受过训练的观察者的结果

注:通过连接误差线可以看出,在 75% 概率,距离从 205m 变为 390m。

参 考 文 献

[1] J. A. Ratches, W. R. Lawson, L. P. Obert, R. J. Bergemann, T. W. Cassidy, and J. M. Swenson, "Night vision laboratory static performance model for thermal viewing systems," ECOM Report ECOM-7043, Fort Monmouth, NJ (1975).

[2] J. A. Ratches, "Static performance model for thermal imaging systems," Optical Engineering, 15(6), pp. 525-530 (1976).

[3] J. D. Howe, "Electro-optical imaging system performance prediction," in Electro-Optical Systems Design, Analysis, and Testing, M. C. Dudzik, ed. , pg. 92. This is Volume 4 of the Infrared and Electro-Optical Systems Handbook, J. S. Accetta and D. L. Shumaker, eds. , co-published by Environmental Research Institute of Michigan, Ann Arbor, MI and SPIE Press, Bellingham, WA (1993).

[4] P. R. Owen and J. A. Dawson, "Resolving the differences in oversampled and undersampled imaging sensors: updated target acquisition modeling strategies for staring and scanning FLIR systems," in Infrared Imaging Systems: Design, Analysis, Modeling and Testing III, SPIE Proceedings Vol. 1689, pp. 251-261 (1992).

[5] B. Preece, J. Olson, J. Reynolds, J. Fanning, and D. Haefner, "Human vision noise model validation for the

U. S. Army sensor performance metric" Optical Engineering Vol. 53(6) paper 061712 (2014).

[6] J. D. O'Connor, R. G. Driggers, R. H. Vollmerhausen, N. Devitt, and J. Olson, "Fifty-percent probability of identification (N50) comparison for targets in the visible and infrared spectral bands," Optical Engineering, vol. 42(10), pp. 3047-3052 (2003).

[7] S. Moyer, E. Flug, T. C. Edwards, K. Krapels, and J. Scarbrough, "Identification of Handheld objects for E-lectro-optic/FLIR Applications," Infrared Imaging Systems: Design, Analysis, Modeling and Testing XV, SPIE Proceedings Vol. 5407, pp. 116-126 (2004).

[8] S. Moyer and N. Devitt, "Resolvable cycle criteria for identifying personnel based on clothing and armament variations," in Infrared Imaging Systems: Design, Analysis, Modeling and Testing XVI, SPIE Proceedings Vol. 5784, pp. 60-71 (2005).

[9] N. Devitt, J. Hixson, S. Moyer, and E. Flug, "Urban vehicle cycle criteria for identification," in Infrared Imaging Systems: Design, Analysis, Modeling and Testing XVI, SPIE Proc. Vol. 5784, pp. 48-59 (2005).

[10] R. H. Vollmerhausen, E. Jacobs, J. Hixson, M. Friedman, "The targeting task performance (TTP) metric, a new model for predicting target acquisition performance," NVESD Technical Report AMSELNV-TR-230, Fort Belvoir, VA (March 2005).

[11] R. H. Vollmerhausen, E. Jacobs, and R. G. Driggers, "New metric for predicting target acquisition perform-ance," Optical Engineering, Vol. 43(11), pp 2806-2818 (2004).

[12] S. Aghera, K. Krapels, J. Hixson, J. P. Reynolds, and R. G. Driggers, "Field Verification of the Direct View Optics Model for Human Facial Identification," in Independent Component Analyses, Wavelets, Neural Networks, Biosystems, and Nanoengineering VII, SPIE Proceedings Vol. 7343, paper 734311 (2009).

[13] D. E. Schmieder and M. R. Weathersby, "Detection performance in clutter with variable resolution," IEEE Transactions on Aerospace and Electronic Systems, Vol. AES-19(4), pp. 622-630 (1983).

[14] J. A. Ratches, W. R. Lawson, L. P. Obert, R. J. Bergemann, T. W. Cassidy, and J. M. Swenson, "Night vision laboratory static performance model for thermal viewing systems," ECOM Report ECOM-7043, pg. 15, Fort Monmouth, NJ (1975).

[15] R. G. Driggers, E. L. Jacobs, R. H. Vollmerhausen, B. O'Kane, M. Self, S. Moyer, J. G. Hixson, G. Page, K Krapels, D. Dixon, R. Kistner and J. Mazz, "Current infrared target acquisition approach for military sensor design and wargaming," in Infrared Imaging Systems: Design, Analysis, Modeling and Testing XVIII, SPIE Proceedings Vol. 6207, paper 620709 (2006).

[16] S. Aghera, K. Krapels, J. Hixson, J. P. Reynolds, and R. G. Driggers, "Field Verification of the Direct View Optics Model for Human Facial Identification," in Independent Component Analyses, Wavelets, Neural Networks, Biosystems, and Nanoengineering VII, SPIE Proc. Vol. 7343, paper 734311 (2009).

[17] G. C. Holst, "Optimum viewing distance for target acquisition," in Infrared Imaging Systems: Design, Analy-sis, Modeling, and Testing XXVI, Proc. SPIE Vol. 9452, paper 94520K (2015).

[18] B. P. Teaney and J. Fanning, "Effect of image magnification on target acquisition performance," in Infrared Imaging Systems: Design, Analysis, Modeling and Testing XIX, Proc. SPIE, Vol. 6941, paper 69410P (2008).

第 21 章

折中分析

最佳系统性能是对各种变量的函数关系进行一系列折中分析后获得的。常用变量包括视场、大气透过率、目标尺寸、目标强度和视线稳定性。寻找最佳设计是一个迭代决策过程。设计过程中的每一步都有需求冲突，因此需要进行折中分析。折中分析要搞明白哪些分量对距离的影响最大或最小。

可以将各种变量看作通过一个多维空间的切片。由于任何时候都无法表示三个以上的维度，所以每次折中分析仅代表通过这个空间的一个平面。每次折中都为整体性能优化提供一个不同的视角。

在探测器受限区域($F\lambda/d<0.4$)，光学 MTF 不太重要。等效地，衍射受限光学系统是不必要的。这减少了光学设计者的负担，能设计出成本更低的光学系统。但是，随着 $F\lambda/d$ 降低，采样伪影变得更加明显。

本章给出的距离预测和曲线形状必须是代表性的。曲线形状的变化取决于所选的辨别等级、目标尺寸、目标–背景强度差和大气透过率。特定的性能曲线因系统设计而异，可能与本章提供的不一样。曲线形状也因所用的坐标标尺(线性的、半对数的或对数的)而不同。曲线形状不同时，要对系统优化做出不同的说明。

在 NVIPM 模型之前，每次变量变化都需要重新运行模型。NVIPM 提供了大量的折中分析能力，使用户可以通过改变输入、输出和参量值的各种组合来比较系统性能。使用 NVIPM 模型时，变量以批处理模式运行，并将输出(如距离)绘制成输入变量的函数曲线。该模型还包括一个梯度特征，它表明哪些输入变量以降序影响输出。梯度特征对确定子系统公差非常有用。

本章介绍的折中结果是由 NVIPM 模型产生的，虽然曲线能提供宝贵的设计信息，但它们不提供各种参数之间的内在关系，因此检查各种 MTF 和 CTF 总是有必要的。

21.1 NVL1975/FLIR92 和 NVTherm 模型

人们都理解灵敏度受限系统意味着光电子数量不足，无法产生合理的信噪比。回想一下相机公式，灵敏度随着 F 数提高、探测器面积增大、量子效率提高和/或光学透过率提高而提高。分辨率是指可以分辨的最小目标细节,可能受光学设计、像元张角(DAS)或奈奎斯特频率限制。频繁引用的经验法则通常仅适用于探测器受限系统。这些"法则"不是万能的,必须结合系统设计和应用来考虑。

使用早期模型时,容易判断系统是灵敏度受限的还是分辨率受限的。早期系统的探测器相当大,因此系统通常是探测器受限的($F\lambda/d<0.4$)。如果是灵敏度受限的,小幅度提高目标特征信号就会明显提高捕获距离(图 21-1)。随着目标张角接近 DAS,距离变得与 ΔT 无关(分辨率受限的)。提高焦距会提高分辨率,但会降低灵敏度。在交点处,距离似乎与焦距无关。初级分析人员可能会得出结论说模型是错误的。检查子系统 MTF 后会明白为什么距离没有改变:在 MRT 小于 NEDT(针对 SNR=1 定义的)时观察者仍能看到低空间频率目标,是因为人眼视觉系统(HVS)具有难以置信的时空积分能力。

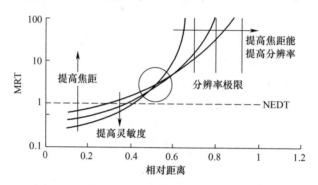

图 21-1   NVL1975 模型预测的距离是 ΔT 的函数
注:纵坐标值与到达探测器的信号成比例。当接近分辨率极限时,目标温度是不相关的。
从灵敏度受限到分辨率受限的变化是渐进的。在圆圈面积内,距离几乎与焦距无关。

21.2   NVThermIP 近似

NVThermIP 不容易以批处理模式运行。2007 年开发[1]的一个简化模型提供了一个以 $F\lambda/d$ 为变量的捕获距离多项式,利用这些简化公式,容易描绘出距离与孔径直径、焦距、波长、探测器尺寸或视场的关系曲线。该模型没有包含大气传输。2013 年 5 月发布的 NVIPM 模型与简化模型获得的曲线相同。应针对灵敏度极限和分辨率极限(对应于探测器受限系统和光学受限系统的设计)开展简化模型的研究工作。纯粹的成像系统由光学系统、探测器和 $M_{display}=1$ 的显示器构成。距离是用 NVThermIP 使用的类似公式近似的。没有噪声时有

$$R \approx \frac{W_{\text{target}}}{V}\sqrt{C_{\text{TGT}}}\,\text{FOM}\,\frac{D}{\lambda} \qquad (21-1)$$

其中品质因数(FOM)为

$$\text{FOM}_{\text{det}} \approx \int_0^{u_n} \sqrt{\frac{\text{MTF}_{\text{optics}}(u)\,\text{MTF}_{\text{detector}}(u)\,\text{MTF}_{\text{FP}}(u)}{\text{CTF}_{\text{eye}}(u)}}\,du \tag{21-2}$$

式(21-2)曾经用归一化为 1 的光学截止频率评估过,因此式(21-1)需要 D/λ 因子。

这个积分公式是对归一化到光学截止频率(100%填充因子,$d_{\text{CC}} = d$)的各种 $F\lambda/d$ 值的数值积分。针对探测任务,到 $F\lambda/d = 4$ 都有效的曲线拟合提供:

$$\text{FOM}_{\text{det}} \approx a_6\left(\frac{F\lambda}{d}\right)^6 + a_5\left(\frac{F\lambda}{d}\right)^5 + a_4\left(\frac{F\lambda}{d}\right)^4 + a_3\left(\frac{F\lambda}{d}\right)^3 + a_2\left(\frac{F\lambda}{d}\right)^2 + a_1\left(\frac{F\lambda}{d}\right) \tag{21-3}$$

式中:$a_6 = -0.0249$,$a_5 = 0.2546$,$a_4 = -0.08275$,$a_3 = 0.8981$,$a_2 = -1.6979$,$a_1 = 8.2945$。

NVThermIP 模型曾按各种 $F\lambda/d$ 值进行过运算以获得带外杂散响应值。这些值乘以 FOM_{det} 得到一个包含杂散响应的品质因数。由于正方形探测器的水平 MTF 和垂直 MTF 相等,所以水平和垂直方向的杂散响应(SR)也相等。于是,针对识别和辨清任务:

$$\text{FOM}_{\text{rec-ID}} \approx (1 - 0.58\,\text{SR})\,\text{FOM}_{\text{det}} \tag{21-4}$$

或者

$$\text{FOM}_{\text{rec-ID}} \approx b_6\left(\frac{F\lambda}{d}\right)^6 + b_5\left(\frac{F\lambda}{d}\right)^5 + b_4\left(\frac{F\lambda}{d}\right)^4 + b_3\left(\frac{F\lambda}{d}\right)^3 + b_2\left(\frac{F\lambda}{d}\right)^2 + b_1\left(\frac{F\lambda}{d}\right) \tag{21-5}$$

式中:$b_6 = -0.0254$,$b_5 = 0.2686$,$b_4 = -0.9282$,$b_3 = 1.1314$,$b_2 = -1.6296$,$b_1 = 7.6343$。

一旦选定了 $F\lambda/d$,就唯一地确定了 FOM_{det} 和 $\text{FOM}_{\text{rec-ID}}$(图 21-2)。当把距离描绘成像元尺寸的函数时,曲线显得很不相同(图 21-3)。

图 21-2 中曲线表明,距离在 $F\lambda/d \approx 2$ 时接近最大值。例如,在 LWIR 区,$\lambda = 10\mu\text{m}$ 和 $F = 1$,探测器尺寸应为 5μm 左右。F 数越高,光学系统越容易设计和制造,但噪声会按 F^2 提高。图 21-4 给出了 MWIR 和 LWIR 系统的折中空间。

如果 $F\lambda/d$ 小,式(21-3)(或式(21-5))的前 5 项就变得很小(图 21-5)。对于透明大气,有

$$R_{\text{rec-ID}} \approx b_1\frac{W_{\text{target}}}{V}\sqrt{C_{\text{TGT}}}\frac{1}{\text{DAS}} \tag{21-6}$$

在探测器受限区距离似乎与波长无关。从式(21-6)来看这是真的。波长依赖性是由产生的光电子数引入的。利用普朗克黑体定律,在光谱带宽一致时,与可见光、近红外、SWIR 和 MWIR 区相比,LWIR 区有更多的光子。利用小角近似,含

N_H个像元的阵列,其水平视场(HFOV)为$N_H\mathrm{DAS}_H$:

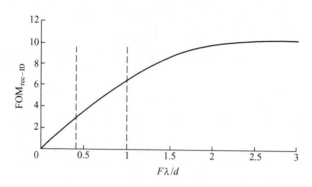

图 21-2 FOM_{rec-1D} 是 $F\lambda/d$ 的函数

注:$F\lambda/d<0.41$ 时,系统是探测器受限的;$F\lambda/d>1$ 时,系统是光学受限的(图 15-3)。

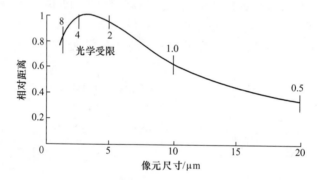

图 21-3   相对距离是像元尺寸函数($F=1,\lambda=10\mu m$)

注:为了与图 21-2 相对比,用垂直线的值表示 $F\lambda/d$。

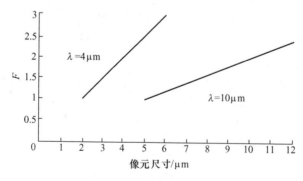

图 21-4   MWIR 和 LWIR 系统的折中空间

注:$F\lambda/d=2$,F 是像元尺寸的函数。噪声提高 F^2 倍,因此将实际限制设置为 $F<2$。

$$R_{\text{rec-1D}} \approx b_1 \frac{W_{\text{target}}}{V} \sqrt{C_{\text{TGT}}} \frac{N_{\text{H}}}{\text{HFOV}} \tag{21-7}$$

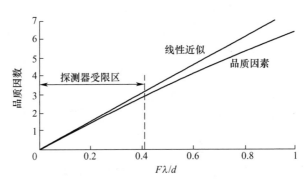

图 21-5　一个探测器受限系统的 FOM 线性近似

随着 $F\lambda/d \to 2$，FOM 达到固定值 k_{FOM}：

$$R \approx k_{\text{FOM}} \frac{W_{\text{target}}}{V} \sqrt{C_{\text{TGT}}} \frac{D}{\lambda} \tag{21-8}$$

距离与透镜直径成正比，系统是灵敏度受限的。式(21-8)以波长为分母，这说明 MWIR 系统优于 LWIR 系统。这是否是真的，取决于信号(相机公式)和大气光谱传输。

如图 21-6 所示，距离随着 DAS 减小而提高(式(21-6))。在光学受限区，距离随着孔径直径增大而提高(式(21-8))。图 21-7 说明一个 LWIR 系统的相对距离。用对数坐标画图，会使曲线看起来不同。随着视场增大，距离缩短，系统进入探测器受限区，距离与视场或 DAS 成反比。

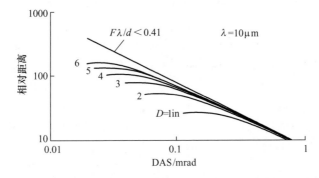

图 21-6　在透明大气时，相对距离是 DAS 的函数，孔径直径为变量，$N_{\text{H}} = 640$

注：$F\lambda/d$ 进入光学受限区(式(21-8))后，距离与 DAS 无关，而且变成孔径的函数。

图 21-2~图 21-7 是典型的无噪声系统。NVThermIP 公式的简化方法没有包括大气透过率，因此图中显示的距离比较乐观，很难将大气透过率包含在简化模型里。

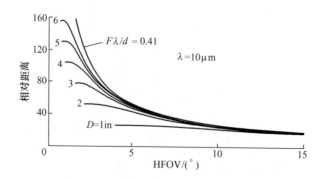

图 21-7　和图 21-6 相同的数据,但描绘为 HFOV 的函数

21.3　NVIPM 模型的公式

NVIPM 模型的性能公式为

$$V_{\text{sample}} \approx \frac{W_{\text{target}}}{R} \sqrt{C_{\text{TGT}}} \int \sqrt{\frac{1}{\sqrt{\left(\frac{\text{CTF}_{\text{eye}}}{\text{MTF}_{\text{sys}}}\right)^2 + \left(\frac{\text{CTF}_{\text{eye}}}{\text{MTF}_{\text{sys}}}\right)^2 \left(\frac{\alpha \sigma_{\text{P}}}{L_{\text{ave}}}\right)^2}}} \, du \quad (21-9)$$

式中平方根里的第二项是噪声项。没有噪声时,式(21-9)简化为

$$V_{\text{sample}} \approx \frac{W_{\text{target}}}{R} \sqrt{C_{\text{TGT}}} \int \sqrt{\frac{\text{MTF}_{\text{sys}}}{\text{CTF}_{\text{eye}}}} \, du \quad (21-10)$$

式(21-10)与式(21-1)相同。除了常见的限制(灵敏度、分辨率和奈奎斯特频率)外,NVIPM 可以是显示对比度受限的。内部增益总会放大信号,提供预先选择的对比度(通常为 0.2)。

不考虑噪声的折中分析提供的是关于系统性能的基本信息,然后添加噪声,用这种方法可以明显看出噪声如何影响折中分析的曲线形状。21.2 节的近似值假设没有噪声且有透明大气($\tau_{\text{atm}} = 1$)。本节观测者的观察距离是固定的;21.5 节讨论的观察距离是变化的。21.2 节分析了一个纯成像系统(光学系统、探测器和平板显示器);21.4 节的讨论增加了环境 MTF。曲线是代表性的,精确值取决于具体的成像系统设计。如果没有列出某参数,则表明它在折中分析期间是常数。

21.3.1　增益

回顾一下 NVThermIP 模型的增益设置。对红外成像系统,最低显示亮度相当于最低场景温度,最高显示亮度相当于最高场景温度: $\text{SCN}_{\text{TMP}} = T_{\text{max}} - T_{\text{min}}$ (图 17-3)。NVThermIP 有三个增益设置值,见表 21-1。

表 21-1　NVThermIP 模型的增益设置

增　益	说　明
固定增益	在搜索过程中,目标距离和位置是未知的,通常根据总场景设置 SCN_{TMP} ,不针对目标进行调整
增益随着距离变化	探测到目标后,可能要调整系统增益以显示目标细节。这时,显示器上的目标表观对比度保持不变。随着距离增大,目标对比度下降。假设提高传感器增益能保持显示对比度不变。增益基于用户选择的 $SCN_{TMP}/\Delta T_{RMS}$
优化增益	优化增益将 SCN_{TMP} 设置为 ΔT_{RMS} 的 3 倍。这个选项提供最佳距离性能,但只能用于模拟理想的条件

　　NVIPM 模型用的是优化增益。夜视与电子传感器局的经验说明,大多数用户设 $\Delta T/SCN_{TMP}$ 为 3,设相应的显示对比度为 0.16(NVIPM 的默认值为 0.2)。场景没有饱和,目标显示良好。所有模型都认为模拟信号不受比特深度或阱深限制。实际性能受可获得的增益限制(受比特深度和增益算法限制)。使用 NVIPM 和 NVThermIP 模型时,观测者变为成像链中的重要部分(式(21-2)和式(21-9)中的 CTF_{eye})。

　　NVIPM 的增益用 SST 标识,它是显示亮度为 1ft·L 时需要的电子/像素/帧的数量:

$$SST = \frac{L_{ave} - L_{min}}{S_{ave}} \qquad (21-11)$$

式中: L_{ave} 为平均显示亮度(ft·L); L_{min} 为最低显示亮度(ft·L); S_{ave} 为平均目标和背景信号(电子数/像素数/帧数)。

　　随着信号(ΔT_{RMS})减小,必须提高系统增益以保持显示器的对比度不变(图 21-8)。如式(21-10)表明的,距离与目标大小成正比(图 21-9)。由于 NVIPM 提供增益(图 21-8),距离变得与 ΔT_{RMS} 无关(图 21-9)。使用自动增益控制(AGC)时,显示对比度是预定的固定值(与真实场景对比度无关)。距离可以通过选择更高的 C_{TGT} 得到提高,但一部分场景分量可能会饱和。

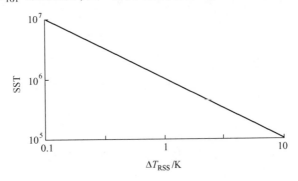

图 21-8　SST 是 ΔT_{RMS} 的函数(没有噪声)

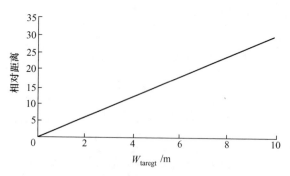

图 21-9   典型 NVIPM 预测值(没有噪声)

注:目标角度($\theta_{TGT} = W_{target}/R$)固定。

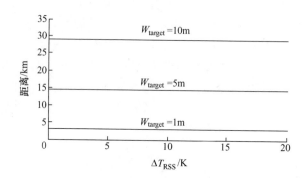

图 21-10   NVIPM 预测(没有噪声)

注:如图 21-9 表明的,距离与目标大小成正比。系统性能是对比度受限的。

21.3.2 $F\lambda/d$

图 21-11 说明,通过改变 F 和 d,无噪声 NVIPM 的预测距离是 $F\lambda/d$ 的函数。改变焦距时,奈奎斯特频率是固定的,但改变探测器尺寸(100%填充因子)时,奈奎斯特频率是变化的。杂散响应不同导致曲线略微不同。由于图 21-11 和图 21-2 基本相同,可以认为对 NVIPM 预测,图 21-3~图 21-7 是相同的。

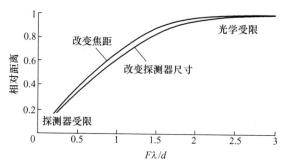

图 21-11   NVIPM 预测的相对距离是 $F\lambda/d$ 的函数(没有噪声)

对小 $F\lambda/d$ 值,系统是探测器受限的,随着 $F\lambda/d\rightarrow2$,系统变成光学受限的。图
21-12 说明光学波前误差的影响(式(5-16)和图 5-9)。$F\lambda/d$ 曲线的形状没有改
变,但随着波前误差提高,在光学受限区,距离下降。

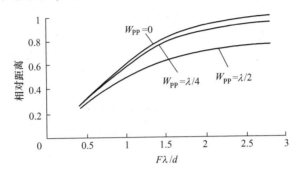

图 21-12　针对两个不同的波前误差,相对距离是 $F\lambda/d$ 的函数(焦距变了。没有噪声)

21.3.3　噪声对捕获距离的影响

式(21-9)中平方根的第二项是噪声项。图 21-11 和图 21-12 说明,$F\lambda/d=2$
是想要的系统设计点。由于噪声变化了 F^2 倍,必须重新检查距离与 $F\lambda/d$ 之间的
关系。如图 21-13 说明的,随着 F 提高,噪声增加,距离缩短。NVIPM 包含的路径
辐射就像一个散粒噪声源。随着大气透过率降低,总噪声提高。虽然本章用的是
比尔定律,但最佳设计点取决于预期的大气透过率。

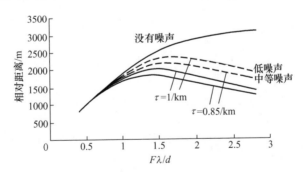

图 21-13　改变焦距后,相对距离与 $F\lambda/d$ 的函数关系

注:没有噪声的情况与图 21-6 相同。低噪声用虚线表示。

对透明大气,距离随着目标大小呈线性提高。随着噪声增加,斜率略有下降。
自动增益控制能提高增益,使想要的显示对比度保持不变。随着距离提高,信号减
小 τ^R,同时,增益(SST)提高 $1/\tau^R$,这提高了呈现给观测者的噪声,使作用距离缩
短(图 21-14)。

温度变量 ΔT_{RSS} 会因大气传输而降低。如果 ΔT_{RSS} 小,则需要更大增益,使显示

器上的噪声更明显,这会降低捕获距离(图 21-15)。当 ΔT_{RSS} 大时,系统是对比度
受限的。图 21-16 与图 21-1 的轴线相同。图 21-1 说明对一个探测器受限系统,
分辨率与灵敏度的对照关系。图 21-15 说明对比度与灵敏度的对照关系。对比
图 21-15 的 $F\lambda/d=0.4$ 曲线与图 21-1 的 $F\lambda/d$ 曲线。

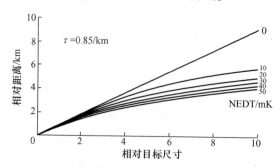

图 21-14　在测得噪声为 0mK、10mK、20mK、30mK、40mK 和 50mK 时,
相对距离与目标大小的函数关系

注:ΔT_{RSS} 固定,$d=20\mu m$,$f=100mm$,$D=100mm$,$F=1$。

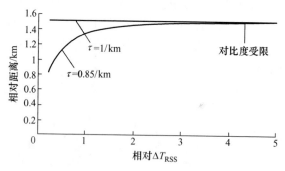

图 21-15　相对距离是 ΔT_{RSS} 和大气透过率的函数(有噪声系统)

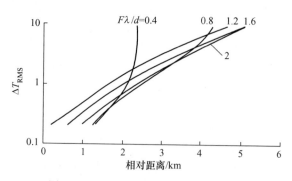

图 21-16　ΔT_{RSS} 是距离和 $F\lambda/d$ 的函数

注:渐近线(距离与 ΔT_{RSS} 无关)由想要的对比度产生。NEDT=50mK,$\tau_{atm}=0.85$/km。观察距离固定。

21.4　环境 MTF

尽管 MTF_{optics} 和 $MTF_{detector}$ 不随着时间变化,但湍流和视线抖动会变化。

21.4.1　大气湍流

随着 $F\lambda/d$ 提高,湍流对距离的影响变大(图 21-17)。当系统性能受湍流支配时,改变其他参数(如焦距、视线抖动等)对作用距离没有影响。

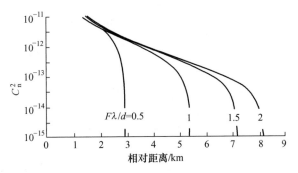

图 21-17　相对距离与大气湍流的函数关系(10^{-15}的截距与图 21-11 的相同)

21.4.2　视线稳定

随机运动(抖动)对高空间频率响应产生不利影响。抖动通常由成像系统的安装平台引起,因此要通过视线稳定降低平台运动的影响。图 21-18 说明距离与残余抖动(稳定后的残余随机运动)的依赖关系。抖动对灵敏度受限系统的影响很小。对探测器受限(小 $F\lambda/d$)系统,曲线的拐点出现在均方根抖动为 DAS 的 1/

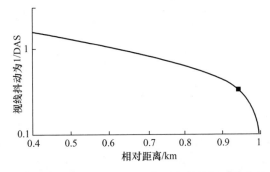

图 21-18　对探测器受限系统,采取视线稳定后,作用距离是相对残余抖动(σ_R/DAS)的函数
注:σ_R/DAS ≈ 0.45 时,达到距离的 90%,σ_R/DAS ≈ 0.3 时达到 95%。图中的方块代表实用优化点。

10左右(图6-7)。降低视线抖动需要一个昂贵的万向架,这会增加重量和功耗。有一个实用的优化点在曲线拐点处,它是抖动(作用距离)与成本的合理折中点。

前面几节说明基于CTF的分辨率和灵敏度限制。分辨率量度趋于以MTF为基础。虽然NVIPM提供了各种组件的MTF,分析人员最好单独描绘各组件的MTF曲线。用LWIR凝视阵列的随机运动(抖动)图例能给出最好的说明。

例21-1　视线抖动

152mm(6in)光学系统的焦距为508mm(20in)以便使$F = 3.33$。探测器阵列为640×480像元,每个像元20×20μm,100%填充因子。视线抖动估计$\sigma = 50\mu\text{rad}$。呈现给观测者的系统水平MTF是多少?哪个组件限制了系统MTF?

由于$u_0 = D/\lambda = 152\text{mm}/10\mu\text{m} = 15.2\text{cycles/mrad}$,则

$$\text{MTF}_{\text{diff}}(u) = \frac{2}{\pi}\left[\arccos\left(\frac{u}{15.2}\right) - \left(\frac{u}{15.2}\right)\right]\sqrt{1 - \left(\frac{u}{15.2}\right)^2} \quad (21-12)$$

像元DAS为$\alpha = 20\mu\text{m}/508\text{mm} = 39\mu\text{rad}$。探测器截止波长$= 1/\text{DAS} = 25.4\text{cycle/mrad}$,则

$$\text{MTF}_{\text{detector}}(u) = \text{sinc}(0.039\pi u) \quad (21-13)$$

用1:1的对应关系,MTF_{FP}和$\text{MTF}_{\text{detector}}$相同:

$$\text{MTF}_{\text{sys}}(u) = \text{MTF}_{\text{random}}(u)\text{MTF}_{\text{optics}}(u)\text{MTF}_{\text{detector}}(u)\text{MTF}_{\text{FP}}(u) \quad (21-14)$$

由于系统是光学受限的($F\lambda/d = 1.67$),因此画出了到探测器截止波长处的MTF(图21-19)。随机运动为DAS的10%、20%、50%和80%。当随机运动的均方根值大于DAS的10%时,系统MTF受到影响。通过适当的硬件设计降低抖动非常重要,虽然进一步降低随机运动会使MTF略有提高,但这样做的成本效益不划算。

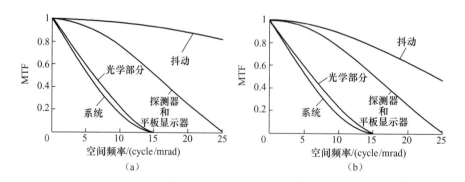

(a)　　　　　　　　　　　　　　　　(b)

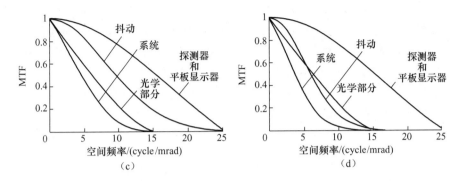

图 21-19 组件 MTF 和系统 MTF

(a) $\sigma_R/DAS = 10\%$；(b) $\sigma_R/DAS = 20\%$；(c) $\sigma_R/DAS = 50\%$；(d) $\sigma_R/DAS = 80\%$

21.5 观测者的观察距离

感受到的图像质量(定义为距离)取决于视角 d_{FP}/R_{view}(图 21-20)。在最佳观察距离时,小视角变化对距离的影响不大。例如,视角从 $1.75\text{min}^{-1} \sim 4.4\text{min}^{-1}$ 变化时,能达到最大距离的 95%。如果平板显示器的显示单元为 0.2mm①,观察距离就要从 16cm 变为 39cm。改变焦距(等于改变 $F\lambda/d$)会改变放大倍率和捕获距离。但是对所有 $F\lambda/d$ 值,捕获距离好像都是在 $d_{FP}/R_{view} = 3.27\text{min}^{-1}$ 时最大[2]。

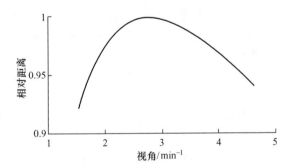

图 21-20 相对距离是显示单元视角的函数(没有噪声)

3.27min^{-1} 大约比 HVS 视锐度值 1min^{-1} 大 3 倍,这意味着观测者能感受到显示器的单个像素。NVIPM 基于模拟 MTF 预测距离。视场取决于阵列中的像元数量。如果阵列由 1920×1080 个像元组成,则显示器包含 1920×1080 个像素。对 0.2mm 显示器像素,显示器为 38.4cm×21.6cm(大约是笔记本电脑显示屏的大小)。人们不会在 21cm 的距

---

① 译者注:原文 0.2cm 不对,根据上下文,应该是 0.2mm。

离看笔记本电脑，这证明几何方法与空间频率方法考虑的因素有所不同。

　　如果显示器小，采用电子变焦（见9.3节"插值（电子变焦）"）会改善距离性能。但这种改善是误导性的，因为它相当于更接近显示器。如果变焦过大，图像会变成块状的，通常认为这是不可接受的。使用插值滤波器可以避免这个问题。光学变焦能提高系统分辨率，但电子变焦不能。随着系统噪声增加，观测者会加大到显示屏的观察距离以减少感受到的噪声（图21-21）。

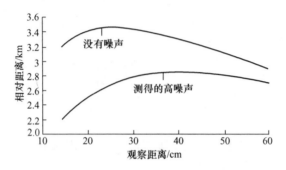

图21-21　相对距离是观察距离的函数

注：随着噪声增大，观测者会离显示器远些以减少感受到的噪声，以此提高捕获距离。

平板显示器的显示单元为0.2mm。无噪声曲线与图21-20的相同。

21.6　两个视场

　　光学变焦通过改变系统焦距提高辨认细节的能力。如果系统是探测器MTF受限的，通过光学变焦能提高距离性能。大多数系统的F数是固定的。随着焦距缩小，孔径也缩小，F数保持不变。

　　连续变焦系统很昂贵，因此许多成像系统都采用两个独立视场，先用宽视场获得环境感知，探测到目标后，再切换到窄视场识别目标。在任务的这个阶段，观测者会关注目标而不再需要环境感知。约翰逊判据的探测值与识别值（N_{50}）之比为4:1，这说明对探测器受限系统，宽窄视场的比值应为4:1（图21-7），这样，探测距离和识别距离是一样的。用NVIPM模型时，这个比值取决于目标集，通常为3~4。

21.7　梯度分析

　　哪一个参数对捕获距离影响最大并不明显。传统方法是进行"灵敏度"分析。由于成像系统对灵敏度有明确定义，因此NVIPM将其标识为梯度分析。如果Z是两个变量的函数，即

$$Z = axy^2 \tag{21-15}$$

那么R相对两个变量的变化为

$$\frac{\partial z}{z} = \frac{\partial x}{x} + 2\frac{\partial y}{y} \qquad (21-16)$$

这似乎很简单,但成像链的公式很复杂。NVIPM 通过梯度分析说明提高(或降低)哪些参数能提高捕获距离(图 21-22)。梯度分析可用于确定组件公差。所需的概率和目标大小是关心的问题,但第一个参数是焦距。图 21-22 显示,焦距的微小变化都会对距离造成很大影响。这表明光学制造公差要严格。虽然像元间距为变量,但通常在进一步分析中会忽略它,因为它一般不变。接下来是大气透过率,大气透过率的小幅度变化会对捕获距离造成影响。因为环境效应可能影响到作战能力。对没有列出的硬件组件(如孔径),制造公差可以宽松一些。虽然孔径尺寸的微小变化不会影响距离性能,但孔径必须能装进支架,因此孔径与支架的配合变成公差。

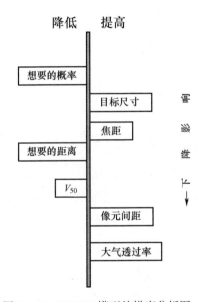

图 21-22　NVIPM 模型的梯度分析图

注:NVIPM 用绿色条(右侧)表示提高参数值,用红色条(左侧)表示降低参数值。为了便于判读,图中
参数有的在左侧,有的在右侧。对于所选参数,降低所需的概率对捕获距离的影响最大。

参 考 文 献

[1] G. C. Holst, "Imaging system performance based upon Fλ/d," Optical Engineering, Vol. 46(10), paper 103204 (2007).

[2] G. C. Holst, "Optimum viewing distance for target acquisition," in Infrared Imaging Systems: Design, Analysis, Modeling, and Testing XXVI, SPIE Proceedings vol. 9452, paper 94520K (2015).

F 数

透镜设计理论[1]假设主表面为球面,即球面上的每一点都离焦点有一个焦距的距离(图 A-1)。

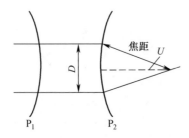

图 A-1　透镜主表面是典型的球面

在用立体角概念时,入射图像与 $\sin^2 U$ 成正比,其中 U 为透镜的最大张角。数值孔径是光学系统收集能量的另一个测量值。当在空气(折射率为 1)中成像时,数值孔径与 *F* 数的关系为

$$NA = \sin U = \frac{1}{2F_\infty} \qquad (A-1)$$

由于最大角度为 $\pi/2$,F_∞ 的最小理论值为 $1/2$。F_∞ 的这个理论极限从辐射学公式看并不直观。

辐射学公式(见第 11 章)是从平面几何和近轴光线近似中推导出的。对近轴光线,假设主表面为平面(图 A-2)。这种表示出现在大多数教科书中。利用近轴近似($U<5°$),*F* 数可表示为

$$F \approx \frac{f}{D} \qquad (A-2)$$

那么

$$F_\infty = \sqrt{F^2 + \frac{1}{4}} \qquad (A-3)$$

利用近轴近似,*F* 数能接近 0。*U* 和 *F* 之间的关系以及用近轴近似产生的误差如图 A-3 所示。本书使用的辐射学公式都认可近轴的有效性。分析人员应该在 *F* <

3 时,在公式里插入 F_∞。

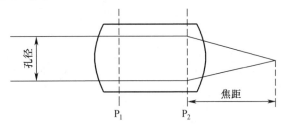

图 A-2　将光学系统视为一个单透镜

注:P_1 和 P_2 为主表面。有效焦距从第二个主表面开始测量。通光孔径限制着到达探测器的通光量。

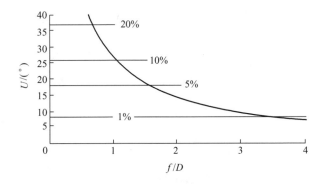

图 A-3　与近轴近似有关的误差

注:在 F 为 0.67、1.03、1.52 和 3.5 时,误差分别为 20%、10%、5% 和 1%。

　　并非所有光学系统都有球形主面,红外探测器的冷屏就是平面的(图 A-4)。这里的,$\sin^2 U = 1/(4F^2 + 1)$。在辐射学公式中应该用 $1/(4F^2 + 1)$ 还是用 $1/4F_\infty^2$ 取决于 F 数的定义。如果分析人员由有效透镜直径和焦距计算 F 数,应该采用 $1/(4F^2 + 1)$。如果光学设计者提供了 F 数,分析人员则必须与其沟通,以确保选用合适的因数。F 数大时,两个因数大约相等。关于 F 和 F_∞ 的差异见文献[2-3]。

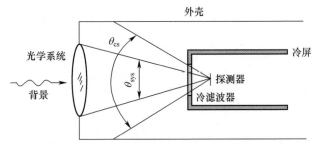

图 A-4　有冷屏的典型红外系统的光学布局图

参 考 文 献

[1] W. J. Smith, Modern Optical Engineering, second edition, pp. 142-145, McGraw-Hill, New York (1990).

[2] P. R. Spyak, "Seven deadly radiometry mistakes," in Tribute to William Wolfe, SPIE Proceedings Vol. 8483, paper, 848303 (2012).

[3] C. C. Kim, "Foote's Law and its application to cameras," in Infrared Imaging Systems: Design, Analysis, Modeling, and Testing XXVII, Proc. SPIE vol. 9820, paper 98200J (2016).